# 中国洪涝滑坡灾害监测和动力数值预报系统的研究

# A Realtime Monitoring and Dynamical Forecasting System for Floods and Landslides in China

汪　君　王会军　洪　阳　著

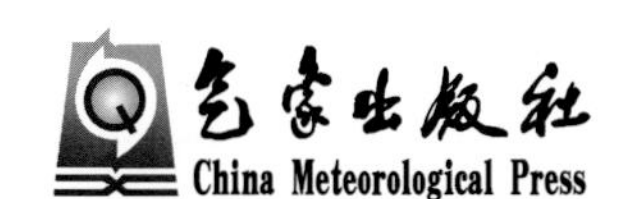

## 内 容 简 介

本书首先探讨了三种卫星遥感降水资料在中国的适用性，然后分析了模式预报降水的可用性。书中介绍了利用上述降水资料及其他多种卫星遥感资料驱动水文模型建立的洪涝灾害预报系统，结果表明，预报系统能较好地预报洪涝灾害。基于遥感和模式资料，使用统计方法建立了中国滑坡灾害统计预报模型；根据岩土力学的动力学分析，结合水文模型研制了滑坡动力学预测模型，经分析表明，模型能够有效地预测降水引发的滑坡泥石流灾害。本书适合气象、水文、地质以及遥感等专业或领域的学生、科研及业务部门工作人员参考。

**图书在版编目(CIP)数据**

中国洪涝滑坡灾害监测和动力数值预报系统研究/汪君等著. —北京：气象出版社，2015.12

ISBN 978-7-5029-6308-8

Ⅰ.①中…　Ⅱ.①汪…　Ⅲ.①水灾—灾害管理—研究—中国②滑坡—灾害管理—研究—中国　Ⅳ.①P426.616②P642.22

中国版本图书馆 CIP 数据核字(2015)第 312423 号

Zhongguo Honglao Huapo Zaihai Jiance he Dongli Shuzhi Yubao Xitong Yanjiu

**中国洪涝滑坡灾害监测和动力数值预报系统研究**

汪　君　王会军　洪　阳　著

---

**出版发行**：气象出版社

**地　　址**：北京市海淀区中关村南大街 46 号　　**邮政编码**：100081

**总 编 室**：010-68407112　　**发 行 部**：010-68409198

**网　　址**：http://www.qxcbs.com　　**E-mail**：qxcbs@cma.gov.cn

**责任编辑**：李太宇　　**终　　审**：章澄昌

**封面设计**：博雅思企划　　**责任技编**：赵相宁

**印　　刷**：北京地大天成印务有限公司

**开　　本**：787 mm×1092 mm　1/16　　**印　　张**：11

**字　　数**：280 千字

**版　　次**：2016 年 1 月第 1 版　　**印　　次**：2016 年 1 月第 1 次印刷

**定　　价**：70.00 元

---

# 前　言

史书记载，为了减轻和避免洪涝灾害，以大禹为代表的中国先民在4000多年前就开始了治水壮举，在2000多年前就建成了防洪泄洪的大型水利工程“都江堰”。古人在抵御自然灾害的斗争中积累了丰富经验，留下了大量的文献。中国历史上最早的诗歌总集《诗经》中，对暴雨引发的洪涝和滑坡泥石流就有这样的描述：“烨烨震电，不宁不令。百川沸腾，山冢崒崩”。其他文献对洪涝、干旱和滑坡泥石流等自然灾害的记载也不计其数。

事实上，迄今为止，洪涝灾害仍是中国及世界上最常见且危害最大的自然灾害之一。滑坡泥石流灾害也是在自然地质灾害中发生频率较高、影响较大的自然灾害。这些灾害往往给人民的生命财产带来巨大损失。及时地监测和预报这些灾害，提前对这些灾害带来的损失进行有效规避，是人们世世代代的梦想。

由于地球表面地理环境的多样性以及灾害发生机理的复杂性，以往要实时地监测和预报这些自然灾害是非常困难的，尤其在观测站比较少的山区更是如此。随着自然科学各学科的发展和融合以及通信技术和互联网的发展，加之雷达和卫星遥感的兴起和超级计算机、高性能计算的推广，使得现在及时地监测和预报这些灾害成为了可能。

本书关注的是由降水引发的洪涝和滑坡泥石流灾害的监测和预报。书中研讨了三种主要的卫星遥感降水产品在中国的适用性，也讨论了WRF模式预报降水在中国不同地区的可靠性；介绍了使用卫星遥感降水和WRF模式预报降水以及多种卫星遥感高分辨率资料，驱动分布式水文模型运行，组成洪涝监测预报系统；讨论了这样的系统对基本水文变量的模拟预报能力，同时讨论了系统对洪涝灾害的实际预报能力。书中还介绍了基于多种高分辨率卫星遥感资料分析得到的我国滑坡敏感图，结合高分辨率卫星降水和模式预报降水，加上多种滑坡预报算法，组成我国滑坡灾害集合预报统计模型；分析了模型对我国近年特大滑坡泥石流灾害的预报效能。基于岩土力学的动力学分析，建立了滑坡灾害的动力学数值预报模型，分析了动力模型对几次滑坡泥石流灾害的预报效能。书中最后探讨了一个综合的自然灾害监测预报系统的可能形式，并对未来可能的发展提出了设想。

本书的出版和其中的主要研究工作，得到了国家自然科学基金创新研究群体项目（项目编号：41421004）、“中国科学院—北京大学率先合作团队”项目和中国科学院规划与战略研究专项的资助。

限于作者的水平，书中瑕疵错漏在所难免，诚恳地欢迎有关专家和学者提出批评和指正。

作者

2015 年 12 月 21 日于北京

# 摘　要

我国地处东亚季风区、南亚季风区交汇处，下垫面状况、周边自然环境极其复杂，既有西部的戈壁沙漠的典型干旱区、黄土高原和草原的半干旱区，又有东部的海洋和季风湿润区，还有全球最高的高原——青藏高原，天气、气候系统复杂多变，暴雨、台风等灾害性天气频频发生，由此频繁引发洪涝、滑坡、泥石流等灾害，给人民的生命财产安全带来巨大损失和危害。洪涝灾害是我国及世界范围内最常见且危害最大的一类自然灾害，而滑坡泥石流也是自然地质灾害中所占比重最大、影响也较大的自然灾害。从防灾减灾的角度出发，及时地监测和预报这些灾害，可以有效地对这些灾害带来的危害提前进行规避，从而减小其带来的损失。

由于地球表面地理环境的复杂多样性以及洪涝灾害和滑坡泥石流灾害发生机理的复杂性，实时地监测和预报这些灾害是非常困难的，至今仍是国际上的研究热点和难点问题，尤其是对无观测资料地区或者观测资料较少的地区，更是如此。

绝大部分洪涝灾害和滑坡泥石流灾害都是由降水引起的，因此高质量、高分辨率的降水资料对这些灾害的监测和预报是至关重要的。本研究选择并分析了三种常用且具有代表性的红外和微波卫星遥感降水资料 CMORPH、PERSIANN 和 TRMM 在中国地区的适用情况。通过对 2008 年至 2011 年近 4 年与观测降水的比较分析，发现三种较高时空分辨率的卫星降水资料都可以较好地反演中国地区的实际日降水空间分布及其时间演变，与观测资料日降水的多年时间相关系数可以高达 0.9 以上，但是明显地存在地区差异，在东南部地区的相关系数明显较高，而在青藏高原西部等地相关系数则明显较低。三种卫星降水资料与观测资料的空间相关系数具有明显的季节变化特征，夏季空间相关系数可达 0.7 以上，而冬季相关系数则低至 0.1 左右。通过比较分析三种卫星反演、地面常规观测与自动气象站观测以及雷达反演降水对"莫拉克"台风带来的特大暴雨的比较，发现对此次极端降水事件，卫星降水严重低估了实际的特大暴雨降水。CMORPH 和 TRMM 卫星降水资料虽然极大地低估了实际降水，但是对降水中心位置、降水型的空间分布以及降水的时间变化还是能较好地再现；PERSIANN 降水资料则不仅对总体降水量低估，而且对降水极值中心的位置的估计也有较大偏差。综上，CMORPH 卫星降水资料不仅时空分辨率较高，精度也是几者中较高的，能较好地反演降水的时空变化特征。

WRF 模式是在 MM5 模式的基础上改进发展而来的，是当前最先进的中尺度气象模式，随着不断地开发完善，目前已经比较成熟。在 NCEP 实时全球预报系统 GFS 驱动下，建立了中国地区基于 WRF 的降水预报系统，实时运行了三年时间。以观测降水和之前的三种卫星降水数据验证分析了 WRF 模式降水预报效能，发现 WRF 模式基本上能较好地预报降水的时空变化特征，24 小时预报降水与观测日降水的时间相关系数达到 0.7 左右；而 3 小时降水与三种卫星降水的时间相关系数也可以达到 0.4 左右，证明 WRF 基本上能较好地预报中国地区的降水。通过个例分析表明，WRF 模型能较好地预报降水的空间型与时间演变，但是对极端降水精确的时空特征预报尚有欠缺。

在高分辨率卫星遥感 DEM 等地表下垫面数据基础上，选取时空分辨率和精度都较好的 CMORPH 资料驱动分布式水文模型 CREST，以实时监测和预报中国地区洪涝灾害；并使用 WRF 预报降水驱动 CREST 以期得到更长时效的预报。经分析表明，水平空间分辨率 1 km 的 CREST 模型能够较好地模拟中国地区的基本水文过程，能够较好地模拟如实际蒸散发、土壤湿度、地表径流等基本水文变量；同时通过不同流域水文站点的水文过程线分析表明，CREST 模型能够较好地模拟和预报河道径流量涨落过程，能够较好地预报洪峰及其对应的流量。同时，经过几次洪涝灾害事件的分析，表明 CMORPH 卫星降水和 WRF 预报降水及 CREST 模型组成的洪涝预报系统能较好地监测、预报洪涝发生的时间及其影响的范围。

基于多种高分辨率卫星遥感资料如 1 km 空间分辨率的 DEM 资料及其计算的坡度资料、1 km 空间分辨率 MODIS 地面覆被资料和 1 km 空间分辨率的地表土壤质地资料等，计算评估了中国地区 1 km 空间分辨率的的滑坡易发程度。经过与已有的滑坡、泥石流灾害发生情况观测数据对比，证明得到的滑坡易发程度与实际发生滑坡泥石流灾害的频繁程度是对应得较好的，即实际发生滑坡灾害较多的地区滑坡易发程度值也较高。为了监测和预报滑坡灾害的发生，在结合滑坡易发程度的基础上，使用多种降水一历时阈值的方法来综合评估预报滑坡灾害的发生。使用多个滑坡实例以及 CMORPH 卫星降水资料和 WRF 预报降水验证分析了多个降水一历时阈值计算方法对中国不同地区的适用情况。使用基于卫星遥感资料得到的滑坡易发程度、CMORPH 卫星降水资料和 WRF 预报降水以及多种降水—历时阈值算法等建成的中国地区滑坡灾害监测、预报系统可以较好地预报滑坡灾害的发生。同时，使用 CMORPH 卫星降水资料验证分析了基于滑坡物理过程的动力滑坡模型原型 SLIDE 对滑坡的模拟预报能力，发现 CMORPH 卫星降水资料和 SLIDE 模型能较好地预报大雨、暴雨导致的快速型滑坡，但是对降水强度较小、历时时间较长的慢速型滑坡则暂时没有较好的预报能力。

综合以上高分辨率卫星遥感地表下垫面数据、高分辨率卫星遥感降水、WRF 模式预报降水、CREST 分布式水文模型、多种降水—历时阈值算法以及 SLIDE 动力滑坡模型，建立中国地区高分辨率洪涝、滑坡灾害的实时监测和动力数值预报系统，并将洪涝、滑坡灾害预报结果通过地理信息系统等方式发布、解读，从而为防灾减灾决策提供更实用的参考信息。

# Abstract

China is located in the interchange region of East Asian monsoon and the South Asian mon-soon, and is with complicated surface conditions. The land-scape is vast and diverse, with forest steppes and the Gobi and Taklamakan deserts occupying the arid northand Northwest, and lies to the Northwest of Pacific Ocean, where is near the warm pool. With these special conditions, the weather and climate in China are rather server and variable. Thus floods, land-slides, mudslides and other disasters caused by torrential rains, typhoons and other severe weather frequently happen, leading to huge loss and harm to peo-ple' s lives property and safety. In order to reduce the losses, an efficient way to predict or forecast those rainfall related disasters is vital.

Due to the complexity of the mechanism of flood and landslide hazards, it is very difficult to forecast these natural disasters, and the main method to fore-cast is to use numerical models driven by rainfall estimation and forecasting. However, it is still hard to setup an efficient forecasting system due to the lack of sufficient ground-based observing network in many parts of the whole coun-try. Recent advances in satellite remote sensing technology, advances in nu-merical weather models and increasing availability of high-resolution geospatial products have provided an opportunity for such a study.

Three commonly used and representative infrared and microwave satellite remote sensing precipitation data CMORPH, PERSIANN and TRMM during year 2008 to 2011 have been carefully analyzed and compared to the observed rainfall data. The spatial-temporal variation of these three high-resolution satel-lite remote sensed rainfall data are rather similar to the observed data, with the spatial correlation coefficient as high as 0. 7 and the temporal correlation coeffi-cient as high as 0. 9. Both long term study and a extreme case (Typhoon "Morakot" rainfall) study show that among the three products, CMORPH data is better than other two products in the sense of temporal and spatial variation. The performances of these three satellite remote sensing products vary in different regions and in different seasons. The performances are better in the north and in the south where the elevations there are low, and are better in summer than in winter. In general, CMORPH products performed good in China, and is suitable for further study.

The WRF model was developed base on MM5, with many improvements in dynamic cores and physical process parameterizations. Driven by real time NCEP global forecasting system (GFS), WRF model can basically forecast rainfall in China based on a three year results analysis. The tem-poral correlation coefficient between WRF forecasted precipitation and observed daily rainfall is rather high, as high as 0. 7, and the temporal correlation coefficient between WRF forecasted precipitation and 3 hourly satellite remote sensing rainfall is as high as 0. 4. In a word, WRF forecasted rainfall can basically forecast the rainfall spatial pattern and temporal variation.

Based on high-resolution CMORPH data and satellite remote sensing surface data like DEM, a distributed hydrological model CREST was set up in order to monitor and forecast flood. WRF forecasted rainfall driven CREST model also was set up in order to provide longer flood forecast. It is showed that the 1 km horizontal spatial resolution CREST model can simulate the basic hydrological processes and can simulate the basic hydrological variables such as actual evapotranspiration, soil moisture and surface runoff. Also, model forecasted hydro-graph also were carefully analyzed and it shows that CREST model can simulate and forecast river runoffs. Through several cases of real floods analysis, the performances of CREST model were carefully studied, and it indicate that the satellite precipitation of CMORPH and WRF driven CREST hydrological model can forecast the flood time span and region.

1 km spatial resolution satellite remote sensing DEM, 1 km spatial resolution MODIS land cover materials, 1 km spatial resolution of surface soil texture data and other landslide-controlling factors were used to calculate the susceptibility . The 1 km spatial resolution assessment of landslide sus-ceptibility shows that it is easy to trigger landslide in the area around Southwest China, which is

rather similar to the observed landslides occurrence. With this high-resolution susceptibility map of China and several Rainfall-Intensity-Duration thresholds algorithms and CMORPH remote sensing rainfall and WRF forecasted rainfall, a landslides disaster forecasting system was set up and the forecasted results were carefully studied. It shows that this kind of system can basically forecast most of the landslides happened in the past four years. Also, a physical-based dynamical landslide forecasting prototype model was tested with CMORPH and WRF rainfall and observed landslides. The physical landslide model can successfully forecast the storm rainfall induced landslide while cannot forecast landslides with light but long-duration rainfall.

With high-resolution satellite remote sensing of surface underlying surface data, high-resolution satellite remote sensing precipitation data, the WRF model forecasts of precipitation, the CREST distributed hydrological model, some rainfall-intensity-duration thresholds algorithms and SLIDE dynamic landslide model, a high-resolution system of China flood and landslide disasters forecasting were established and integrated with geographic information system in order to forecast and release the forecasted results.

# 目　录

# 第1章 绪 论

我国地处东亚季风区、南亚季风区交汇处，下垫面状况、周边自然环境极其复杂，既有西部戈壁、沙漠的典型干旱区、黄土高原和草原的半干旱区，又有东部海洋和季风湿润区，还有全球最高的高原——青藏高原；而且天气、气候系统受多种系统如强烈的西太平洋副高、厄尔尼诺与南方涛动（ENSO）、青藏高原动力及热力系统等影响，天气复杂多变，气候系统相当脆弱。因此，我国是气象（气候）灾害频发的地区之一，每年因气象（气候）灾害造成的经济损失平均在2000亿元以上[1~3]。尤其是在东亚和南亚季风区的中东部地区，受季风系统影响在雨季来临时多发暴雨、大暴雨，加上又地处西北太平洋台风多发区，由此也会带来大量持续性降水，而由降水引发的洪涝灾害以及滑坡、泥石流等灾害频繁发生，给人民的生命财产安全带来巨大威胁。为了减少洪涝和滑坡泥石流灾害带来的损失，准确地监测和预报这些灾害是非常有必要的。

## 1.1 洪涝灾害监测预报及其研究进展

关于洪涝或者洪水的认识，气象学家和水文学家的认识往往是不一致的，目前并没有严格的定义。气象学家一般将某一地区一段时间的降水比历史同期异常偏大定义为洪涝，而水文学家则将河流（由于上游强降水等原因）突然的水位上涨、流量增大导致河流不畅使得洪水泛滥定义为洪涝[4]。而实际上，降水多不一定就能造成洪涝灾害，降水多的地方也不一定有洪涝，反之，降水少的地方不一定没有洪涝，只有降水不能及时排走的情况下才易形成洪涝，因此，将充分考虑地表水平衡特别是能较好地模拟河流排水作用的水文模型引入洪涝的实时监测和预报是非常有必要的。

我国由于特殊的地理环境以及气候环境，洪涝灾害频发。洪涝灾害破坏力往往较强，洪水来时，往往容易冲毁房屋、桥梁、路面，淹没农田，造成巨大人员伤亡。不仅如此，洪涝灾害往往还会带来多种次生灾害，如使农作物减产甚至绝收，致使交通和通讯中断，使工厂减产甚至停产等。另外，洪涝灾害还会严重影响生态环境，造成水土流失、耕地退化等。1998 年夏季我国长江和松花江流域发生特大洪涝灾害，涉及 29 个省、自治区、直辖市。

江西、湖南、湖北、黑龙江、内蒙古、吉林等地受灾最重，农田受灾 22290000 $hm^2$，成灾面积 13780000 $hm^2$，死亡 4150 人，直接经济损失 2551 亿元人民币[5]。20 世纪 90 年代以来仅洪涝灾害造成我国经济损失年均达 1000 亿元以上，在各种自然灾害经济损失中约占 62%，相当于同期我国年均国民生产总值的 1.5%左右。每年遭受洪涝灾害的耕地面积达 5 亿多亩①，造成粮食减产约 200 亿 kg。进入 21 世纪以来由于全球变暖及气候变化等原因，这些灾害明显加剧，对我国经济和社会发展带来更严重的损失[4]。为了减少洪涝灾害的危害，为防灾减灾工作提供依据，实时监测和预报洪涝的发生发展及消退则非常重要。

水文要素是洪涝灾害监测信息的重要组成部分，与洪涝灾害关系密切的水文要素主要有降水、水位、流量、淹没面积、淹没时间和土壤含水量等，因此对洪涝灾害的监测，比较传统的方法就是建立观测站点，实时观测降水、河流水位、河道流量等，但是由于地理环境以及人力、物力和财力的限制，观测站点之间往往间隔较大，尤其是在西部山区，无论是气象观测站点还是水文站点，往往分布都较为稀疏[6,7]，无法满足洪涝灾害的实时监测，无法满足实际防灾减灾决策的需求。随着卫星遥感技术的发展，目前已经开始广泛地使用卫星遥感技术来确定洪涝影响区域及淹没面积，这样对于观测站点较少的地区也能较好地覆盖，且估算面积还是比较精确的[8~12]，但这种方法受限于卫星对地面同一地点的扫描频率，同时也受到天气尤其是云量和云厚度的影响[13~19]。

事实上，洪涝灾害一般包括洪灾和涝渍灾，一般把气象学上说的年（或一定时段）降水量超过多年同期平均的现象称为涝[20]，其实质是本地降水过多或者上游来水超过排水能力，导致不能及时排泄，造成地表积水，农作物被淹。而洪灾一般指河流上游降水量或者降水强度过大、冰雪急速融化等原因导致河流、土壤水位上涨和径流量增大，超过河道正常行水能力，在短时间内排泄不畅，形成洪水泛滥造成的灾害。总之，两者一般都是由于降水量以及降水强度过大而地表排水不畅导致的灾害，统称洪涝灾害。洪涝灾害可分为直接灾害和次生灾害，直接灾害即原生灾害，主要是洪水直接的冲击破坏、淹没所造成的危害，如人口伤亡、土地淹没、房屋冲毁、交通及电讯设施被破坏等，这类灾害造成的损失一般可以直接统计；次生灾害又称间接灾害，洪涝灾害的次生灾害一般包括山体滑

① 1 亩=1/15 $hm^2$。

坡、建筑物浸没、疾病流行、生态环境恶化甚至社会的动荡不安等，这类灾害的损失一般是很难直接统计的。

洪涝预报主要是通过水文预报的形式，早期的水文预报一般采用基于经验统计的简单方法，如上下游水位相关法、流域平均降水与径流相关关系法等。这些方法靠的是大量预报经验累积和运用，具有一定的主观性，而且往往只对特定较小的区域有用，大多是对每个单独的站点采用一套独有的预报方案[21]。随着对水文过程的认识深入，特别是对蒸散发、产流、汇流等过程的深入研究，人们提出了具有实际物理意义的水文模型来模拟预报水文过程，如基于超渗产流的陕北模型[22,23]和斯坦福模型[24,25]，基于蓄满产流的新安江模型[22,23]以及基于蓄泄型的萨克模型等。

上面提到的早期水文模型一般只是简单的概念性流域水文模型，往往将整个流域看作一个单元体或者主要的几个单元体，尽可能地用有一定物理意义的参数描述流域特征的空间分布不均匀性，但是对模型输入的空间分散性和不均匀性没有充分考虑。因此，在概念型流域水文模型的基础上发展起来的分布式水文模型可以充分考虑由于降水和地表下垫面不均匀性对产汇流及径流的影响。分布式水文模型以格点化的数字高程模型（DEM，Digital Elevation Model）为基础[26~40]，结合地理信息系统（GIS，Geographic Information System）技术[41~48]、空间和遥感测绘技术以及计算机技术，通过基本物理定律推导并演绎出描述产汇流过程的微分方程（组），并格点化差分求解，以完整地描述区域内不同格点上及格点间的水文过程。典型的分布式水文模型有分布式新安江模型[49~51]、TOPMODEL[52,53]以及SWAT水文模型等其他模型[54~61]。

由于分布式水文模型能充分考虑降水及地表下垫面的空间分布及其差异性，因此目前在水文模拟及洪涝预报中得到了广泛的应用，目前国内外已经有了大量的工作[41,62~71]。但在目前的研究和实际应用中，分布式水文模型还局限在流域尺度，能够用于更大尺度如洲际尺度的水文模型还比较少[66,69,72]。

我国地域辽阔，各地形成洪水的气候条件、下垫面地形、地质、地貌等自然地理条件千差万别，江河众多，可能发生洪水灾害的地区分布广泛，造成洪涝灾害的类型也多种多样，但是降水尤其是暴雨引发的洪水是主要原因[4,20]。

洪涝灾害的主要原因是降水，因此降水资料对水文模型来说是至关重要的，在之前基于分布式水文模型的应用研究中，降水资料多来自站点观测。图1.1是我国主要的气象观测站分布及对应的地形。由图可以看到，我国的降水观测站点分布多不均匀，不同地区的站点密度差别很大，大多分布在我国东部平原地区，而在洪涝、地质灾害多发的中西部山区，气象台站则很少。即使在气象站点较多的平原地区，气象台站的分布也不均匀，间距相差较大。对无观测站点或者少观测站点的流域，用于洪涝灾害的降水要借助其他方法来补充，目前国内常用的方法有单位线、空间插值、数据同化等方法[73,74]，但这些方法只是对实际情况的一种近似估计，准确性不高。为解决站点分布不均甚至没有站点的情况，有些学者将地基雷达降水测量用到水文模型中去，在一定程度上弥补了观测站点分布不均带来的问题[42,75~78]。但是我国地基雷达分布也是不均匀的(图 1.2)，而且雷达扫描仰角受到复杂地形的限制，全国范围 1、2、3 km 扫描高度的雷达覆盖面积仅分别为国土面积的 16.9%、38.8%、52.8%，广大的山区仍然没有雷达覆盖到，而相对平缓的东部地区相应的覆盖率也分别只有 27.1%、59.8%、76.8%，雷达覆盖面积大大受限[79]。

随着卫星遥感技术的发展，卫星遥感降水质量的稳步提高，卫星遥感降水逐步可应用到水文模型中来。Yang Hong 在 2006 年提出将 TRMM 卫星遥感降水用在水文模型中的设想，以监测和预报洪涝灾害[80,81]，随后，将 TRMM 卫星降水应用到简单的水文模型中并用于全球尺度洪涝灾害的监测预报中[82,83]。这种方案由于充分利用了卫星遥感时空覆盖度广以及空间分辨率高的优势，可以用于空间尺度跨度较大的洪涝监测和预报工作[84~92]。但在 Hong[164~166]的工作中，使用的卫星降水资料为 TRMM-3B42RT[93,94]，其空间分辨率为 0.25°×0.25°，更新时间间隔为 3 小时，对监测全球尺度的洪涝灾害来讲，基本满足需求。但是如果要更详细、更精确地了解发生洪涝的时间和地点，则需要更高空间分辨率和更短时间更新间隔的资料。此外，其工作中降水一径流的评估使用的是简单的经验统计方法(曲线数目法，Curve Number)，而没有采用更有物理意义的分布式水文模型，这也是需要改进的。

因此，为了建立一个中国地区洪涝灾害实时监测预报系统，我们考虑采用时空分辨率较高的卫星遥感降水资料驱动一个能使用在洲际尺度的分布式水文模型，从而实时监测和预报洪涝灾害，同时充分利用卫星遥感降水精细的时空分辨率和几乎无死角的空间覆盖度，以及分布式水文模型相比经验统计公式是具有广泛适用性的。

此外，为了进一步延长洪水预报的预见期，进一步加强水文、气象的学科结合，加大定量降水预报(QPF，Quantitative Precipitation Forecast)的研究应用，提高洪水预报的效益和作用[71,95~104]。

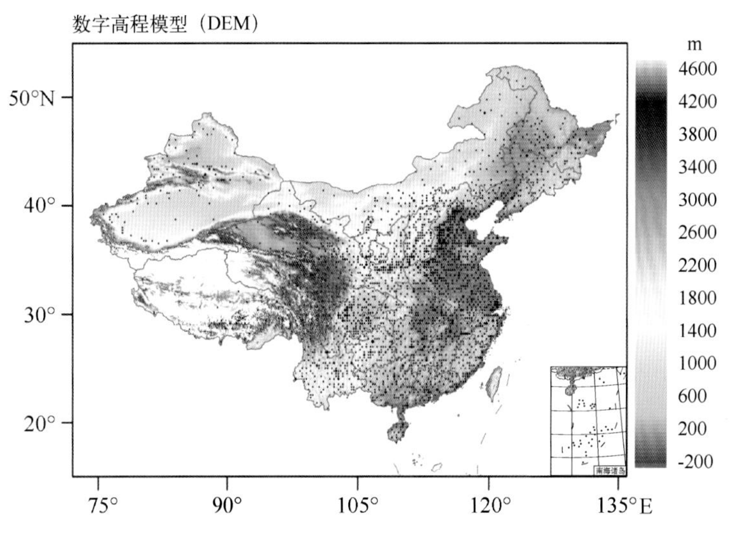


图 1.1 中国地区气象观测台站分布及地形图

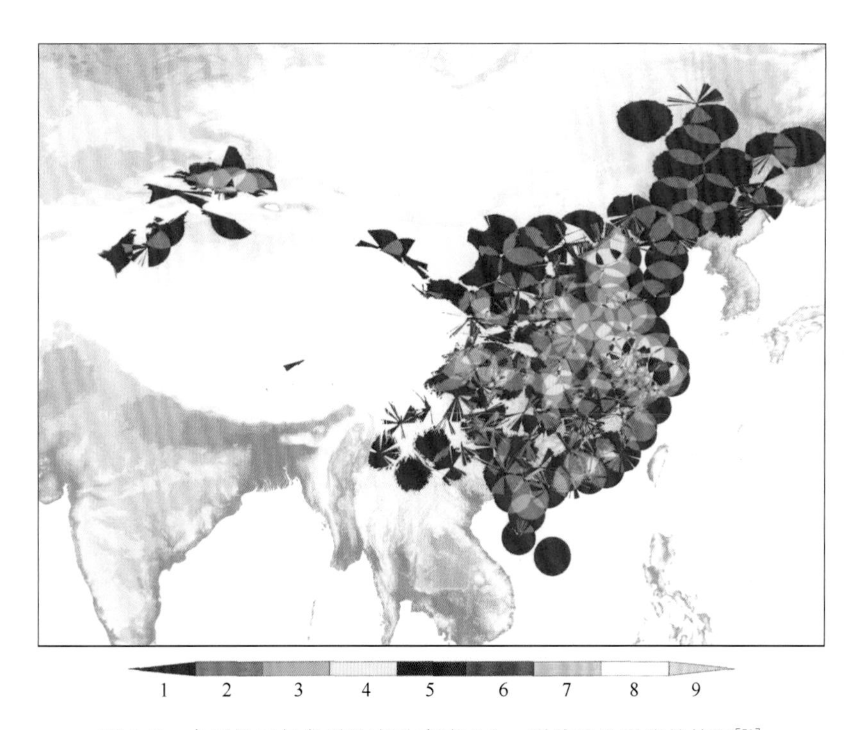


图 1.2 中国地区气象雷达离地高度 3 km 覆盖及地形遮挡情况[79]

## 1.2 滑坡泥石流及其监测预警研究

我国是一个多山国家，山地、高原和丘陵约占国土面积的 69%，河流纵横，沟谷广布，地势高差悬殊。在大气、地震及人类活动影响下每年都有大量地质灾害发生，而其中滑坡、泥石流灾害约占一半以上，而其中暴雨诱发的滑坡占滑坡总数的90%以上[105,106]。

滑坡和泥石流都是由斜坡失稳所造成的地质灾害。具体而言,滑坡是指山坡在河流冲刷、降雨、地震和人工切坡等因素影响下,土层或岩层整体或分散地沿斜坡向下滑动的现象。泥石流则是在降水、溃坝或冰雪融化形成的地面流水作用下,在沟谷或山坡上产生的一种挟带大量泥砂、石块等固体物质的特殊洪流。虽然两者在具体表现上不太一致,但其成因、过程等往往不太容易具体区分,甚至可以认为,泥石流就是一种含液相物质较多的滑坡,因此,本书所研究滑坡为广义滑坡,将滑坡、泥石流并列研究,不做细节区分[107~112]。

滑坡和泥石流往往在很短的时间内堵塞江河,摧毁城镇和村庄,破坏森林、农田、道路,对人民的生命财产、生产活动以及环境造成很大的危害。2008年全国地质灾害共发生滑坡13450起、崩塌8080起、泥石流443起、地面塌陷451起(未包含"5·12"汶川大地震引发的地质灾害灾情),共造成1598人伤亡,其中死亡656人,失踪101人,直接经济损失32.7亿元。2008年11月2日云南楚雄彝族自治州发生一起滑坡、泥石流事件,共造成36人死亡、31人失踪、20人受伤,直接经济损失9.7188亿万元[113]。从中可见滑坡和泥石流对国家经济和人民生命及财产的巨大危害。

特殊的地质环境条件是滑坡泥石流形成的基础和根本原因。我国西部地区地形起伏大,构造活动强烈,岩土体物理风化严重,地质环境十分脆弱。在降雨、地震、人类活动等条件触发下,极易发生滑坡泥石流等灾害。局地暴雨、持续强降雨和重力作用等自然条件是滑坡、崩塌等地质灾害的主要诱发因素,暴雨诱发的滑坡占滑坡总数的90%,因此,我国滑坡泥石流的高发地多分布在南亚和东亚季风区,而高发的时间段也主要集中在汛期[110,114~117]。

鉴于滑坡泥石流能带来的巨大危害以及在中国区域的广泛分布,建立一个比较有效的滑坡泥石流监测预报系统显得尤为重要。而又由于滑坡泥石流机理的复杂性,因此对滑坡的预报预测研究已成为国际灾害地质领域的一个难点问题,同时也是热点问题,为此,在2006年日本东京讨论并通过的国际滑坡研究计划(International Programme on Landslides)基础上,2008年在日本东京召开了第一次世界滑坡论坛,会议决定今后每三年召开一次,以共同推进滑坡灾害的研究[109]。

滑坡灾害的发生本质上是边坡失稳的过程,图1.3是边坡岩土体的理想化受力分析示意图。坡度为$\theta$的边坡上岩土主要受到三个外力即自身的重力$w$,基岩的支持力$\sigma$,以及来自基岩或者岩土之间的摩擦力$s$,因此边坡的稳定与否取决于两个因素:引起坡面下滑的力——下滑力,即重力的切向分量 $\tau$(又称为剪切力,$\tau = w\sin\theta$),以及阻止坡面下滑的力——抗滑力(又称抗剪强度)$T'$。事实上在岩土中,阻止下滑的力为摩擦力 $s$ 和岩土的内聚力 $c$,摩擦力 $s$ 为支持力与摩擦系数 $\mu$ 的乘积,其值为 $s = w\cos\theta\tan\varphi$,$\varphi$ 为岩土的内摩擦角。一般情况下,抗剪强度是大于剪切力的,因此边坡一般情况下是稳定的,但如果由于特定的原因导致抗剪强度小于剪切力时,边坡则不稳定,就会发生滑坡事件。将抗剪强度 $T'$ 与剪切力 $\tau$ 的比值定义为安全系数 $F_s$[118~120]。

$$F_s = \frac{T'}{\tau} = \frac{c + w\cos\theta\tan\varphi}{w\sin\theta} \tag{1.1}$$

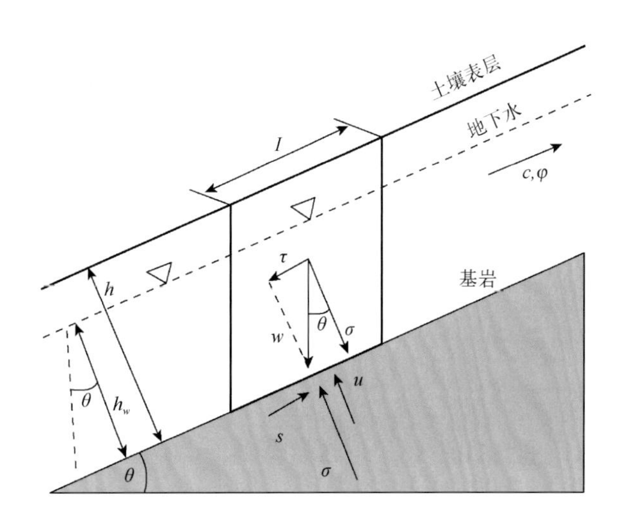


图 1.3 边坡岩土体受力及稳定性分析

于是发生滑坡的条件可以写成 $F_s \leqslant 1$。一般情况下安全系数是大于 1 的,只有在边坡具备一定的条件,使斜坡易于发生运动或者处于临界稳定状态,且某些内在或者外在因素发生了变化,使这些处于临界稳定状态的斜坡体失稳,长期积累的重力势能瞬间释放出来,才能发生滑坡。这些触发滑坡的条件有自然的也有人为的原因,常见的有降水和地震等,主要原因还是降水。降水诱发滑坡的原理主要有三点:一是降水渗入岩土中,降低岩土的抗剪强度,其二是降水会增加滑坡体重量,且会增加动水压力从而减小边坡稳定性系数,其三,降水通过影响岩土的内摩擦角 $\varphi$ 和内聚力 $c$ 影响边坡稳定性系数[121~132]。

对滑坡的监测预报包括内部环境如滑坡整体变形与滑坡体内应力变化监测,外部环境如降水、地下水监测等。变形监测是比较直观的方法,通过监测滑坡体位移和形状改变来预报滑坡的发生发展,主要有包括排桩、位移计等基于站点的人工观测方法,包括地基 GPS(Global Positioning System,全球定位系统)

和机载或星载 InSAR(Synthetic Aperture Radar Interferometry,合成孔径雷达干涉技术)等技术的遥感直接监测方法,对滑坡地表位移和形变监测的位相测量剖面术(Phase Measuring Profilometry,PMP)[133]以及监测地下水活动的核磁共振技术[134,135]等方法。但是这些方法大多成本高、投入大,不适合大范围全面使用。因此目前对滑坡的监测、预报侧重于从引发滑坡的原因上出发,实时监测这些触发因子,然后根据一定的规则解译这些触发因子从而得到边坡的稳定性状态继而预报可能发生滑坡灾害的时间地点等信息,如通过分析地震强度与距离来考虑滑坡的发生[33,111,136~142]。

由于诸如地震、火山喷发、风化以及人类活动如采矿、灌溉等触发滑坡的因素是复杂多变且可预见性不高的,加上降水引发的滑坡占滑坡总数的绝大多数,因此滑坡的研究主要集中在对降水的监测预报及其与滑坡的关系上。对降雨型滑坡的研究目前主要有三种方法:第一种为基于引发滑坡的历时降水数据的统计分析来确定引发滑坡的降水阈值,以此作为实际降水观测和预报的参考值,从而预报滑坡发生的可能性,这种方法称为降水阈值法[105,143~151];第二种通过考虑土壤含水量与日降水的关系,并根据土壤水分和降水的日变化量确定引发滑坡的临界降雨条件,这种方法主要特点就在于考虑了土壤地下水对滑坡的作用,又称土壤前期含水量模型(Antecedent Soil Water Status Model,ASWSM)[152~155];第三种方法为将水文学模型与简化的边坡稳定性模型结合的方法,即根据公式(1.1),并分别考虑降水入渗对抗剪强度和剪切力的影响,继而预报滑坡的发生发展等[112,156~160]。后两种方法更有实际物理意义,模型结构复杂,计算量大,尚处于探索研究阶段。

基于降水阈值的滑坡预报,目前已经有大量的研究工作,不同地区引发滑坡的降水阈值不同,Guzzetti 等对世界各地的滑坡降水阈值进行了系统性的总结,并建立了一个降水阈值数据库,该数据库汇集了 1970—2006 年期间全球范围内发表的研究文献,整理出 125 个引发滑坡的降水阈值关系,这些关系适用的地区及其尺度是各不相同的,有适用于全球的,也有仅适用于某些局地山区的,具体信息可见 http://wwwdb.gndci.cnr.it/php2/rainfall_thresholds/thresholds_all.php[161,162]。

在之前提到的研究中,多使用站点观测降水,并通过插值以填补无观测的地区,但不同插值方法结果差异较大,且无站点降水观测的地区多为山区,而滑坡灾害恰恰多发生在山区,因此,使用站点观测降水会有覆盖面、精确度和分辨率等各方面的问题。Hong 等利用 TRMM 卫星降水基本解决了这个问题,在滑坡易发程度等级的基础上，使用 Caine[163] 和 Hong[164] 等的降水阈值建立第一个全球的滑坡灾害实时监测、预报系统[82,85,164~168]。图 1.4 为实时运行的全球滑坡系统于 2015 年 10 月 29 日 0000UTC 预测结果（链接为：http://trmm.gsfc.nasa.gov/publications_dir/potential_landslide.html）。黄色圆圈所在为预测的滑坡易发区域，图中显示了经过 1 天（24 小时）的降水后的滑坡易发区域以及经过 3 天降水后的滑坡易发区域。经初步验证，此系统对全球滑坡灾害有一定的预报能力，但同时也有由于降水分辨率及精确度带来的一些局限[169~172]。

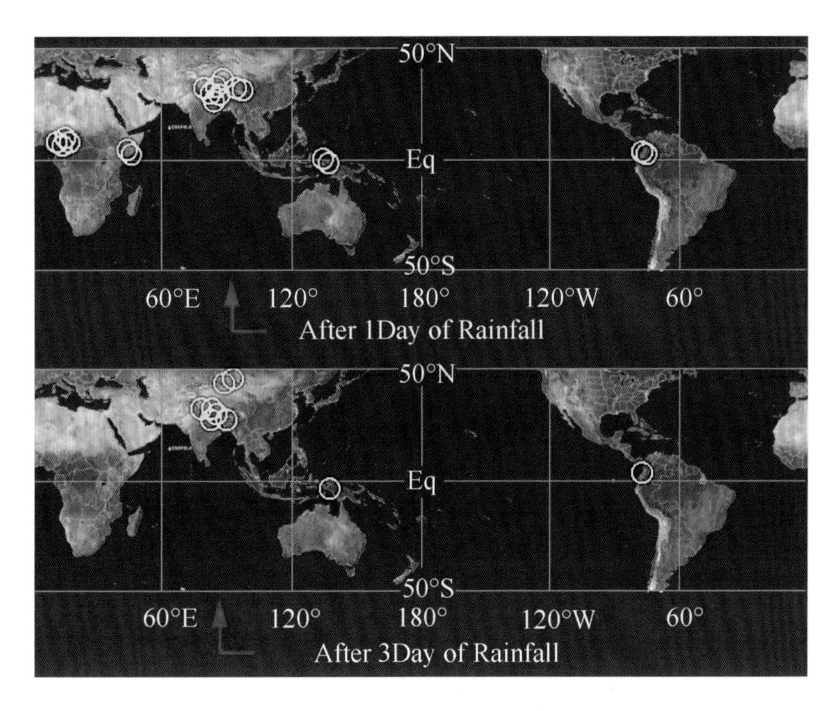


图 1.4 实时运行的全球滑坡灾害监测预报系统结果[164]
（2015 年 10 月 29 日 0000UTC，其中黄色圆圈所在为预测易发滑坡的地区）

本研究将在 Hong[164] 的基础上使用更高分辨率的降水并改进这个基于卫星遥感的实时滑坡监测预报系统，以使之更加适用于中国地区，同时探讨多种降水阈值在中国不同区域的适用情况，且重点发展并探讨动力滑坡数值模型的预报效能。

## 1.3 实时高分辨率降水资料

由以上的叙述可以看到，实时高分辨率降水资料对实时水文预报和滑坡灾害预报都是至关重要的，而站点观测降水和雷达降水由于种种原因在洪涝和滑坡灾害多发的地区特别是山区无法满足预报的需求，因此需要引入卫星遥感降水；另外，为了进一步延长预报的预见期，还需要引入气象模式预报降水。

### 1.3.1 卫星遥感降水资料简介及研究进展

卫星——地球轨道静止卫星和极轨卫星全天候的在太空中通过传感器不间断地扫描着地球的任意表面，因此利用卫星遥感来获取地面降水的估计，可说是几乎没有空间上的死角；而如果扫描频率高，那么得到的降水时间间隔较短；传感器的分辨率一般较高，那么得到的降水空间分辨率也高，因此，卫星遥感降水的研究应用自有气象卫星以来就是研究的热点问题。

地球轨道静止卫星(Geostationary Satellite)又称地球同步卫星(Geosynchronous Satellite)，运行于地球赤道上空，随着地球自转运动方向运动，与地球表面保持相对静止，因此而得名。其上搭载红外传感器，可以以 4 km 的空间分辨率扫描地球表面，15 分钟即可覆盖地球表面三分之一的面积，因此，理论上 3 颗地球轨道静止卫星就可以 15 分钟的时间间隔覆盖整个地球表面，且空间分辨率可以达到 4 km。因此，利用地球静止卫星上的红外传感器得到的地球表面红外资料来估计地表降水，理论上可以得到时空分辨率非常高的降水[173]。但是由于红外资料得到的信息主要为云顶温度，又称亮温，记为 $T_b$，其与降水量没有直接关系，因此，需要找到将亮温转化为降水的算法。早期的办法比较简单，即通过大量的统计分析地面观测的降水 $RR$ 与对应的卫星遥感红外亮温 $T_b$ 的关系，建立亮温与降水量的转化关系，如 Viccente 等得到的转化关系[174]：

$$RR = 1.1183 \cdot 10^{11} \cdot \exp - (3.6382 \cdot 10^{-2} \cdot T_b^{1.2}) \quad (1.2)$$

这种转化关系比较简单，计算方便，但是这个关系并不唯一。亮温和降水并不是一一对应的关系，不同的地区、不同的云系相同的云顶温度并不一定对应有降水，更遑论对应相同的降水量。因此，随后又发展起来神经网络以及人工神经网络的方法，来计算卫星遥感所得亮温对应的降水量[175,176]。为进一步细分不同种类云的亮温对应的降水，各种云分类算法也发展起来，然后在根据地表观测率定不同云类亮温对应的降水关系，综合得到卫星遥感红外资料对应的高分辨率地表降水估计，这种方法目前已经比较成熟，得到的降水估计有一定的精确度，代表性产品为加利福尼亚州立大学尔湾分校(University of California，Irvine)的 PERSIANN-CCS(Precipitation Estimation from Remotely Sensed Imagery using an Artificial Neural Network Cloud Classification System)[177~181]。这是一个准全球准实时的降水资料，其最高空间分辨率约为 4 km，更新时间间隔为 1 小时。

用红外遥感的方法获取地表降水的方法毕竟是一种较为间接的方法，得到的降水估计误差较大，尤其是早期算法不成熟的时候。因此人们期望能像地基雷达一样通过微波遥感来更精确地估计。1987 搭载在 DMSP(Defense Meteorological Satellite Program)F-8 卫星上的微波传感器 SSM/I(Special Sensor Microwave/Image)是较早用于卫星遥感微波降水估计的微波传感器，也是当时世界上最先进、空间分辨率最高的被动微波遥感探测仪器[182,183]，随后又有了搭载在 F-10、F-11、F-13、F-14、F-15 的同类传感器，后三者直到现在仍然在运行中，它们使用 Grody 等发展起来的基于降水粒子散射特性的反演算法估计降水，是卫星微波遥感降水估计的有益尝试[184~187]。随着 1997 年美国国家航空航天局(National Aeronautics and Space Administration，NASA)和日本宇宙航空研究开发机构(the Japan Aerospace Exploration Agency，JAXA)专门为了研究和监测赤道降雨的 TRMM(Tropical Rainfall Measuring Mission)正式启用[188~190]，卫星微波遥感降水的研究又上一个台阶，并正式开始进入实用化阶段，其微波遥感降水估计的算法为集多种算法大成的 GPROF(Goddard Profiling Algorithm)[191,192]。随后还有更多的微波传感器也发射升空，如 AMSR-E[193]，AMSU 等[194,195]。而随着 TRMM 卫星的退役，一个更先进的微波降水卫星系统已经开始运行，目标是能更好地反演全球不同地区、不同地形的降水—全球降水观测计划(Global Precipitation Mission，GPM，[196])。目前关于 GPM 有很多工作正在进行中 http://www. nasa. gov/mission_pages/GPM/main/index. html。虽然微波遥感降水估计精度较高，但是由于微波传感器要求轨道较低，多搭载在轨道高度较低的地球的极轨卫星上，而且一般扫描半径较小，一次扫描覆盖范围较小，因此即使目前在空间中运行的微波传感器较多，仍然无法在半小时或 1 小时内覆盖全球表面；而红外遥感的方法虽然精度不高，但是时空分辨率高，且时空连续性好。因此如何将两者的优点结合起来，从而得到全球高分辨率、高时空连续性的降水资料，也是非常重要的课题。TRMM 实时多卫星降水分析资料(the TRMM multisatellite precipitation analysis-Real Time，TMPA-RT，也即常说的 TRMM-RT)，主要使用多微波遥感反演降水来率定、校正红外遥感资料所反演的降水，从而提高降水估计的精度[93,94,197]。而另一种来自美国国家海洋和大气管理局气候预测中心(Climate Prediction Center，National Oceanic and Atmospheric Administration，NOAA CPC)的著名卫星遥感降水产品 CMORPH(CPC MORPHING Technique)，则是采用了另一种思路，即降水估计使用微波遥感反演的降水，而利用红外遥感资料估算降水云系的运动及变化，从而将有微波卫星扫描的降水"移动"、"变换"(Advecting and Morphing)到没有卫星扫描的地区[198,199]。CMORPH 降水资料的空间分辨率可以达到8 km,更新时间间隔为半小时。另外还有很多融合红外和微波遥感的卫星降水资料,但思路大多如上。

如前所述,TRMM-RT 等卫星遥感降水已经开始应用在洪涝、滑坡等灾害监测预报中,但是这些卫星降水产品相比站点观测降水、雷达降水精度如何,能否胜任洪涝、滑坡灾害预报的要求,是需要大量的比较以及验证工作的。虽然早在 1994 年开始就成立了降水比较计划(Precipitation Intercomparison Project (PIP-1))[200],但是降水资料是不断变化发展的,尤其是近年来基于卫星遥感降水的迅猛发展,同时推动融合卫星降水的其他降水产品的发展,因此对这些降水产品的评估、验证和分析仍然是必不可少的[201]。事实上,近年来也有了一些对最新的卫星降水资料与观测降水的比较和验证分析工作[177,179,202~206],同时也开始有一些将卫星降水(主要是 TRMM)引入水文模型中,来比较、分析卫星降水的精度[77,86,91,92,95,207]。国内对卫星遥感降水的应用和研究还比较少,对不同卫星遥感降水产品在中国的适用性分析也还较少[91,207~209],这正是需要系统性研究的,本研究将对常用的三种卫星降水资料在中国地区的适用性进行较为系统的对比分析。

### 1.3.2 WRF 模式预报降水简介及研究进展

实时降水估计无疑是重要的,而定量降水预报也是很重要的。目前的定量降水预报主要依靠数值预报模式,国内常用的数值模式及产品有全球模式 T639、欧洲 ECMWF 以及日本模式等[210~214],也有区域模式 MM5、GRAPES、AREMS 等[215~225]。

WRF 模式(Weather Research and Forecasting model)是由包括 NCAR(the National Center for Atmospheric Research,美国国家大气研究中心)、NOAA 和许多美国研究部门及大学的科学家共同参与研发的新一代中尺度预报模式和同化系统,是在目前全球用户最多的中尺度大气模式 MM5 的基础上开发,发展适用于 1～10～100 km 及更大空间尺度以及从小时到年际的天气气候预报和模拟系统,自 2000 年发布以来,目前已经发展到第三版,包括了多种微物理过程、云物理、边界层以及陆面过程等的参数化方案,包括了完整的 4 维变分同化系统,可同时用于天气、气候系统模拟及预报、动力降尺度等实际应用及研究工作[226,227]。目前在国外对 WRF 模式的应用日趋广泛、研究也愈加深入,国内对

WRF的研究和应用也开始多起来，主要集中在探讨不同参数化方案对模拟预报效果的影响研究、降水过程、极端天气事件以及台风等天气尺度个例的模拟研究、区域气候模拟以及动力降尺度等几个方面[228～237]。基于WRF模式长期实时预报的应用、研究分析还比较少，本文将使用WRF模式实时预报我国降水，并使用较长时间尺度的结果来分析评估WRF模式在我国预报降水的效能，以减少个例中偶然因素所带来的误差等。另外，还要将预报降水应用到之前介绍的洪涝和滑坡泥石流灾害预报系统中去，以检验模式的实用性。

## 1.4 本书的主要研究内容

综上所述，洪涝灾害的监测预报，尤其是大尺度以及无观测资料地区洪涝灾害的预报、滑坡泥石流灾害的监测和预报、卫星遥感降水的比较分析和应用，以及WRF模式降水预报的实际应用、分析和验证，都是目前国际国内较为前沿的热点问题，同时也大都是难点问题，解决这些问题不仅有重大的科学研究意义，同时还有特别重要的实际意义。

本书的主要目的是研究我国基于卫星遥感的实时高分辨率洪涝、滑坡泥石流灾害的监测、预报系统。在此过程中，首先要比较系统地评估几种常用的高分辨率实时卫星降水资料在中国地区的适用性，分析各种不同的卫星降水资料的精确度及误差，以及造成这些结果的可能原因；分析WRF模式实时预报降水的可用性及精度和误差。其次，在以上的评估分析基础上，选出质量较好、且时空分辨率较高的降水资料。然后采用其他高分辨率卫星遥感资料以及能适用于较大空间尺度的分布式水文模型建立起适合于中国地区的洪涝预报系统，并用高分辨率卫星遥感降水和WRF模式预报降水来驱动这个洪涝预报模型，检验并分析这个洪涝预报系统对中国不同地区水文过程的模拟能力以及对洪涝灾害的预报效能。再次，使用各种高分辨率遥感资料和地面调查资料建立中国地区高分辨率滑坡灾害易发程度等级图，并使用高分辨率卫星遥感降水和WRF模式预报降水来验证不同滑坡——降水阈值在中国地区的适用性，并结合滑坡易发程度建立滑坡灾害实时预报系统，分析此系统的预报效能；探讨卫星遥感降水和动力滑坡系统原型对中国地区滑坡灾害的预报效能。最后，使用高分辨率卫星遥感降水、WRF模式预报降水、卫星遥感地表状况、分布式水文模型、滑坡灾害统计预报模型、滑坡灾害动力预报模型等模块综合集成为洪涝、滑坡泥石流及干旱等灾害的实时监测、预报系统，给防灾减灾、政府决策等提供科学参考。

## 参考文献


[1] 叶笃正,黄荣辉. 我国长江黄河两流域旱涝规律成因与预测研究的进展,成果与问题[J]. 地球科学进展,1991,**6**(4):24-29.

[2] 黄荣辉. 我国气候灾害的特征,成因和预测研究进展[J]. 中国科学院院刊,1999,**14**(3):188-192.

[3] 黄荣辉,周连童. 我国重大气候灾害特征,形成机理和预测研究[J]. 自然灾害学报,2002,**11**(1):1-9.

[4] 丁一汇,张建云. 暴雨洪涝[M]. 北京:气象出版社,2009.

[5] 中华人民共和国水利部. 中国'98 大洪水[M]. 北京:水利水电出版社,1999.

[6] 王家祁. 中国暴雨[M]. 北京:中国水利水电出版社,2002.

[7] 陶诗言. 中国之暴雨[M]. 北京:科学出版社,1980.

[8] Imhoff M, Vermillion C, Story M, *et al*. Monsoon flood boundary delineation and damage assessment using space borne imaging radar and Landsat data[J]. *Photogrammetric Engineering and Remote Sensing*, 1987, **53**(4):405-413.

[9] Khan S, Hong Y, Wang J. Multispectral Satellite Data for Flood Monitoring and Inundation Mapping [M]//*Multiscale Hydrologic Remote Sensing*. CRC Press, 2011:251-268.

[10] 丁志雄,李纪人. 流域洪水汛情的遥感监测分析方法及其应用[J]. 水利水电科技进展,2004,**24**(3):8-11.

[11] 张淑杰. 洪涝灾害遥感监测与灾情评价方法研究[D]. 南京信息工程大学,2005.

[12] 李香颜,陈怀亮,李有. 洪水灾害卫星遥感监测与评估研究综述[J]. 中国农业气象,2009,(1):102-108.

[13] Shengy, Suy, Xiao Q. Challenging the cloud-contamination problem in flood monitoring with NOAA/AVHRR imagery[J]. *Photogrammetric Engineering and Remote Sensing*, 1998, **64**(3):191-198.

[14] Islam M, Sado K. Flood hazard assessment in Bangladesh using NOAAAVHRR data with geographical information system[J]. *Hydrological Processes*, 2000, **14**(3):605-620.

[15] Islam M, Sado K. Development priority map for flood countermeasures by remote sensing data with geographic information system[J]. *Journal of Hydrologic Engineering*, 2002, (7):346-355.

[16] Shengy, Gong P, Xiao Q. Quantitative dynamic flood monitoring with NOAA AVHRR[J]. *International Journal of Remote Sensing*, 2001, **22**(9):1709-1724.

[17] Brakenridge G, Anderson E, Nghiem S, *et al*. Flood warnings, flood disaster assessments, and flood hazard reduction: the roles of orbital remote sensing[C]//*30th Inter-national Symposium on Remote Sensing of Environment*, Honolulu, HI, November 10-14, 2003.

[18] Sanyal J, Lu X. Application of remote sensing in flood management with special reference to monsoon Asia: a review[J]. *Natural Hazards*, 2004, **33**(2):283-301.

[19] Sanyal J, Lu X. Remote sensing and GIS-based flood vulnerability assessment of human settlements: a case study of Gangetic West Bengal, India[J]. *Hydrological Processes*, 2005, **19**(18):3699-3716.

[20] 张海仑. 中国水旱灾害[M]. 北京:中国水利水电出版社,1997.

[21] Campolo M, Andreussi P, Soldati A. River flood forecasting with a neural network model[J]. *Water Resources Research*, 1999, **35**(4):1191-1197.

[22] 赵人俊,庄一鸰. 降雨径流关系的区域规律[J]. 河海大学学报(自然科学版),1963,(2):53-68.

[23] 赵人俊. 流域水文模拟:新安江模型与陕北模型[M]. 北京:水利电力出版社,1984.

[24] Crawford N, Linsley R. *Digital Simulation In Hydrology' Stanford Watershed Model* 4[R]. 1966.

[25] Ross G, James L. *The Stanford Watershed Model: The correlation of parameter values selected by a computerized procedure with measurable physical characteristics of the water-shed*[M]. University of Kentucky Water Resources Institute, 1970.

[26] Jenson S, Domingue J. Extracting topographic structure from digital elevation data for geographic information system analysis [J]. *Photogrammetric Engineering and Remote Sensing*, 1988, **54** (11): 1593-1600.

[27] Band L. Extraction of channel networks and topographic parameters from digital elevation data[J]. *Channel Network Hydrology*, 1993: 13-42.

[28] Tarboton D, Bras R, Rodriguez-Iturbe I. On the extraction of channel networks from digital elevation data[J]. *Hydrological Processes*, 1991, **5**(1): 81-100.

[29] Wu S, Li J, Huang G. A study on DEM-derived primary topographic attributes for hy-drologic applications: Sensitivity to elevation data resolution[J]. *Applied Geography*, 2008, **28**(3): 210-223.

[30] Jian-Fei M O, *et al*. Research on Model of Flood Disaster's Monitoring and Its Application Based on DEM[J]. *Meteorological and Environmental Research*, 2010, (1): 88-92.

[31] Chen J, Lin G, Yang Z, *et al*. *The relationship between DEM resolution, accu-mulation area threshold and drainage network indices*[C]//IEEE, 2010: 1-5, http://ieeexplore.ieee.org/xpl/freeabs_all.jsp?arnumber=5567513.

[32] Qiang Z, Huili G, Wei D, *et al*. Using DEM to Quantify Spatial Variability of Soil Storage Capacity: A Semi-distributed Hydrological Model for Northern China[J]. *Science Journal*, 2005, 00(C): 2-5.

[33]许强,汤明高,徐开祥,等. 滑坡时空演化规律及预警预报研究[J]. 岩石力学与工程学报,2008,**27**(6):1104-1112.

[34] 刘金涛,陆春雷. DEM 分辨率对数字河网水系提取的影响趋势分析[J]. 中国农村水利水电,2009(003):7-9.

[35] 王中根,刘昌明,左其亭,等. 基于 DEM 的分布式水文模型构建方法[J]. 地理科学进展,2002,**21**(5):430-439.

[36] 王中根,刘昌明,吴险峰. 基于 DEM 的分布式水文模型研究综述[J]. 自然资源学报,2003,**18**(2).

[37] 刘昌明,李道峰,田英,等. 基于 DEM 的分布式水文模型在大尺度流域应用研究[J]. 地理科学进展,2003,**22**(5):437-445.

[38] 莫建飞,钟仕全,李莉,等. 基于 DEM 的洪涝灾害监测模型与应用[J]. 安徽农业科学,2010,(8):4169-4171.

[39] 郑子彦,张万昌,邰庆国. 基于 DEM 与数字化河道提取流域河网的不同方案比较研究[J]. 资源科学,2009,**31**(10).

[40] 李硕,曾志远,张运生. 数字地形分析技术在分布式水文建模中的应用[J]. 地球科学进展,2002,**17**(5):769-775.

[41] Liu Zy. Application of GIS-based distributed hydrological model to flood forecasting[J]. *Journal of Hydraulic Engineering*, 2004, 9350: 1-8.

[42] Yang D, Koike T, Tanizawa H. Application of a distributed hydrological model and weather radar observations for flood management in the upper Tone River of Japan[J]. *Hydrological Processes*, 2004, **18**(16): 3119-3132.

[43] Schäuble H, Marinoni O, Hinderer M. A GIS-based method to calculate flow accumulation by consider-

ing dams and their specific operation time[J]. *Computers & Geosciences*,2008,**34**(6):635-646.

[44] 黄诗峰,徐美,等.GIS支持下的河网密度提取及其在洪水危险性分析中的应用[J].自然灾害学报,2001,**10**(4):129-132.

[45] 黄娟,蔡哲,唐春燕,等.基于GIS的新安江模型在潦河流域洪涝灾害评估中的应用研究[J].安徽农业科学,2011(02):1116-1118+1138.

[46] 秦年秀,姜彤.基于GIS的长江中下游地区洪灾风险分区及评价[J].自然灾害学报,2008,**17**(5):1-7.

[47] 张会,张继权,韩俊山.基于GIS技术的洪涝灾害风险评估与区划研究[J].自然灾害学报,2005,**14**(6):141-146.

[48] 朱雪芹,潘世兵,张建立.流域水文模型和GIS集成技术研究现状与展望[J].地理与地理信息科学,2003,**19**(3):10-13.

[49] Zhao R J,Zhuang Y L,Fang L R,*et al*. The Xinanjiang Model[C]//Oxford Symposium IAHS129. 1980:351-381.

[50] Zhao R. The Xinanjiang model applied in China[J]. *Journal of Hydrology*,1992,**135**(1-4):371-381.

[51] Li Z,Yao C,Wang Z. Development and application of grid-based Xinanjiang model[J]. *Journal of Hohai University* (Natural Sciences),2007,**35**(2):131-134.

[52] Beven K,Lamb R,Quinnp,*et al*. Topmodel[M]. Water Resources Publications,1995: 627-668.

[53] Beven K. Distributed Modelling in Hydrology: Applications of TOPMODEL Concept[M]. *Chicester*: *Wiley*,1997.

[54] 夏军,王纲胜,吕爱锋,等.分布式时变增益流域水循环模拟[J].地理学报,2004,**58**(5):789-796.

[55] 王纲胜,夏军,牛存稳.分布式水文模拟汇流方法及应用[J].地理研究,2004,**23**(2):175-182.

[56] 丁飞,潘剑君.分布式水文模型SWAT的发展与研究动态[J].水土保持研究,2007,**14**(1):33-37.

[57] 王书功,康尔泗,李新,等.分布式水文模型的进展及展望[J].冰川冻土,2004,**26**(1):61-65.

[58] 张金存,芮孝芳.分布式水文模型构建理论与方法述评[J].水科学进展,2007,**18**(2):286-292.

[59] 王中根,朱新军,夏军,等.海河流域分布式SWAT模型的构建[J].地理科学进展,2008,**27**(4):1-6.

[60] 刘昌明,夏军,郭生练,等.黄河流域分布式水文模型初步研究与进展[J].水科学进展,2004,**15**(4):495-500.

[61] 吴险峰,刘昌明.流域水文模型研究的若干进展[J].地理科学进展,2002,**21**(4):341-348.

[62] Garrote L,Bras R. A distributed model for real-time flood forecasting using digital elevation models[J]. *Journal of Hydrology*,1995,**167**(1):279-306.

[63] Youngp. Advances in real-time flood forecasting[J]. *Philosophical Transactions of the Royal Society of London*. Series A: Mathematical,Physical and Engineering Sciences,2002,**360**(1796):1433-1450.

[64] Refsgaard J C,Havno K,Ammentorp H C,*et al*. Application of hydrological models for flood forecasting and flood control in India and Bangladesh[J]. *Advances in Water Resources*,1988,**11**(2):101-105.

[65] Tingsanchalit,Gautam M. Application of TANK,NAM,ARMA and neural net-work models to flood forecasting[J]. *Hydrological Processes*,2000,**14**(14):2473-2487.

[66] De Roo A,Gouweleeuw B,Thielen J,*et al*. Development of a European flood forecasting system[J]. *International Journal of River Basin Management*,2003,**1**(1):49-59.

[67] Gourley J J,Erlingis J M,Hong Y,*et al*. Evaluation of Tools Used for Monitoring and Forecasting Flash Floods in the United States[J]. *Weather and Forecasting*,2012,**27**(1):158-173.

[68] Doswell C,Brooks H,Maddox R. Flash flood forecasting: An ingredients-based methodology[J].

*Weather and Forecasting*,1996,**11**(4):560-581.

[69] Werner M,Reggianip,Roo A,*et al*. Flood forecasting and warning at the river basin and at the European scale[J]. *Natural hazards*,2005,**36**(1):25-42.

[70] Liu Z,Martina M Lv,Todini E. Flood forecasting using a fully distributed model: application of the TOPKAPI model to the Upper Xixian Catchment[J]. *Hydrology and Earth System Sciences*,2005,**9**(4):347-364.

[71] Ferraris L,Rudari R,Siccardi F. The uncertainty in the prediction of flash floods in the northern Mediterranean environment[J]. *Journal of Hydrometeorology*,2002,**3**(6):714-727.

[72] Yang D,Musiake K. A continental scale hydrological model using the distributed approach and its application to Asia[J]. *Hydrological Processes*,2003,**17**(14):2855-2869.

[73] 谈戈,夏军,李新. 无资料地区水文预报研究的方法与出路[J]. 冰川冻土,2004,**26**(2):192-196.

[74] 刘苏峡,夏军,莫兴国. 无资料流域水文预报(PUB 计划)研究进展[J]. 水利水电技术,2005,**36**(2):9-12.

[75] Lu M,Koiket,Hayakawa N. Distributed Xinanjiang model using radar measured rainfall data[C]//Water Resources & Environmental Research: Towards the 21st Century (Proc. Int. Conf.).,1996:29-36.

[76] Young C,Bradley A,Krajewskiw,*et al*. Evaluating NEXRAD multisensor pre-cipitation estimates for operational hydrologic forecasting[J]. *Journal of Hydrometeorology*,2000,**1**(3):241-254.

[77] Yilmaz K,Hoguet,Hsu K,*et al*. Intercomparison of rain gauge,radar,and satellite-based precipitation estimates with emphasis on hydrologic forecasting[J]. *Journal of Hydrometeorology*,2005,**6**(4):497-517.

[78] Casagli N,Catani F,Del Ventisette C,*et al*. Monitoring,prediction,and early warning using ground-based radar interferometry[J]. *Landslides*,2010,**7**(3):291-301.

[79] 王曙东,裴翀,郭志梅,等. 基于 SRTM 数据的中国新一代天气雷达覆盖和地形遮挡评估[J]. 气候与环境研究,2011,**16**(4):459-468.

[80] Hong Y,Adler R,Huffman G,*et al*. A conceptual framework for space-borne flood detection/monitoring system[C]//*AGU Spring Meeting Abstracts*,2006,(1):3.

[81] Hong Y,Hsu K,Moradkhani H,*et al*. Uncertainty quantification of satellite precipitation estimation and Monte Carlo assessment of the error propagation into hydrologic response[J]. *Water Resources Research*,2006,**42**(8):W08421.

[82] Hong Y,Adler R,Negri A,*et al*. Flood and landslide applications of near real-time satellite rainfall products[J]. *Natural Hazards*,2007,**43**(2):285-294.

[83] Hong Y,Adler R F,Hossain F,*et al*. A first approach to global runoff simulation using satellite rainfall estimation[J]. *Water Resour. Res*,2007,**43**(8):W08502.

[84] Hong Y,Adler R,Huffmag G,*et al*. Applications of TRMM-based multi-satellite precipitation estimation for global runoff prediction: prototyping a global flood monitor-ing system[J]. *Satellite Rainfall Applications for Surface Hydrology*. Springer,Netherlands,2009:245-265.

[85] Hong Y,Robert A F,Dalia B,*et al*. Capacity Building for Disaster Prevention in Vulnerable Regions of the World: Development of a Prototype Global Flood/Landslide Pre-diction System[J]. *Disaster Advances*,2010,**3**(3):14-19.

[86] Wu H, Adler R F, Hong Y, *et al*. Evaluation of Satellite-based Real-time Global Flood Detection and Prediction System with an Improved Hydrological Model[J]. *AGU Fall Meeting Abstracts*, 2010, 33: 02. http://adsabs.harvard.edu/abs/2010AGUFM.H33K.02W.

[87] Li L, Hong Y, Wang J, *et al*. Evaluation of the real-time TRMM-based multi-satellite precipitation analysis for an operational flood prediction system in Nzoia Basin, Lake Victoria, Africa[J]. *Natural hazards*, 2009, **50**(1): 109-123.

[88] Khan S I, Hong Y, Wang J, *et al*. Satellite Remote Sensing and Hydrologic Modeling for Flood Inundation Mapping in Lake Victoria Basin: Implications for Hydrologic Prediction in Ungauged Basins[J]. *IEEE Transactions on Geoscience and Remote Sensing*, 2011, **49**(1): 85-95.

[89] Hossainf, Katiyar N, Hong Y, *et al*. The emerging role of satellite rainfall data in improving the hydro-political situation of flood monitoring in the under-developed regions of the world[J]. *Natural Hazards*, 2007, **43**(2): 199-210.

[90] Fotopoulos F, Makropoulos C, Mimikou M. Validation of satellite rainfall products for operational flood forecasting: the case of the Evros catchment[J]. *Theoretical and Applied Climatology*, 2011, **104**(3): 403-414.

[91] Yong B, Ren L, Hong Y, *et al*. Hydrologic evaluation of Multisatellite Precipitation Analysis standard precipitation products in basins beyond its inclined latitude band: A case study in Laohahe basin, China [J]. *Water Resour. Res.*, 2010, **46**: W07542.

[92] Yong B, Hong Y, Ren L, *et al*. Assessment of evolving TRMM-based multi-satellite real-time precipitation estimation methods and their impacts on hydrologic prediction in a high latitude basin[J]. *J. Geophys. Res.*, 2012, **117**(D9). doi: 10.1029/2011JD017069.

[93] Huffman G, Adler R, Stocker E, *et al*. Analysis of TRMM 3-hourly multi-satellite precipitation estimates computed in both real and post-real time[C]//*12th Conference on Satellite Meteorology and Oceanography*, 2002.

[94] Huffman G, Bolvin D, Nelkin E, *et al*. The TRMM multisatellite precipitation analysis (TMPA): Quasi-global, multiyear, combined-sensor precipitation estimates at fine scales[J]. *Journal of Hydrometeorology*, 2007, **8**(1): 38-55.

[95] Toth E, Brath A, Montanari A. Comparison of short-term rainfall prediction models for real-time flood forecasting[J]. *Journal of Hydrology*, 2000, **239**(1): 132-147.

[96] Jjsper K, Gurtz J, Lang H. Advanced flood forecasting in Alpine watersheds by coupling meteorological observations and forecasts with a distributed hydrological model[J]. *Journal of Hydrology*, 2002, **267**(1-2): 40-52.

[97] Bartholmes, Todini. Coupling meteorological and hydrological models for flood forecasting[J]. *Hydrology and Earth System Sciences*, 2005, **9**(4): 333-346.

[98] Pappenberger F, Beven K, Hunter N, *et al*. Cascading model uncertainty from medium range weather forecasts (10 days) through a rainfall-runoff model to flood inundation predictions within the European Flood Forecasting System (EFFS)[J]. *Hydrology and Earth System Sciences*, 2005, **9**(4): 381-393.

[99] Pappenberger F, Bartholmes J, Thielen J, *et al*. New dimensions in early flood warning across the globe using grand-ensemble weather predictions[J]. *Geophys. Res. Lett*, 2008, **35**: L10404.

[100] Bao H, Zhao L. Development and application of an atmospheric-hydrologic-hydraulic flood forecasting

model driven by TIGGE ensemble forecasts[J]. *Acta Meteorologica Sinica*, 2012, **26**(1): 93-102.

[101] Xu J, Zhang W, Zheng Z, *et al*. Early flood warning for Linyi watershed by the GRAPES/XXT model using TIGGE data[J]. *Acta Meteorologica Sinica*, 2012, **26**(1): 103-111.

[102] Verbunt M, Walser A, Gurtz J, *et al*. Probabilistic flood forecasting with a limited-area ensemble prediction system: selected case studies[J]. *Journal of Hydrometeorology*, 2007, **8**(4): 897-909.

[103] Zhao L, Qi D, Tian F, *et al*. Probabilistic flood prediction in the upper Huaihe catch-ment using TIGGE data[J]. *Acta Meteorologica Sinica*, 2012, **26**(1): 62-71.

[104] Li M H, Yang M J, Soong R, *et al*. Simulating typhoon floods with gauge data and mesoscale-modeled rainfall in a mountainous watershed[J]. *Journal of Hydrometeorology*, 2005, **6**(3): 306-323.

[105] 魏丽，单九生，边小庚. 降水与滑坡稳定性临界值试验研究[J]. 气象，2006，**29**(2).

[106] 罗先启，葛修润. 滑坡模型试验理论及其应用[M]. 北京：中国水利水电出版社，2008.

[107] Varnes D. Slope movement types and processes[R]//Landslides: Analysis and Control. *Transportation Research Board Special Report*, 1978(176).

[108] Cruden D, Varnes D. Landslide types and processes[J]. *Landslides-Investigation and Mitigation, Special Report*, 1996, **247**: 36-75.

[109] Sassa K, Fukuoka H, Wang F, *et al*. Progress in Landslide Science[M]. Springer Verlag, 2007.

[110] 马力，崔鹏，周国兵，等. 地质气象灾害[M]. 北京：气象出版社，2009.

[111] 王坚. 滑坡灾害遥感遥测预警理论及方法[M]. 北京：中国矿业大学出版社，2011.

[112] Blasio F V D. Introduction to the Physics of Landslides: Lecture Notes on the Dynamics of Mass Wasting[M]. Springer Verlag, 2011.

[113] 中国地质环境监测院. 中国地质灾害通报[R]. 2008.

[114] 成永刚. 近二十年来国内滑坡研究的现状及动态[J]. 地质灾害与环境保护，2003，**14**(004): 1-5.

[115] 周创兵，李典庆. 暴雨诱发滑坡致灾机理与减灾方法研究进展[J]. 地球科学进展，2009，**24**(5): 477-487.

[116] 李长江，麻土华，朱兴盛. 降雨型滑坡预报的理论、方法及应用[M]. 北京：地质出版社，2008.

[117] 徐邦栋. 滑坡分析与防治[M]. 中国铁道出版社，2001.

[118] Fredlund D G, Rahardjo H. Soil mechanics for unsaturated soils[M]. Wiley-Interscience, 1993.

[119] Fredlund D G, Vanapalli S K, Xing A, *et al*. Predicting the shear strength function for unsaturated soils using the soil-water characteristic curve[C]//1995, 6. Proceedings of the first International Conference on Unsaturated Soil/Unsat '95 Paris/France. 1995. September.

[120] Fredlund D G, Xing A, Fredlund M D, *et al*. The relationship of the unsaturated soil shear strength function to the soil water characteristic curve[J]. *Canadian Geotechnical Journal*, 1995, **32**: 440-448.

[121] 包承纲. 非饱和土的性状及膨胀土边坡稳定问题[J]. 岩土工程学报，2004，**26**(1): 1-15.

[122] 汪益敏，陈页开，韩大建，等. 降雨入渗对边坡稳定影响的实例分析[J]. 岩石力学与工程学报，2004，**23**(6): 920-924.

[123] 姚海林，郑少河，等. 降雨入渗对非饱和膨胀土边坡稳定性影响的参数研究[J]. 岩石力学与工程学报，2002，**21**(7): 1034-1039.

[124] 刘小文，耿小牧. 降雨入渗对土坡稳定性影响分析[J]. 水文地质工程地质，2006，**33**(6): 40-47.

[125] 黄伟，杨仕教，曾晟. 降雨入渗对土质边坡稳定性的影响分析[J]. 科技情报开发与经济，2006，**16**(005): 174-175.

[126] 王继华.降雨入渗条件下土坡水土作用机理及其稳定性分析与预测预报研究[D]. 中南大学,2006.

[127] 陈记.降雨渗流情况下岩体边坡稳定性分析[J].交通标准化,2010,(3):183-186.

[128] 姚海林,郑少河.考虑裂隙及雨水入渗影响的膨胀土边坡稳定性分析[J].岩土工程学报,2001,**23**,(5):606-609.

[129] 朱科,任光明.库水位变化下对水库滑坡稳定性影响的预测[J].水文地质工程地质,2002,**29**(3):6-9.

[130] 刘新喜,夏元友,张显书,等.库水位下降对滑坡稳定性的影响[J].岩石力学与工程学报,2005,**24**(8):1439-1444.

[131] 吴宏伟,陈守义.雨水入渗非饱和土坡稳定性影响的参数研究[J].岩土力学,1999,**20**(1):1-14.

[132] 高润德,王钊,others.雨水入渗作用下非饱和土边坡的稳定性分析[J].人民长江,2001,**32**(11):25-27.

[133] 孙园,李大心.滑坡监测的新方法——PMP测量方法[J].中国地质灾害与防治学报,2005,**16**(B12):15-18.

[134] 李振宇,高秀花,潘玉玲.核磁共振测深方法的新进展[J].CT理论与应用研究,2004,**13**(2):6-10.

[135] 李振宇,潘玉玲,唐辉明,等.核磁共振技术应用的新成果——核磁共振方法应用于三峡滑坡检测和秦始皇陵考古[M].2004年CT和三维成像学术年会论文集,2004.

[136] Hasegawa S, Dahal R K, Nishimura T, *et al*. DEM-Based Analysis of Earthquake-Induced Shallow Landslide Susceptibility[J]. *Geotechnical and Geological Engineering*, 2008,**27**(3):419-430.

[137] Dai F, Xu C,Yao X,*et al*. Spatial distribution of landslides triggered by the 2008 Ms 8.1 Wenchuan earthquake,China[J]. *Journal of Asian Earth Sciences*,2011,**40**(4):883-895.

[138] Dai F C,Lee C F,Deng J H,*et al*. The 1786 earthquake-triggered landslide dam and subsequent dam-break flood on the Dadu River,southwestern China[J]. *Geomorphology*,2005,**65**(3):205-221.

[139] Huang R, Pei X,Fan X, *et al*. The characteristics and failure mechanism of the largest landslide triggered by the Wenchuan earthquake,May 12,2008,China[J]. *Landslides*,2011,**9**(1):131-142.

[140] 张军,刘祖强,邓小川,等.滑坡监测分析预报的非线性理论和方法[M].中国水利水电出版社,2010.

[141] 文海家,张永兴,柳源.滑坡预报国内外研究动态及发展趋势[J].中国地质灾害与防治学报,2004,**15**(1):1-4.

[142] 殷坤龙,晏同珍.滑坡预测及相关模型[J].岩石力学与工程学报,1996,**15**(1):1-8.

[143] 姚学祥,徐晶,薛建军,等.基于降水量的全国地质灾害潜势预报模式[J].中国地质灾害与防治学报,2006,**16**(4):97-102.

[144] 郁淑华,何光碧,徐会明,等.泥石流滑坡发生的降水预报方法与雨量标准——以四川省盆地区域为例[J].山地学报,2005,**23**(2):158-164.

[145] 马力,韩逢庆,陈艳英,等.强降水诱发的山体滑坡预报模型(以重庆为例)[J].中国气象学会2006年年会"山洪灾害监测,预报和评估"分会场论文集,2006.

[146] 马力,游扬声,缪启龙.强降水诱发山体滑坡预报[J].山地学报,2008,**26**(5):583-589.

[147] 余峙丹,张辉.云贵高原楚雄滑坡灾害与降水关系分析和预报[J].高原山地气象研究,2008,**28**(1):57-61.

[148] 陶云,唐川,段旭.云南滑坡泥石流灾害及其与降水特征的关系[J].自然灾害学报,2009,**18**(1):180-186.

[149] 马力,向波.重庆市山体滑坡发生的降水条件分析[J].山地学报,2002,**20**(002):246-249.

[150] Tiranti D,Rabuffetti D. Estimation of rainfall thresholds triggering shallow land-slides for an opera-

tional warning system implementation[J]. *Landslides*, 2010, **7**(4): 471-481.

[151] Keefer D K, Wilson R C, Mark R K, *et al*. Real-time landslide warning during heavy rainfall[J]. *Science*, 1987, **238**(4829): 921-925.

[152] Crozier M, Eyles R. Assessing the probability of rapid mass movement[C]//Third Australia-New Zealand conference on Geomechanics: Wellington, May 12-16, 1980.

[153] Crozier M. Prediction of rainfall-triggered landslides: a test of the Antecedent Water Status Model [J]. *Earth Surface Processes and Landforms*, 1999, **24**(9): 825-833.

[154] Glade T. Modelling landslide-triggering rainfalls in different regions of New Zealand-the soil water status model[J]. *Zeitschrift fur Geomorphologie Supplement-Band*, 2000, **122**: 63-84.

[155] Glade T, Crozier M, Smith P. Applying probability determination to refine landslide-triggering rainfall thresholds using an empirical "antecedent daily rainfall model"[J]. *Pure and Applied Geophysics*, 2000, **157**(6-8): 1059-1079.

[156] Apip A, Takara K, Yamashiki Y, *et al*. A distributed hydrological-geotechnical model using satellite-derived rainfall estimates for shallow landslide prediction system at a catchment scale[J]. *Landslides*, 2010, **7**(3): 237-258.

[157] Chen H, Lee C F. A dynamic model for rainfall-induced landslides on natural slopes[J]. *Geomorphology*, 2003, **51**(4): 269-288.

[158] Baum R L, Godt Jw, Savage W Z. Estimating the timing and location of shallow rainfall-induced landslides using a model for transient, unsaturated infiltration[J]. *Journal of Geophysical Research*, 2010, **115**: 26.

[159] Borga M, Dalla Fontana G, Da Ros D, *et al*. Shallow landslide hazard assessment using a physically based model and digital elevation data[J]. *Environmental Geology*, 1998, **35**(2): 81-88.

[160] Montrasio L, Valentino R, Losi G L. Shallow landslides triggered by rainfalls: modeling of some case histories in the Reggiano Apennine (Emilia Romagna Region, Northern Italy)[J]. *Natural Hazards*, 2012, **60**(3): 1231-1254.

[161] Guzzetti F, Peruccacci S, Rossi M, *et al*. Rainfall thresholds for the initiation of landslides in central and southern Europe[J]. *Meteorology and Atmospheric Physics*, 2007, **98**(3): 239-267.

[162] Guzzetti F, Peruccacci S, Rossi M, *et al*. The rainfall intensity-duration control of shallow landslides and debris flows: an update[J]. *Landslides*, 2008, **5**(1): 3-17.

[163] Caine N. The rainfall intensity: duration control of shallow landslides and debris flows [J]. *Geografiska Annaler. Series A. Physical Geography*, 1980: 23-27.

[164] Hong Y, Adler R, Huffman G. Evaluation of the potential of NASA multi-satellite precipitation analysis in global landslide hazard assessment[J]. *Geophysical Research Letters*, 2006, **33**(22).

[165] Hong Y, Adler R, Huffman G. Use of satellite remote sensing data in the mapping of global landslide susceptibility[J]. *Natural Hazards*, 2007, **43**(2): 245-256.

[166] Hong Y, Adler R F, Huffman G. An experimental global prediction system for rainfall-triggered landslides using satellite remote sensing and geospatial datasets[J]. *Geoscience and Remote Sensing, IEEE Transactions on*, 2007, **45**(6): 1671-1680.

[167] Hong Y, Adler R F. Predicting global landslide spatiotemporal distribution: Integrating landslide susceptibility zoning techniques and real-time satellite rainfall estimates[J]. *International Journal of*

*Sediment Research*,2008,**23**(3):249-257.

[168] Hong Y,Adler R F,Huffman G J. Satellite remote sensing for global landslide mon-itoring[J]. *Eos*, 2007,**88**(37).

[169] Chang N, Hongy, Liao Z,et al. Satellite Remote Sensing for Landslide Prediction[M]//*Environmental Remote Sensing and Systems Analysis*. CRC Press,2012:191-208.

[170] Kirschbaum D,Adler R,Hong Y,*et al*. A global landslide catalog for hazard appli-cations: method, results,and limitations[J]. *Natural hazards*,2010,**52**(3):561-575.

[171] Kirschbaum D,Adler R,Hong Y,*et al*. Advances in landslide nowcasting: evalua-tion of a global and regional modeling approach[J]. *Environmental Earth Sciences*,2010:1-14.

[172] Kirschbaum D,Adler R,Hong Y,*et al*. Evaluation of a preliminary satellite-based landslide hazard algorithm using global landslide inventories[J]. *Natural Hazards and Earth System Sciences*,2009,**9**: 673-686.

[173] Griffith C,Woodley W,Grube P,*et al*. Rain estimation from geosynchronous satellite imagery-visible and infrared studies[J]. *Monthly Weather Review*,1978,**106**(8):1153-1171.

[174] Vicente G,Scofield R,Menzelw. The operational GOES infrared rainfall estimation technique[J]. *Bulletin of the American Meteorological Society*,1998,**79**(9):1883-1898.

[175] Hsu K,Gao X,Sorooshian S,*et al*. Precipitation estimation from remotely sensed information using artificial neural networks[J]. *Journal of Applied Meteorology*,1997,**36**(9):1176-1190.

[176] Hsu K,Gupta H,Gao X,*et al*. Estimation of physical variables from multichannel remotely sensed imagery using a neural network: Application to rainfall estimation[J]. *Water Resources Research*,1999, **35**(5):1605-1618.

[177] Sorooshian S,Hsu K,Xiaogang G,*et al*. Evaluation of PERSIANN system satellite-based estimates of tropical rainfall[J]. *Bulletin of the American Meteorological Society*,2000,**81**(9):2035-2046.

[178] Hong Y,Hsu K,Sorooshian S,*et al*. Precipitation estimation from remotely sensed imagery using an artificial neural network cloud classification system[J]. *Journal of Applied Meteorology*,2004,**43**(12):1834-1853.

[179] Hong Y,Gochis D,Cheng J,*et al*. Evaluation of PERSIANN-CCS rainfall measurement using the NAME Event Rain Gauge Network[J]. *Journal of Hydrometeorology*,2007,**8**(3):469-482.

[180] Behrangi A,Hsu K,Imam B,*et al*. PERSIANN-MSA: A precipitation estimation method from satellite-based multispectral analysis[J]. *Journal of Hydrometeorology*,2009,**10**(6):1414-1429.

[181] Hsu K,Behrangi A,Imam B,*et al*. *Extreme Precipitation Estimation Using Satellite-Based PERSIANN-CCS Algorithm*[M]. Springer,2010.

[182] Hollinger J P,Poe L G,Savage R,*et al*. Special sensor microwave/imager user's guide[R]. Naval Research Laboratory,Washington,D. C. ,1987.

[183] HollingerJ. DMSP special sensor microwave/imager calibration/validation[R]. DTIC Document, 1991.

[184] Grody N. Classification of snow cover and precipitation using the Special Sensor Microwave Imager [J]. *Journal of Geophysical Research*,1991,**96**(D4):7423-7435.

[185] Colton M,Poe G. Shared Processing Program,Defense Meteorological Satellite Program,Special Sensor Microwave/Imager Algorithm Symposium,8-10 June 1993[J]. *Bulletin of the American Meteoro-*

*logical Society*,1994,**75**(9):1663-1670.

[186] Ferraro R. Special sensor microwave imager derived global rainfall estimates for climatological applications[J]. *Journal of geophysical research*,1997,**102**(D14):16715-16.

[187] Colton M,Poe G. Intersensor calibration of DMSP SSM/I's: F-8 to F-14,1987—1997[J]. *Geoscience and Remote Sensing,IEEE Transactions on*,1999,**37**(1):418-439.

[188] Simpson J,Kummerow C,Tao W,*et al*. On the Tropical Rainfall Measuring Mission (TRMM)[J]. *Meteorology and Atmospheric physics*,1996,**60**(1):19-36.

[189] Kummerow C,Barnesw, Kozu T, *et al*. The Tropical Rainfall Measuring Mission (TRMM) sensor package[J]. *Journal of Atmospheric and Oceanic Technology*,1998,**15**(3):809-817.

[190] Kummerow C, Simpson J, Thiele O, *et al*. The status of the Tropical Rainfall Measuring Mission (TRMM) after two years in orbit[J]. *Journal of Applied Meteorology*,2000,**39**(12):1965-1982.

[191] Kummerow C,Olsonw,Giglio L. A simplified scheme for obtaining precipitation and vertical hydrometeor profiles from passive microwave sensors[J]. *Geoscience and Remote Sensing,IEEE Transactions on*,1996,**34**(5):1213-1232.

[192] Kummerow C,Hongy,Olson W,*et al*. The evolution of the Goddard Profiling Algorithm (GPROF) for rainfall estimation from passive microwave sensors[J]. *Journal of Applied Meteorology*,2001,**40**(11):1801-1820.

[193] Kawanishi T,Sezai T,Ito Y,*et al*. The Advanced Microwave Scanning Radiometer for the Earth Observing System (AMSR-E),NASDA's contribution to the EOS for global energy and water cycle studies[J]. *Geoscience and Remote Sensing,IEEE Transactions on*,2003,**41**(2):184-194.

[194] Goodrum G,Kidwell K,Winston W,*et al*. *NOAA KLM user's guide*[M]. US Department of Commerce,National Oceanic and Atmospheric Administration,National Environmental Satellite,Data,and Information Service, National Climatic Data Center, Climate Services Division, Satellite Services Branch,1999.

[195] Kidwell K. *NOAA Polar Orbiter Data Users Guide*:(TIROS-N, NOAA-6, NOAA-7, NOAA-8, NOAA-9, NOAA-10, NOAA-11, NOAA-12, NOAA-13, and NOAA-14)[M]. National Oceanic and Atmospheric Administration,National Environmental Satellite,Data,and Information Service,National Climatic Data Center,Satellite Data Services Division,1997.

[196] Hou A Y,Kakar R K,Neeck S,*et al*. The Global Precipitation Measurement Mission[J]. *Bulletin of the American Meteorological Society*,2014,**95**(5):701-722.

[197] Huffman G,Adler R,Bolvin D,*et al*. The TRMM Multi-satellite Precipitation Analysis (TMPA)[J]. *Satellite Rainfall Applications for Surface Hydrology*,2010:3-22.

[198] Joyce R,Janowiak J,Arkin P,*et al*. CMORPH: A method that produces global precipitation estimates from passive microwave and infrared data at high spatial and temporal resolution[J]. *Journal of Hydrometeorology*,2004,**5**(3):487-503.

[199] Joyce R,Janowiak J,Xiep,*et al*. CPC MORPHING Technique (CMORPH)[J]. *Measuring Precipitation From Space*,2007:307-317.

[200] Barrett E,Dodge J,Goodman H,*et al*. The firstWetNet precipitation intercomparison project (PIP-1)[J]. *Remote Sensing Reviews*,1994,**11**(1-4):49-60.

[201] Adler R F,Kidd C,Petty G,*et al*. Intercomparison of global precipitation products: The third Precipi-

tation Intercomparison Project (PIP-3). [J]. *Bulletin of the American Meteorological Society*, 2001, **82**: 1377-1396.

[202] Mccollum J R, Krajewski W F, Ferraro R R, *et al*. Evaluation of biases of satellite rainfall estimation algorithms over the continental United States[J]. *Journal of Applied Meteorology*, 2002, **41**(11): 1065-1080.

[203] Hughes D. Comparison of satellite rainfall data with observations from gauging station networks[J]. *Journal of Hydrology*, 2006, **327**(3): 399-410.

[204] Gourley J J, Jorgensen D P, Matrosov S Y, *et al*. Evaluation of Incremental Improvements to Quantitative Precipitation Estimates in Complex Terrain[J]. *Journal of Hydrometeorology*, 2009, **10**(6): 1507-1520.

[205] Gourlety J J, Hongy, Flamig Z L, *et al*. Intercomparison of rainfall estimates from radar, satellite, gauge, and combinations for a season of record rainfall[J]. *Journal of Applied Meteorology and Climatology*, 2010, **49**(3): 437-452.

[206] Villarini G. Evaluation of the Research-VersionTMPA Rainfall Estimates at its Finest Spatial and Temporal Scales Over the Rome Metropolitan Area[J]. *Journal of Applied Me-teorology and Climatology*, 2010, **49**(12): 2591-2602.

[207] Li L, Wang J, Hao Z. Parameter tolerance to forcing data, case study of Coupled Routing and Excess STorage (CREST) hydrological model in Head region of Yellow River of China[C]. 2010, **12**: 6170.

[208] Ren L, Jiang S, Yong B, *et al*. Evaluation of high-resolution satellite precipitation products for streamflow simulation in Mishui Basin, south China[J]. *IAHS-AISH Publication*, 2011: 85-91.

[209] Yu Z, Yu H, Chen P, *et al*. Verification of tropical cyclone-related satellite precipitation estimates in mainland China[J]. *Journal of Applied Meteorology and Climatology*, 2009, **48**(11): 2227-2241.

[210] 管成功,陈起英,佟华,等. T639L60 全球中期预报系统预报试验和性能评估[J]. 气象,2008,**34**(6):11-16.

[211] 蔡芗宁. 2008 年 6—8 月 T639,ECMWF 及日本模式中期预报性能检验[J]. 气象,2009,**34**(11):111-116.

[212] 张涛. 2008 年 9—11 月 T639,ECMWF 及日本模式中期预报性能检验[J]. 气象,2009,**35**(003):112-119.

[213] 程立渤,崔宜少,仇彦辉. T639 降水预报产品的应用和检验[J]. 山东气象,2011,**31**(1):24-27.

[214] 于超. 2010 年 6—8 月 T639,ECMWF 及日本模式中期预报性能检验[J]. 气象,2010,**11**(011):104-108.

[215] 崔建云,秦增良. MM5 降水预报产品的应用和检验[J]. 山东气象,2002,**22**(002):9-11.

[216] 丁金才,袁招洪,杨引明,等. GPS/PWV 资料三维变分同化改进 MM5 降水预报连续试验的评估[J]. 气象,2007,33(6):11-18.

[217] 叶成志,欧阳里程,李象玉,等. GRAPES 中尺度模式对 2005 年长江流域重大灾害性降水天气过程预报性能的检验分析[J]. 热带气象学报,2006,**22**(4):393-399.

[218] 陈德辉,沈学顺. 新一代数值预报系统 GRAPES 研究进展[J]. 应用气象学报,2007,**17**(6):773-777.

[219] 徐双柱,张兵,谌伟. GRAPES 模式对长江流域天气预报的检验分析[J]. 气象,2007,**33**(011):65-71.

[220] 陈德辉,薛纪善,杨学胜,等. GRAPES 新一代全球/区域多尺度统一数值预报模式总体设计研究[J]. 科学通报,2009,**53**(20):2396-2407.

[221] 宇如聪，徐幼平. AREM 及其对 2003 年汛期降水的模拟[J]. 气象学报，2004，**62**(6).

[222] 吴秋霞，史历，翁永辉，等. AREMS/973 模式系统对 2004 年中国汛期降水实时预报检验[J]. 大气科学，2007，**31**(2)：298-310.

[223] 徐幼平，王斌，宇如聪，等. AREM 暴雨数值预报模式相关研究与应用进展[M]. 第 26 届中国气象学会年会全球和区域气候模式及极端天气气候事件的模拟研究分会场论文集，2009.

[224] 李俊，王明欢，公颖，等. AREM 短期集合预报系统及其降水预报检验[J]. 暴雨灾害，2010，**29**(1)：30-37.

[225] 卢萍，肖玉华. 2010 年 AREM，GRAPES 模式预报性能对比检验分析[J]. 高原山地气象研究，2011，**31**(3)：8-12.

[226] Skamarock W，Klemp J，Dudhia J，*et al*. A description of the Advanced Research WRF version 3[J]. *NCAR Tech*. *Note NCAR*/TN-475＋ STR，2008.

[227] 章国材. 美国 WRF 模式的进展和应用前景[J]. 气象，2004，**30**(012)：27-31.

[228] 刘术艳，梁信忠，高炜，等. 气候-天气研究及预报模式(CWRF)在中国的应用：区域优化[J]. 大气科学，2008，**32**(3)：457-468.

[229] 卢晶晶，徐迪峰. 台风"罗莎"的 WRF 积云对流参数化数值实验[M]. 第 26 届中国气象学会年会热带气旋科学研讨会分会场论文集，2009.

[230] 陈业国，何冬燕. WRF 模式同化系统在"碧利斯"台风暴雨数值模拟中的应用[J]. 海洋预报，2009，**26**(001)：62-69.

[231] 齐丹，田华，徐晶，等. 基于 WRF 模式的云贵川渝地质灾害气象预报系统的应用[J]. 气象，2010，(3)：101-106.

[232] 肖丹，邓莲堂，陈静，等. T213 与 T639 资料驱动 WRF 的预报初步检验比较[J]. 暴雨灾害，2010，**29**(1)：20-29.

[233] 黄海波，陈春艳，朱雯娜. WRF 模式不同云微物理参数化方案及水平分辨率对降水预报效果的影响[J]. 气象科技，2011，**39**(5)：529-536.

[234] 王晓君，马浩. 新一代中尺度预报模式 WRF 国内应用进展[J]. 地球科学进展，2011，**26**(11).

[235] 于恩涛，王会军，郜永祺，等. WRF 模式对东北地区降雪预报性能检验[J]. 第 28 届中国气象学会年会——S5 气候预测新方法和新技术，2011.

[236] Wang H，Yu E，Yang S. An exceptionally heavy snowfall in Northeast China：large-scale circulation anomalies and hindcast of the NCAR WRF model[J]. *Meteorology and Atmospheric Physics*，2011：**113**(1)：11-15.

[237] 路屹雄. 非均匀下垫面近地层风动力降尺度研究[D]. 南京大学，2011.

# 第 2 章　高分辨率降水的实时监测和预报

如前所述，实时高分辨率降水对洪水、滑坡泥石流等自然灾害的实时监测和预警是极为重要的，但是由于地面观测台站分布的离散性[1]，以及地面雷达覆盖面的局限性[2]，通过搭载在卫星上的传感器扫描所得实时资料反演而得到的降水估计就显得尤为重要；而同时，通过数值模式预报未来的降水对灾害的预警和预报也极为重要。本章将介绍并验证几种常用的通过卫星遥感反演的高分辨率实时降水资料以及中尺度数值模型 WRF 预报的降水。

## 2.1　实时高分辨率卫星遥感降水资料

卫星遥感降水估计的来源，目前主要有两个，其一是通过搭载在地球轨道静止气象卫星上面的红外传感器取得的地球表面红外图像经过一定的方法反演所得，另一个则主要是通过极轨卫星上面搭载的被动式微波传感器扫描得到的地球表面各种固体或液体粒子的粒径大小及分布等数据通过一定的算法反演得到。相比较之下，由于微波遥感的方法（和地面雷达的方法类似）是直接根据雨滴粒子的分布来计算降水大小的，可以算是一种比较直接描述降水的方法，因此一般得到降水资料精度比较高[3]。由于微波传感器一般是搭载在极轨卫星上，极轨卫星轨道一般较低，传感器离地面较近，微波传感器分辨率一般都较高，但是扫描半径一般较小，而且一天扫描同一地点的时间间隔较长。一颗极轨卫星一般需要大约 12 小时才能扫描完全球表面，因此微波遥感对地面的时空覆盖度并不好，往往需要多颗卫星配合才能高时空分辨率地覆盖全球。而红外遥感的方式则一般是根据红外图像的特征如亮温（即云顶温度）与降水的统计关系间接估算，而这种对应关系不是普适的，也就是说同样的云高、云顶温度等，所导致的降水在不同的地方不同的时间并不一定是相同的[4,5]，因此这种方法一般认为是间接方法，一般来说所得到的降水资料精度也不如微波遥感反演的降水精度高，但是红外传感器一般搭载在地球轨道同步静止卫星上，一次扫描面积几乎能覆盖 1/3 的地球表面，扫面半径非常大，而且每半个小时就能完成一次扫描，扫描频率较快,时空覆盖度很高,时空分辨率也较高。

由于微波遥感和红外遥感及其反演的降水各有优缺点,因此随着科技的不断发展以及研究的不断深入,越来越多的方法被用来融合红外和微波数据,以结合它们两者的优点、克服各自的缺点,从而得到时空覆盖度好、时空分辨率高同时精度也比较高的降水估计。这些方法可以大致分为两类,即以微波资料为主的方法和以红外资料为主的方法。

### 2.1.1　常用卫星遥感降水资料简介

表 2.1 是目前国际上常用的卫星遥感降水资料的基本信息。由表可以看出,几乎所有的卫星遥感降水产品都综合使用了静止卫星的红外遥感资料和极轨卫星的微波遥感资料,以 Hydro-Estimator、PERSIANN 以及 SCaMPR 等卫星为代表的产品都是以红外反演为主,辅以微波反演的资料校正、改进红外反演得到的降水。图 2.1 是 PERSIANN 卫星降水产品的整个反演基本原理和流程[6],由图可以看到,PERSIANN 卫星的方法首先是由图像学以及人工神经网络的方法将红外遥感观测到的降水云系进行分类(包括不同云的类型以及其所处在的生命史的不同阶段),然后再统计不同类型的子云类在不同的温度(亮温)下对应的降水,分别建立拟合曲线,然后在实际应用中根据这个拟合曲线计算估计不同子云类的降水,再根据微波遥感得到的降水资料进行校正,最后拼成整个降水云系的降水分布图。而以 CMORPH、GSMaP 等卫星为代表的降水资料则是主要采用微波遥感直接反演得到的降水,反演的基本原理是利用雨滴粒子对

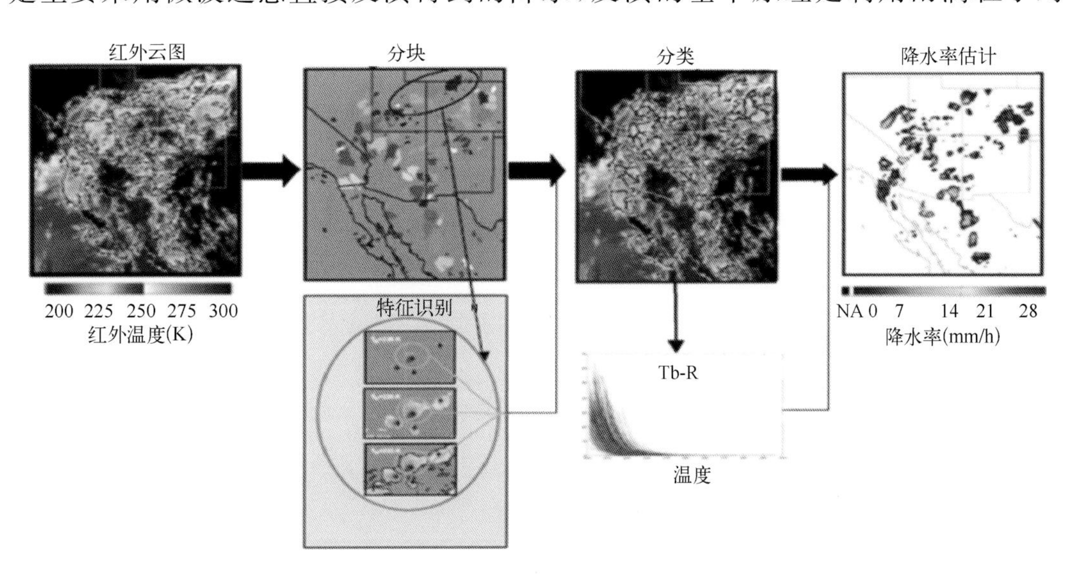


图 2.1　PERSIANN 卫星降水估计反演方法示意图(引自文献[6])

微波的后向散射强度与粒径大小和粒子密度等相关，而粒径大小和粒子密度等因素也直接决定了地面降水的大小，因此建立微波遥感资料和降水量大小的直接关系[7]，然后利用红外遥感资料计算出微波遥感降水在某时刻对应的降水云系的运动变化特征，从而根据这个运动变化特征估计微波遥感反演得到的降水运动变化趋势，从而估算出下个时刻这个地区的降水特征，以填补微波遥感在这个降水的区域下一时刻的空白。图 2.2 较简单地描述了 CMORPH 卫星方法估算降水的整个流程。

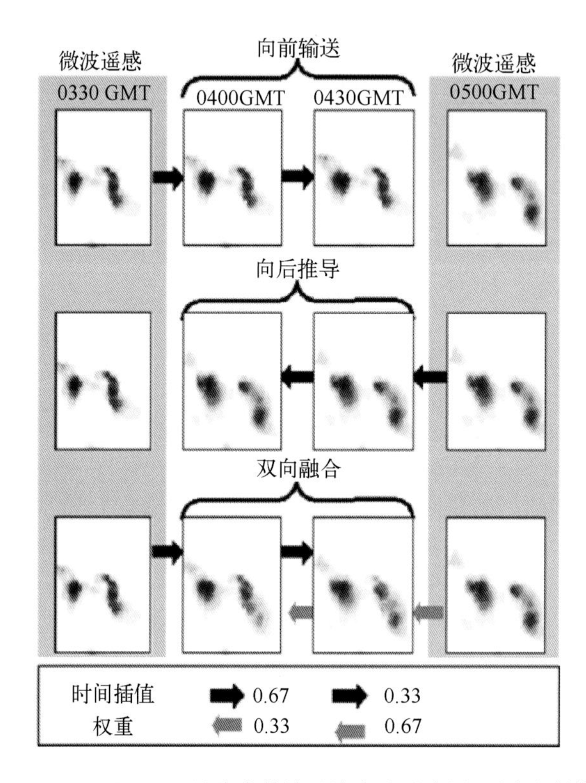


图 2.2 CMORPH 卫星降水估计反演方法示意图(引自文献[3])

**表 2.1 常用卫星遥感降水资料数据来源、反演方法及其他基本信息**

| 产品名称 | 提供者 | 数据来源 | 主要方法 |
| --- | --- | --- | --- |
| TRMM Multi-satellite Precipitation Analysis (TMPA, a. k. a 3B42RT) | GSFC (G. Huffman) | 红外以及来自 SSM/I, TRMM, AMSU, AMSR 的微波 | 融合的微波以及微波校正过的红外 |
| CPC Morphing Technique (CMORPH) | NOAA CPC (J. Janowiak, B. Joyce) | 红外以及来自 SSM/I, TRMM, AMSU, AMSR 的微波 | 根据红外影像计算云的运动从而驱动微波遥感“变形”与演变 |

（续表）

| 产品名称 | 提供者 | 数据来源 | 主要方法 |
| --- | --- | --- | --- |
| Global Satellite Mapping of Precipitation（GSMaP） | Osaka Prefecture Uni, Japan（K. Okamoto, T. Ushio） | TMI, AMSR-E, AMSR, SS-M/I 等微波卫星 | 原理同上 |
| Hydro-Estimator | NOAA NESDIS ORA（B. Kuligowski） | 红外和数值模式 | 经过数值模式中的云的演化以及总可降水量等调整过的静止卫星红外亮温反演 |
| NRL blended algorithm | NRL（J. Turk） | 红外以及来自 SSM/I, TRMM, AMSU, AMSR 的微波 | 直方图匹配反演的红外以及融合的微波 |
| Precipitation Estimation from Re-motely Sensed Information using Artificial Neural Networks（PERSIANN） | UC Irvine（K.-L. Hsu） | 红外和 TRMM 的微波 | 采用微波校正过的自适应神经网络红外反演 |
| Self-Calibrating Multivariate Pre-cipitation Retrieval（SCaMPR） | NOAA NESDIS ORA（B. Kuligowski） | 红外以及来自 SSM/I, AMSU 的微波 | 微波资料校正过的红外反演 |

以上简单介绍了以 PERSIANN 和 CMORPH 为代表的两种典型红外和微波卫星遥感估计降水的方法，目前国际上使用的卫星遥感降水资料大抵都是采用这些方法，当然在具体的细节上也会略有不同，比如日本的 GSMaP(Global Satellite Mapping of Precipitation)降水在 CMORPH 的基础上加入卡尔曼滤波的模块(Kalman Filter)，因此在 CMORPH 的微波和红外融合的基础上融合实时红外遥感的更多信息，从而得到更为精确的降水估计[8~13]；而如美国 Naval Research Laboratory 的 NRL 卫星降水，虽然也主要是采用红外遥感资料，但同时结合数值模式的结果，利用数值模式模拟预报的云的运动演变，以及模式中的大气可降水量等信息调整红外反演的结果，从而得到更精确的降水估计[14~16]；再如 NASA 的 TRMM-3B42RT 卫星降水资料，其方法也主要采用融合微波遥感和红外遥感资料，但是微波遥感反演的降水主要用来校正红外遥感拟合时的拟合曲线，并在最后通过地面站点资料进行最后的校正并减小降水估计的偏差[17-19]。

TRMM 全称是热带降雨观测计划(Tropical Rainfall Measuring Mission)，原本是美国宇航局(NASA)等机构于 1984 年发起的使用微波遥感来计量热带降雨的一个计划，其于 1997 年发射的降雨卫星一般也称为 TRMM 降雨卫星，上面搭载了多种专为反演降水优化的各种传感器[20]。这颗卫星及其降雨产品为正确地估算热带地区的降水，尤其是估算热带海洋上的降水做出了不可估量的贡献，也为定量认识全球能量和水循环提供了正确的基本数据。后来又将适用范围扩大到中纬度地区，并结合其他多颗微波遥感卫星，开发了多种常用的降水产品如 TRMM-3B42RT 以及 TRMM-3B42V6 等，广泛使用在气象、水文、地质和环境等多个领域[17]。虽然 TRMM 的降水扩展应用到了中纬度，其精度经验证也比较高，但是毕竟原本是为热带降水设计的，对中高纬的一些降水类型反演误差较大，而且原本设计寿命不长，超期服役了很久，于是全球降雨观测计划（Global Precipitation Measurement Mission，GPM）应运而生。计划旨在通过新发射的卫星及其搭载的新研发的各种传感器来观测全球各地各种纬度各种地形以及各种下垫面的降水，同时利用地面众多的雨量观测站来校正系统误差，以期获得全球更大范围以及更高精度的降水。GPM 卫星及其搭载的最新设计的传感器已于 2014 年顺利升空，目前数据已经可供公开下载，而 TRMM 卫星也已经停止服役[21]。图 2.3 为 GPM 卫星以及 GPM 计划中使用的其他微波遥感卫星。

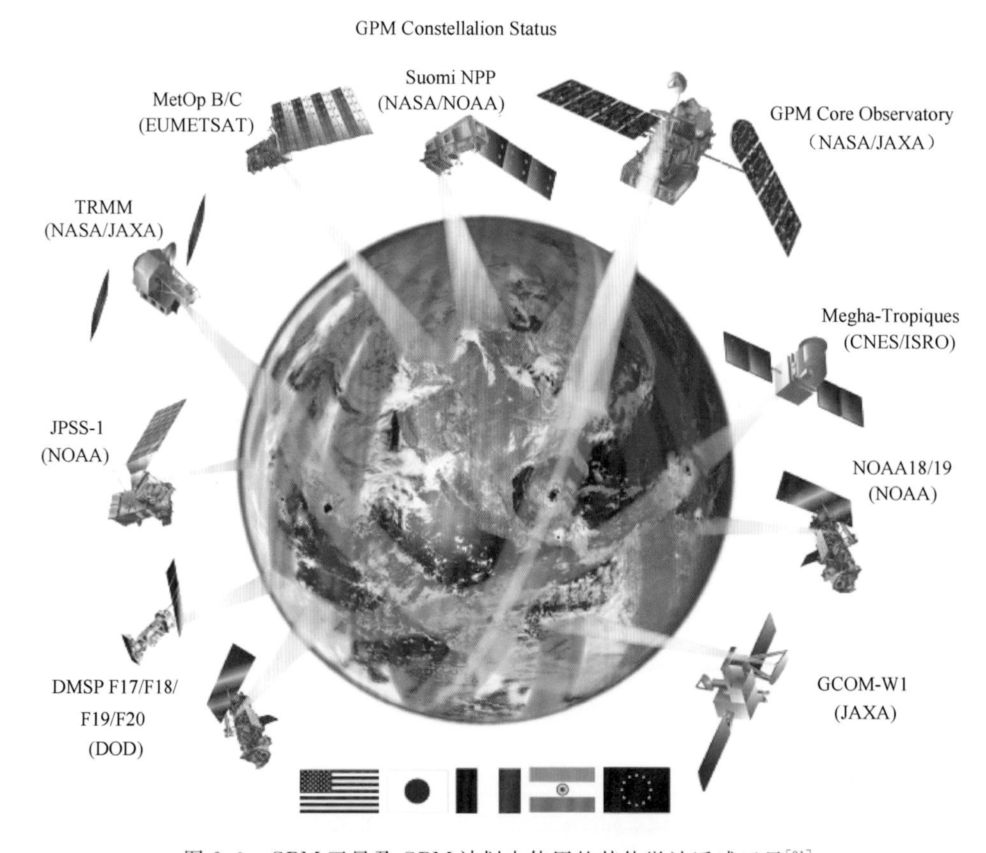


图 2.3　GPM 卫星及 GPM 计划中使用的其他微波遥感卫星[21]

虽然大部分卫星遥感降水资料的反演方法都主要采用了以上描述的几种方法，但是由于在具体执行细节上的差异，它们的精度是不一样的。因此，不同卫星降水资料在中国的精度是怎样的，误差主要表现在什么地方，是需要详细地分析和比较的。

### 2.1.2　三种实时高分辨率卫星遥感降水资料

通过以上的介绍分析也可以看到，虽然目前国际上卫星遥感降水产品比较多，并且各种不同的新方法、新产品也不断涌现，但是几个常用的卫星降水资料 CMORPH、TRMM-RT 以及 PERSIANN-CCS 仍然是其中质量较高的，它们也是在气象、气候、水文等各方面广泛应用的成熟产品，加上它们的实时性也较好，因此，本文以下研究使用的实时高分辨率降水资料将主要采用这三种。它们的时空分辨率等基本信息如表 2.2 所示。根据这张表可知，这三种资料的时空分辨率都比较高，水平空间分辨率最高的是 PERSIANN-CCS，它的空间分辨率达到了 0.04°经度×0.04°纬度（约 4 km），这也正是一般地球轨道静止卫星红外传感器的扫描分辨率，且其时间为 1 小时更新一次，时空分辨率相当之高。当然，它也提供 3 小时 0.25°×0.25°分辨率（约 30 km）的降水资料。相比之下，CMORPH 最高空间分辨率略低一些，为 0.08°经度×0.08°纬度（约 8 km），但更新时间间隔为半小时，同时也提供 3 小时 0.25°×0.25°分辨率的降水资料。而 TRMM-RT 则最高只提供 3 小时 0.25°×0.25°分辨率的降水资料。

**表 2.2　三种卫星遥感降水资料时空分辨率及其他基本信息**

| 降水资料 | 空间分辨率 | 时间分辨率 | 纬度范围 | 基本数据来源 |
| --- | --- | --- | --- | --- |
| TRMM-RT | 30 km(0.25°) | 3 小时 | 60°N—60°S | 微波加红外 |
| CMORPH | 约 8 km | 半小时 | 60°N—60°S | 主要是微波遥感 |
| PERSIANN-CCS | 约 4 km | 1 小时 | 50°N—50°S | 主要是红外遥感 |

### 2.1.3　三种卫星遥感降水资料日降水比较

如 2.1.1 中所述，不同的降水资料在不同的季节和不同的地方其精度和准确度是不一样的，因此，虽然 CMORPH、TRMM-RT 以及 PERSIANN-CCS 这三种卫星降水资料在全球范围内的精度总体来说还是比较高的，相比地面观测站的误差也是比较小的，但是在中国大部分地区，尤其是广大的山区其表现是怎么样的呢，它们能不能抓住中国地区的主要降水特征，从而能有效地用在水文、地质灾害的实时监测里面呢？

Shen 等[22,23]比较了 CMORPH、PERSIANN、NRL、TRMM-3B42RT 以及 TRMM-3B42V6 几种卫星降水资料从 2005 到 2007 这几年在中国地区的表现情况，其中前面四种资料都是实时的降水资料，而最后一种 TRMM-3B42V6 由于要经过后期的台站校正，因此一般有一个多月的时间延迟。分析表明，大部分实时卫星降水资料都能较好地抓住中国地区降水的总体分布情况以及日变化等特征，但是在不同的地区和季节其表现也是不一样的。卫星降水基本上在青藏高原地区都有较大的高估，东南沿海地区有较严重的低估；冬季所有的卫星降水资料相对地面观测都比较差；而对降水的日循环来说，所有的卫星降水都能比较好地观测到中国地区下午的降水，但是对清晨的降水则有比较明显的低估。总体说来，这些卫星降水资料的误差尚在可以接受的范围之类，其中 CMORPH 表现是最好的，而主要基于红外遥感的 PERSIANN 则要差一些。

从 2007 年至今，这些降水资料也经过了一些发展、进行了一些改进，例如 PERSIANN 引进了基于图像分割学以及人工神经网络等方法的新的云分类方法[6,24]等，而 CMORPH 资料也开始引入卡尔曼滤波的方法来改进其精度等[25,26]，因此，本文收集了 2008 年以来的 CMORPH、PERSIANN 以及 TRMM-RT 的卫星降水资料，以期进一步比较它们从 2008 年 1 月—2011 年 6 月在中国地区的表现。

图 2.4 是整个中国地区大致的气象观测台站分布以及每个格点里面日平均观测站点个数($x$)。可以看到，整体说来台站的分布和中国的整个地形地势相关，在东南地区台站较多，而西北地区和青藏高原台站则非常少。

图 2.5 是 2008 年 4 月到 2011 年 4 月台站观测降水与 CMORPH、TRMM 和 PERSIANN 的平均日降水的对比，由图可以看到，中国多年平均日降水的总体分布是从东南向西北逐次递降的。东南沿海地区及长江下游地区日降水可以达到 6～7 mm/d，而四川盆地以及大巴山区的日降水则可以达到 3～5 mm/d，另外就是从东北到西藏东南部这一条线上基本是 2 mm/d。值得注意的是，在西藏东南部与不丹接壤的地方，也即喜马拉雅山南麓的地方有一个降水的极大值区域，日平均降水甚至可以超过 10 mm/d；还有一个地方就是新疆的中部准格尔盆地和塔里木盆地之间、天山山脉以北和博罗科努山以南的地区，也就是伊犁河流域所在的伊宁地区，这个地方在整个西北少雨的地区中算是一个局部多雨的地区，日平均降水量甚至超过了 2 mm/d，而周围地区大部分不过 0.5 mm/d。

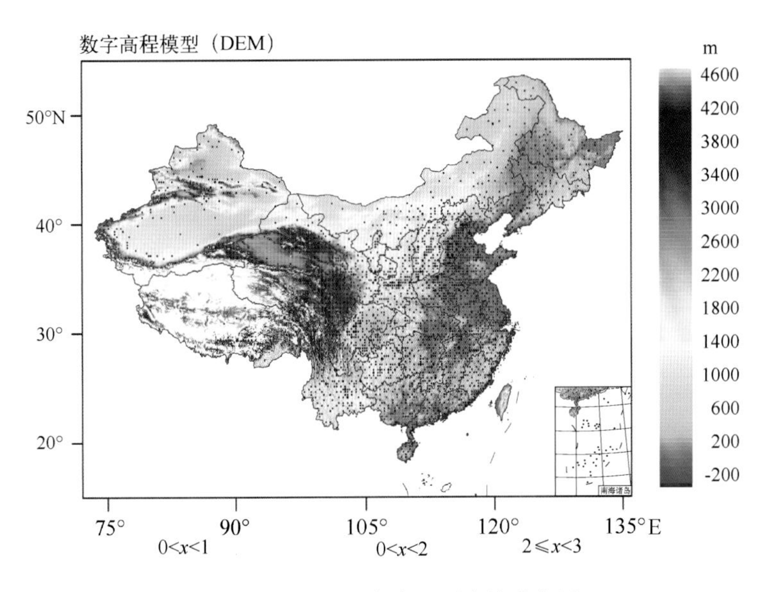


图 2.4　中国地区气象观测台站分布图

$x$ 为每个格点里面日平均观测站点个数，填色图为海拔高度(DEM，m)

在三种卫星遥感资料的日平均降水中，与站点观测的降水形态以及量级最为相似的是 TRMM，它在东南沿海以及长江下游地区的日平均降水量也有 6 mm/d 以上，四川盆地降水也有 3～5 mm 的较大的降水量，然而在大巴山区以及长江中游的局部地区降水略微有些偏小；而在喜马拉雅山南麓与不丹等国家相接壤的地区 TRMM 降水则偏小很多，但是在山脉北边的高原地区降水则明显偏多；同时，在伊宁地区也比观测的结果大一些。

CMORPH 的降水总体看来相比观测要小一些，尤其是在降水比较多的东南沿海以及长江中下游地区，大致比观测的降水小了 1～2 mm/d 左右，同时在西南地区四川盆地和云贵高原等分布形态是大致相同的，但是相比观测还是要小一些；而在东北以及西北地区，CMORPH 与观测相比则无论是降水的分布形态还是量级都相差不大；而在喜马拉雅山南麓的极大降水区，CMORPH 的降水也是严重偏小的。总体说来，CMORPH 降水相比观测降水偏小一些，但是降水的分布形态基本一致。

PERSIANN 的降水相对于观测的降水则偏小很多，虽然总体的分布形态大致和观测的降水是相似的，但是量级相差得比较多，有的地区相差了几乎一倍以上。比如在东南沿海和长江中下游地区 PERSIANN 的日平均降水只有 2～3 mm/d，和观测就相差了一倍以上，而四川盆地和大巴山区等地也偏小了很多，在大巴山以及长江中游几乎看不出有局地降水的极大值。同时和 TRMM、

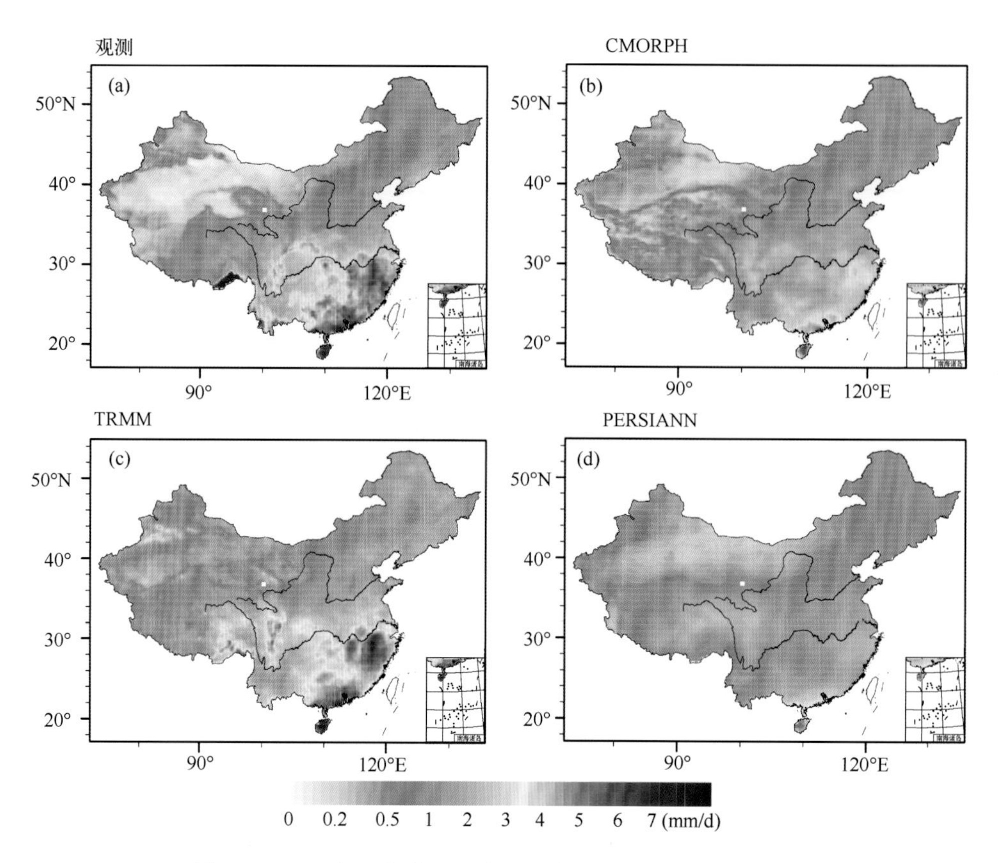


图 2.5　2008 年 4 月到 2011 年 4 月台站观测降水(Gauge)与CMORPH、TRMM 和 PERSIANN 的平均日降水量

CMORPH 等不同,PERSIANN 降水在不丹以北的喜马拉雅山南麓几乎看不到有一个局地的极值降水区,反而在喜马拉雅山的北部、青藏高原的东部有一个明显的较大的降水区域。

综上所述,从多年平均的日降水量来讲,三种降水资料中 CMORPH 和 TRMM 表现相对较好,除了少数地区的差异较大以外,这两种卫星降水资料基本能在分布形态以及降水的量值上再现中国地区的总体降水分布情况。

图 2.6 是三种卫星遥感降水与观测降水的平均偏差分布图,从图中能看到,CMORPH 和 PERSIANN 两种卫星降水相对于观测资料的偏差分布形态比较类似,都是在实际降水较多的东南沿海以及长江中下游地区为负偏差,即比观测到的降水要小;而在西北干旱与半干旱地区降水少的地方为正偏差,即相对实际观测降水要大。当然他们两者的偏差在分布特征上也有不同的,首先 CMORPH 降水相对实际偏差的绝对值要小一些,而 PERSIANN 的偏差绝对值则非常大;在内蒙古自治区的大部分地区,CMORPH 相比观测有较小的偏差,

PERSIANN 则几乎没有；在青藏高原的东部 CMORPH 资料呈现一个较大的负偏差区域，而 PERSIANN 资料则几乎是正偏差，说明 PERSIANN 在高原的降水整体偏大，而 CMORPH 则是偏小。

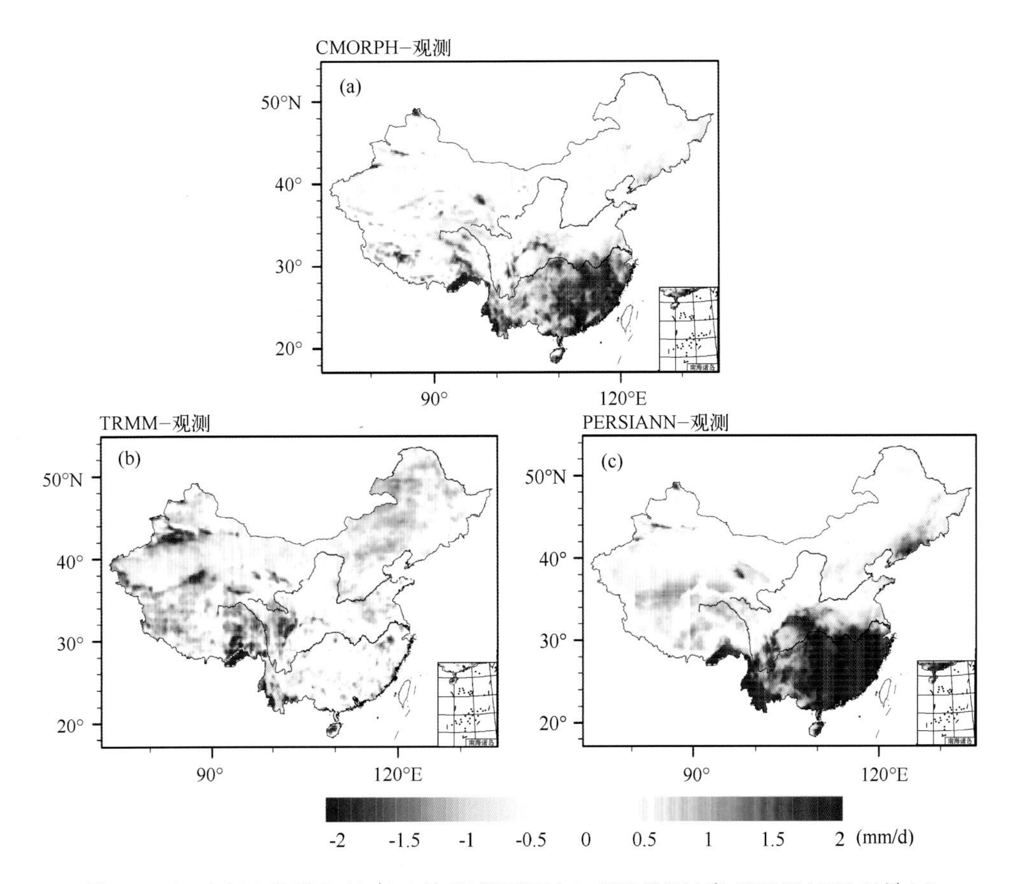


图 2.6 2008 年 4 月到 2011 年 4 月 CMORPH(a)、TRMM(b)和 PERSIANN 卫星(c)三种降水资料与台站观测降水(Gauge)的平均降水偏差

TRMM 降水总体来说相对实际降水的偏差几乎都为正值，也即 TRMM 降水比实际降水大部分地区是要偏大的，只在西南地区、大巴山秦岭一带以及东南沿海的少部分地区为一些负偏差。值得注意的是，TRMM 在整个青藏高原地区的正偏差值相对都比较大，比 PERSIANN 的偏差值还要大。

均方根偏差(Root Mean Square Diffenrence)相比平均偏差由于不会正负抵消，更能反映两组数据的实际差异大小。三种卫星遥感降水与观测降水之间的均方根偏差见图 2.7，图中可以明显地看到，在实际降水比较大的东南沿海和长江中下游地区，均方根偏差值比较大，而在西北地区等降水比较少的地区，均方根偏差值则比较小。值得注意的是在新疆、青海以及西藏交界的地区，三种卫星降水资料都有一个较大的均方根偏差值，这在图 2.5 和图 2.6 是几乎看不出来的，经过分析，这个地区具体位置是在昆仑山脉以南的可可西里地区，这个地区年平均气温在 0℃以下，年降水量在 100 到 200 mm 之间，地面植被为高山草甸。可能是周围地形复杂以及海拔较高，因此遥感降水的反演算法在这个地区准确率比较低、误差比较大。

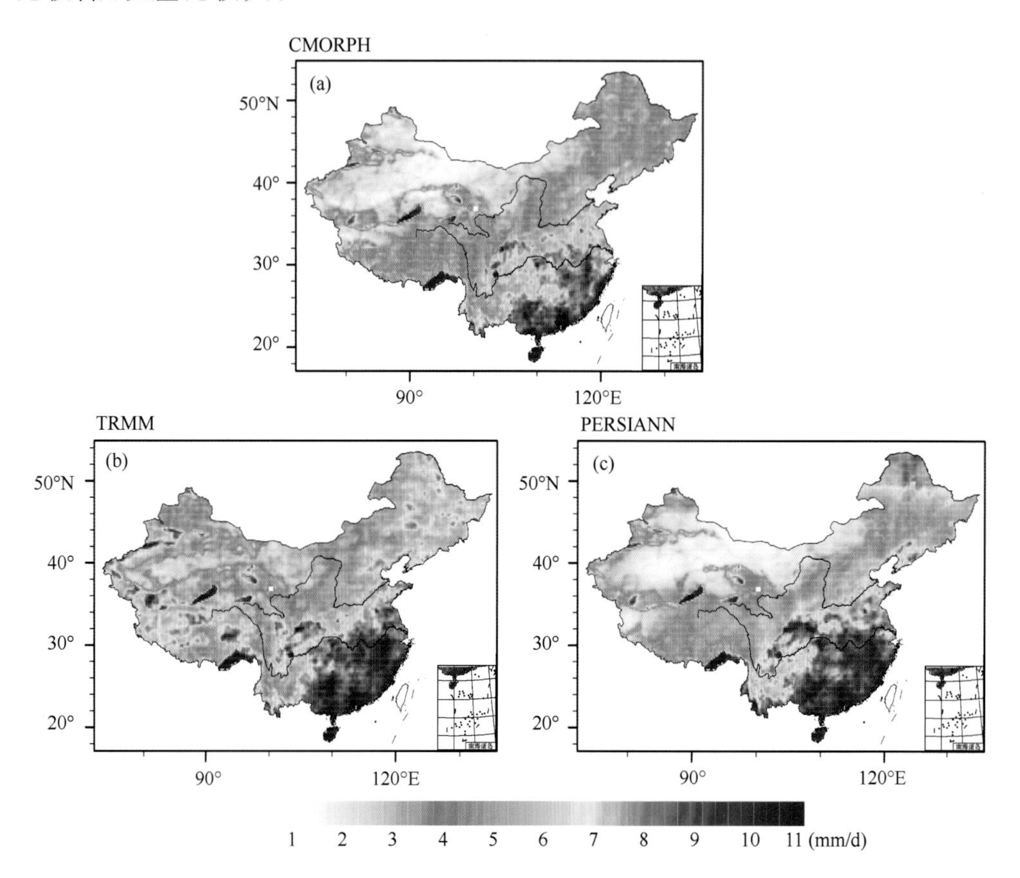


图 2.7　2008 年 4 月到 2011 年 4 月 CMORPH(a)、TRMM(b)和 PERSIANN(c)卫星三种降水资料与台站观测降水(Gauge)日平均降水的均方根偏差

以上从平均日降水量值大小及其分布的角度分析比较了三种卫星降水，下面将从降水的时空结构上来分析比较。图 2.8 是三种卫星降水与实际观测的日降水的时间相关系数空间分布图。每个格点一共有 1096 个数据记录，因此，只要相关系数超过 0.1 就通过了置信度 99.9%的线性相关系数检验。根据时间相关系数的空间分布这张图我们可以知道，在中国的绝大多数区域卫星降水和观测降水时间相关系数都比较高，通过了 99.9%的置信度检验，而有的地区相关系数更是高达 0.9 左右。但是不同地区、不同的降水产品相关系数的分布是不一样的。

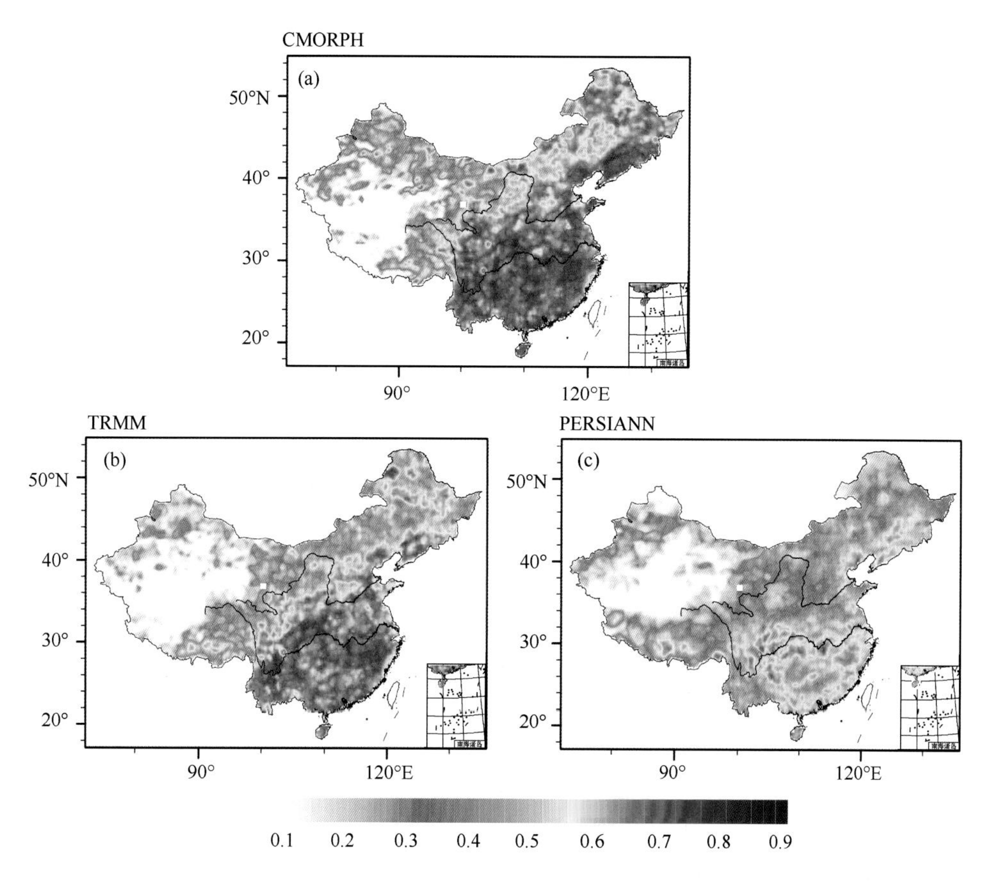


图 2.8　三种卫星降水资料与观测降水的时间序列相关系数

虽然从日平均降水的量值以及偏差的分布来看，TRMM 比 CMORPH 与观测值更接近一些，但是从时间相关系数的分布来看，CMORPH 比 TRMM 则要好一些，CMORPH 资料在中国的大部分地区尤其是新疆东部直到西藏的东部以东的整个地区，相关系数几乎都在 0.6 以上，而从东北到西南这一条线以南以东的地区更是基本上高达 0.7、0.8 以上。而 TRMM 相比之下则要小一些，尤其是在东北北部、整个内蒙古自治区境内以及河套地区、新疆的大部分地区，相关系数相比 CMORPH 更是要小得多。PERSIANN 这种以红外遥感为主的降水资料相比 CMORPH 和 TRMM 相关系数则更小一些，其最大的相关系数也只在 0.6～0.7 左右，大部分地区的相关系数更是只在 0.4 左右。相对的，PERSIANN 在长江中下游和东南沿海地区相关系数还是比较高的。值得注意的是，PERSIANN 虽然总体相关系数都比前两种相关系数要低，但是在西藏南部与尼泊尔交界的部分区域其相关系数比 CMORPH 和 TRMM 的相关系数还要高。

从时间相关系数的空间分布来看，几种卫星资料大体能较好地反映实际的降水，但是在青藏高原的大部分地区以及新疆的大部分地区，相关系数是非常低的，可能的原因大致有两种：其一是因为这个地区降水本身比较少，因此，在计算相关系数这种统计变量的时候误差较大；另外一个可能就是卫星遥感反演技术在这些气候状况以及地形地势等比较特殊的地区本身有较大的误差。那我们从卫星降水之间的相互比较来探讨一下可能的原因。

图 2.9 是三种卫星降水相互之间的时间相关系数的空间分布。可以看出，总体说来三者之间的线性相关度还是很高的，绝大部分地区相关系数都超过了 0.3，更有大部分地区超过了 0.7 以上。但是在广大的西部，尤其是青藏高原的西部，相关系数还是很低的，尤其是 CMORPH 与 TRMM 以及 CNORPH 和 PERSIANN，甚至低至 0.1 以下；PERSIANN 和 TRMM 在这个地区则有着较高的相关系数，基本在 0.2 及以上。这说明虽然在这个高海拔的地区卫星遥感的反演算法是比较难以反映真实的降水水平，但是相对于实际观测那稀少的测站分布，还是聊胜于无的。

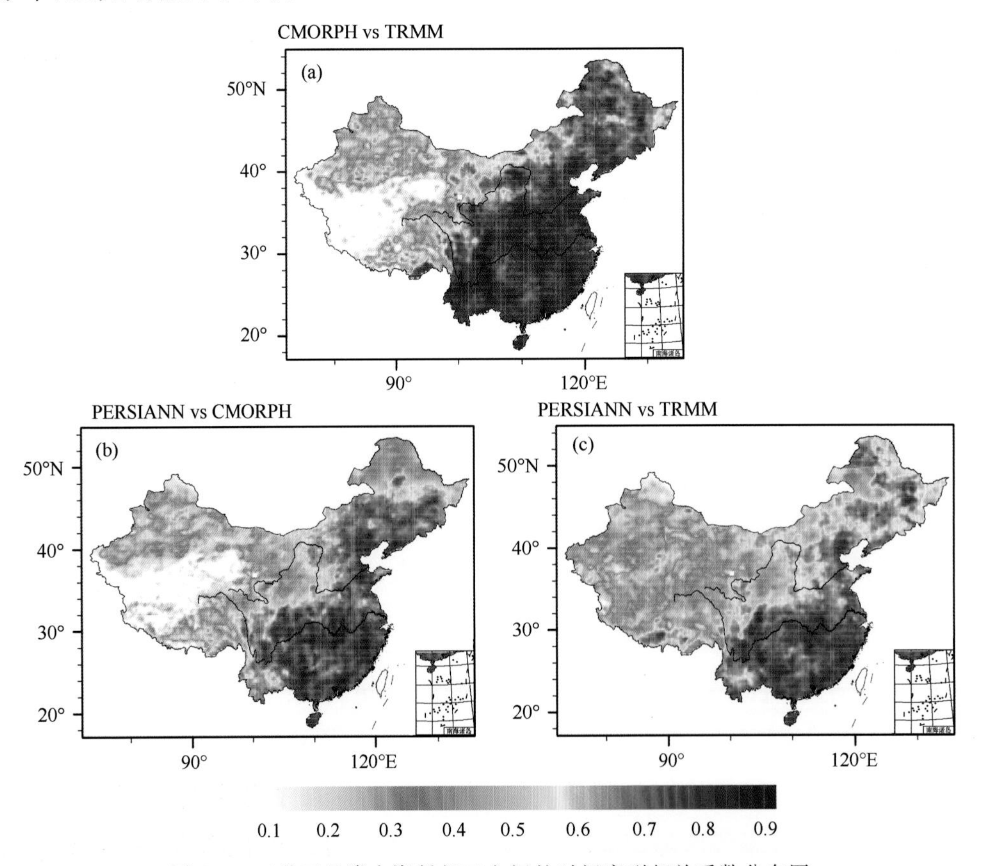


图 2.9　三种卫星降水资料相互之间的时间序列相关系数分布图

同时，值得注意的是，在新疆东部直到西藏东部以东的大部分地区，CMORPH和TRMM的相关系数都非常高，基本在0.8左右，而PERSIANN和他们两者之间的相关系数则要低一些，尤其是在长江以北的广大地区，相关系数值在0.6～0.7左右，虽然也很高，但是相比CMORPH和TRMM之间的相关系数则要小了很多。同时还值得注意的是，CMORPH和PERSIANN在北纬50°以北的地区的纬度较高的地区，相关系数更是小至0.3左右。

以上比较详细地分析了三种卫星降水资料在中国不同区域与实际观测降水的对比，事实表明，三种卫星遥感降水在不同的地区表现不尽相同，但是在我国东部且降水量较大的地区表现还是不错的。那么在不同的季节不同的降水类型的情况下其表现又是怎么样的呢，需要以下的进一步分析。

从三种卫星遥感降水与观测降水的空间相关系数及其时间序列（图2.10a）和箱线图2.10b可以看出，总体来讲三种卫星降水与观测降水的相关系数是比较大的，但是具有明显的季节性特征，在夏季相关系数明显大一些，最高可达0.7以上，而在冬季这个空间相关系数则明显小一些，一般只有0.1左右。在三种卫星降水中，CMORPH和TRMM降水的空间相关系数明显要比PERSIANN降水的空间相关系数大一些，在夏季CMORPH降水比TRMM降水的空间相关系数要稍微大一些，而冬季TRMM降水则比CMORPH降水的空间相关系数要稍大一些。

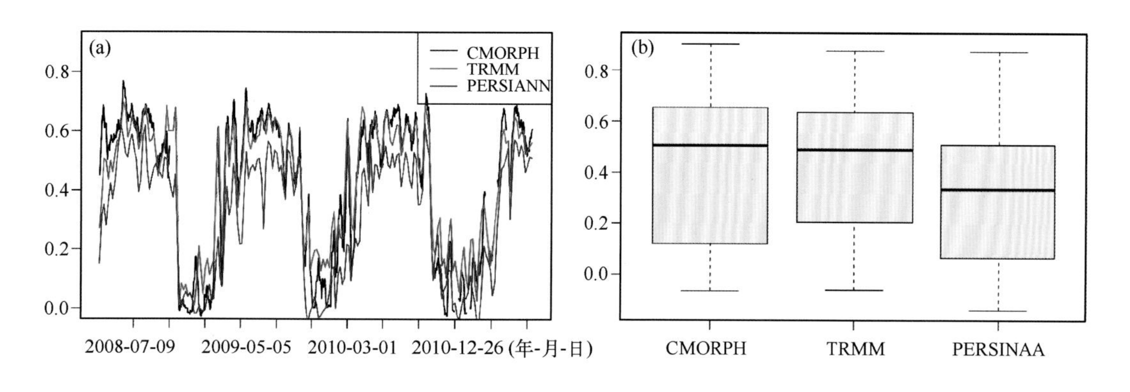


图2.10　三种卫星遥感日降水量与观测降水空间相关系数的时间序列(a)及其箱线图(b)

### 2.1.4　三种卫星遥感资料对台风“莫拉克”降水的监测比较

2009年8月8日到9日台风“莫拉克”(Morakot)在台湾中南部多处降下刷新历史纪录的大雨，台风登陆期间在台湾南部屏东县累积降水量超过2600 mm，引发多起滑坡及泥石流等，至少造成619人死亡、76人失踪，农业损失超过新台币164亿元，是台湾气象史上伤亡最惨重的台风。8月9日此台风在福建省登陆，浙江、福建、江西等省相继下暴雨，日降雨量也高达800 mm，造成6000多间房屋倒塌、38万 $hm^3$ 农作物受灾，直接经济损失达90亿元人民币[27～31]。

为了验证各种卫星降水产品对此类极端降水的监测评估能力，本研究中比较分析了地面雷达、CMORPH、TRMM RT以及PERSIANN-CCS等遥感降水资料与台湾地区地面自动站观测所得降水资料的异同。图2.11是不同降水产品8月6日到8月9日4天的累积降水量估计。由图中可以看到，相对于自动站观测降水，雷达反演的降水已经非常接近真实的观测值，特别是在南部的极大降水区，量值非常接近，分布也基本上一致——雷达降水可以很好地反演中南部山区的最大降水中心，西南边逐渐减小的降水以及东南边极小的降水。但是雷

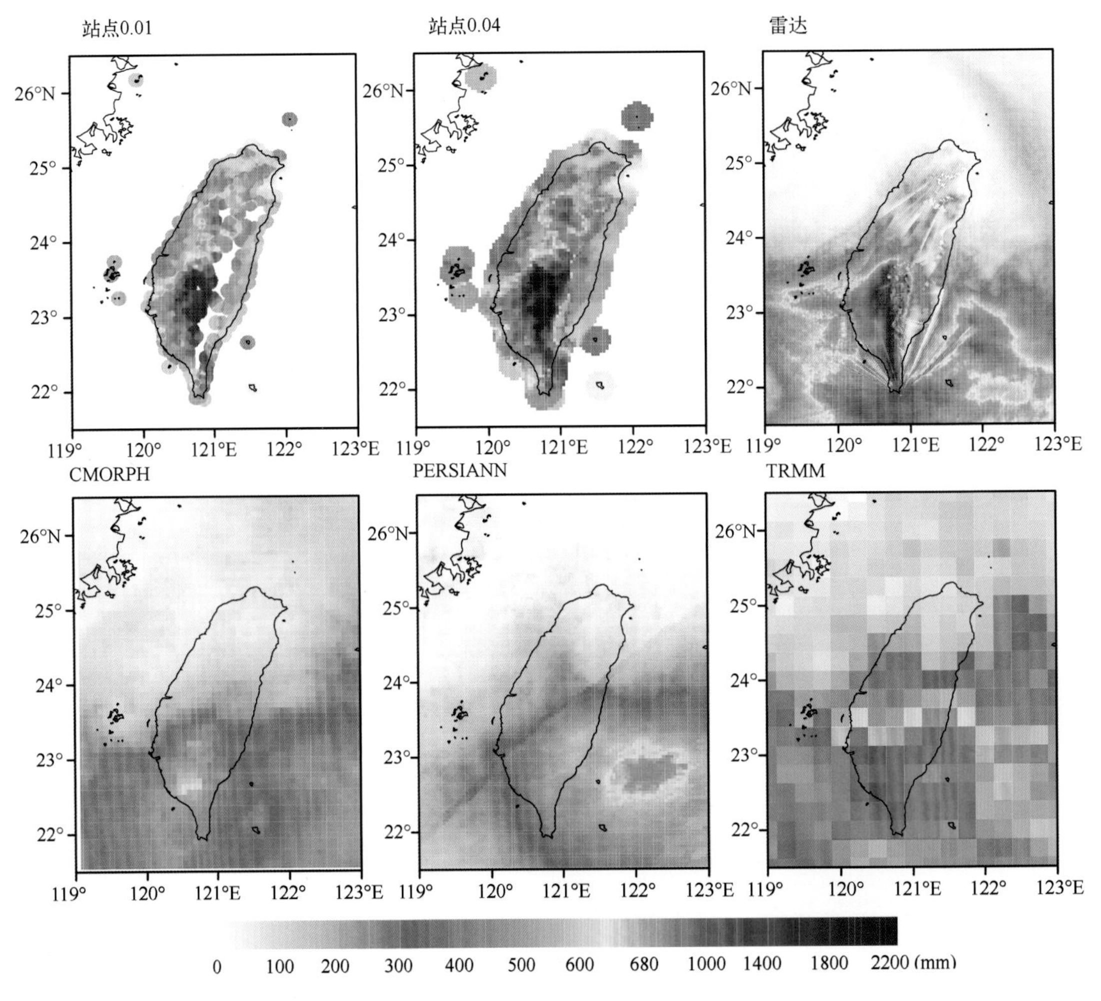


图2.11　插值到0.01°×0.01°和0.04°×0.04°水平空间分辨率的自动气象站资料、多普勒雷达、CMORPH、TRMM以及PERSIANN卫星等多种降水资料在台风“莫拉克”过程中的累积降水比较

达反演的降水中没有看到观测资料中的中部偏北的次极大降水中心，并且在图中可以清楚地看到一些明显的零值线条穿插在各个不同的降水区域间，这些可能与整个台湾地区多普勒雷达的分布以及地形的遮挡效果等有关。

CMORPH 和 PERSIANN 两种卫星遥感降水产品极大地低估了总降水量，而 TRMM 卫星资料则基本上能在量级上和观测的降水量级相吻合。在观测的降水中，有两个较明显的极大降水中心，一个是在南部山区有个非常大的降水中心，降水极值超过了 1000 mm；另一个则是在中部稍偏北一些的位置，也有一个累积降水超过 700 mm 的区域。而在水平分辨率为 0.08°×0.08°的 CMORPH 卫星降水资料中，只有南部有一个降水的极大值中心，相比实际观测位置稍偏南，而且最大值也只有 600 mm 左右，相对实际观测严重偏小；而中北部实际观测的极大值降水中心，CMORPH 卫星是一点体现也没有，对应的位置累积降水只有 100 mm 左右，相比之下其值是严重偏低的。

PERSIANN 卫星的水平空间分辨率是 0.04°×0.04°，比 CMORPH 卫星要高，但是它的累积降水和观测相比仍然是偏小的，它在南部山区降水的极大值地区最大累积降水只有大约 500 mm 左右，和实际观测的出入较大，位置也有较明显的偏东。同样的，北部降水极大值区 PERSIANN 的降水也是偏小的，几乎没有较明显的极值中心。值得注意的是，PERSIANN 降水在台湾岛东面的海上有一个较大的降水区，量值达到了 800 mm，而在对应的 CMORPH 累积降水中则没有对应的极大降水中心。

相比之下，TRMM 的空间分辨率则低得多(0.25°×0.25°)，但是 TRMM 的累积降水是三种卫星遥感降水之中最接近实际观测降水的。在南部最大降水区，TRMM 的降水量值也达到甚至超过了 1000 mm，基本上与实际观测的大部分量值相当，但是这个极大值的区域明显比实际观测的降水区域大得多，甚至延伸到了周边的海上，但是相比 PERSIANN 海上的极大降水区，位置还是不一样的。和前两种卫星遥感降水一样，TRMM 降水在北部也没有一个明显的极大降水区。

将上述多种降水产品插值到 0.04°×0.04°水平分辨率的网格上，并遮盖掉自动气象站和观测站覆盖范围之外的区域，得到图 2.12。图中能更清楚地看到多普勒雷达降水的精确以及在北部山区的误差，也能较明显地看到卫星遥感降水 CMORPH、PERSIANN 在降水量值上的低估以及 PERSIANN 降水极值中心的偏离。另外还有 TRMM 资料分辨率低导致其在很大的范围上的高估等问题。

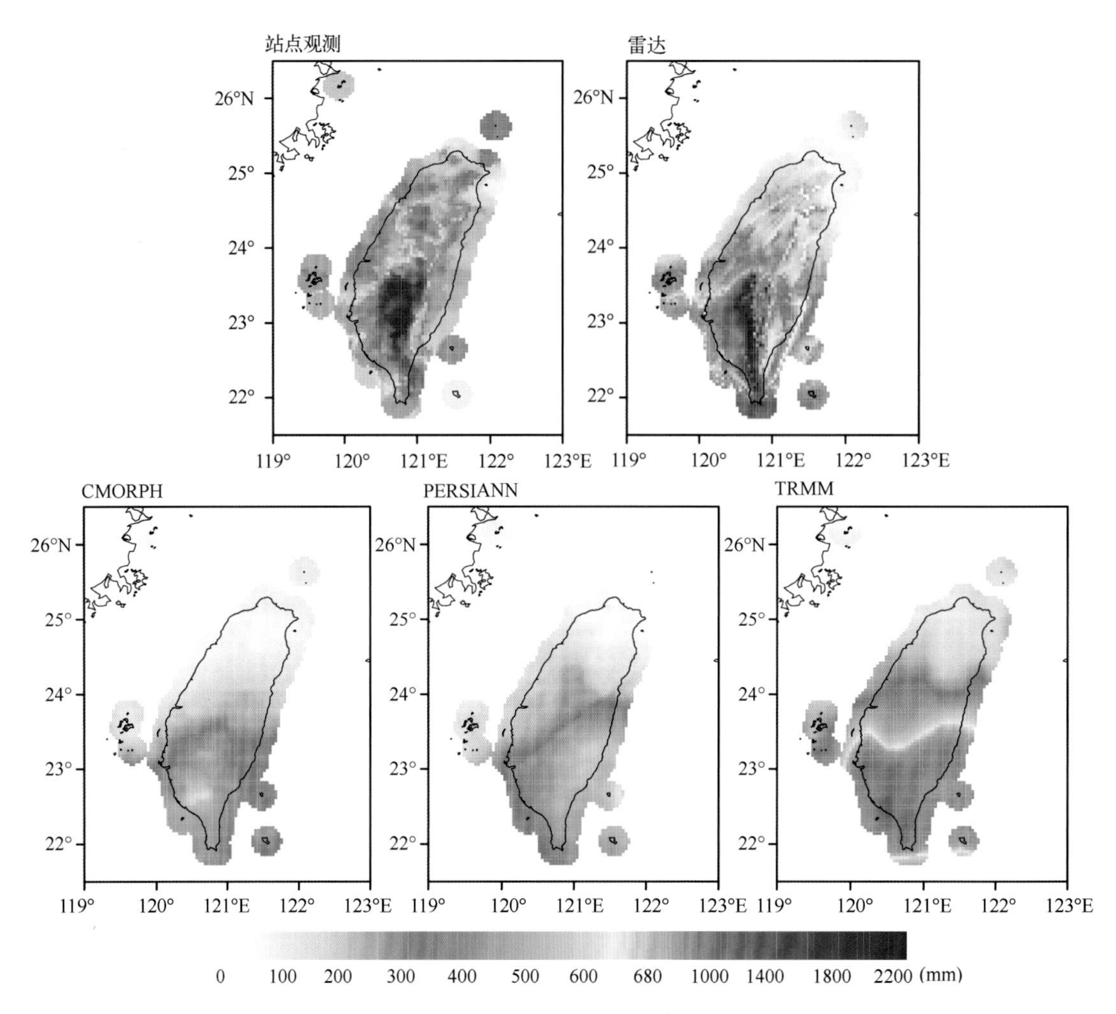


图 2.12　统一插值到 0.04°×0.04°水平空间分辨率的自动气象站观测资料、多普勒雷达、卫星 CMORPH、TRMM 以及 PERSIANN 等多种降水资料在台风"莫拉克"过程中的累积降水比较

图 2.13 是台风"莫拉克"登录台湾前后的 96 个小时内(2009 年 8 月 6 日 0 时到 9 日 23 时)三种遥感降水资料 CMORPH、PERSIANN 和多普勒雷达的时间相关系数的空间分布，对 96 个时间点的相关系数来说，显著度 0.01 的临界值为 0.26，而显著度为 0.05 的临界值为 0.2，超过这个临界值的相关系数我们认为是显著的。那么图中可以看到，CMORPH 的降水在台湾南部相关系数比较大，几乎都通过了显著性水平为 0.01 的显著性检验，相关系数高的地方甚至高达 0.7 以上；但是在北部尤其是东北部相关系数则非常低，中部部分山区相关系数也较低。而 PERSIANN 相关系数的分布则完全不一样，南部地区相关系数虽然也几乎通过了显著性水平 0.01 的显著性检验，但是相关系数的值相比之下是非常小的；而在东部有一个较明显的极大值区，这在卫星 CMORPH 资料的相关

系数分布图上是没有的；而且在北部的相关系数也比对应的卫星 CMORPH 资料相关系数要高。多普勒雷达的相关系数则是在全台湾地区都达到很高的水平，大部分地区都超过了 0.8，只有部分地区较低，但也远远超过了显著性水平 0.01 的临界相关系数。由此可见，多普勒雷达几乎可以较好地监测整个降雨的过程，而且由于水平空间分辨率以及时间更新率（10 分钟）都比较高，可以实时地监控整个台风降水系统的变化动向。当然，多普勒雷达由于地形的遮挡作用等，也存在一些盲区，在这些盲区，卫星遥感资料在一定程度上还是可以作为补充手段的。

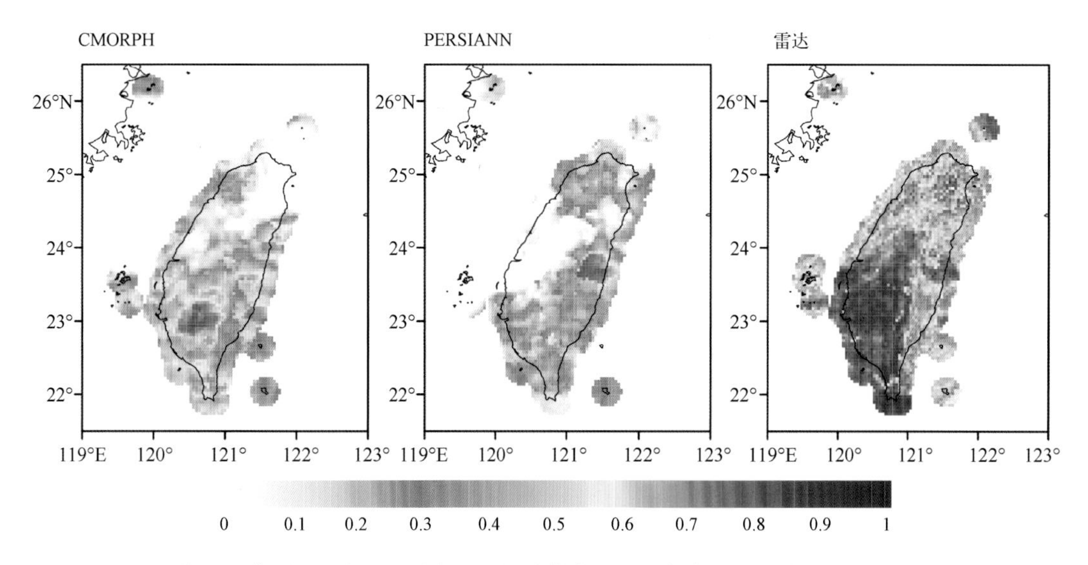


图 2.13　统一插值到 0.04°×0.04°水平空间分辨率的自动气象站观测资料与卫星 CMORPH、PERSIANN 以及多普勒雷达等降水资料在台风“莫拉克”过程中的时间相关系数的空间分布

以上从各降水资料对实际降水的时间变化上的监测能力做了一个简单的分析评估，它们对降水空间分布的监测再现能力将在下面简单地进行分析。图 2.14 是观测降水与各遥感降水资料在研究时段内的空间平均的时间序列。图中站点观测降雨有一个较明显的极大值，也就是在 2009 年 8 月 8 日到 9 日之间台风登陆前后有一个最大降水的时间段，平均降水量达到了 13 mm/h，而后逐渐降低。在几种遥感降水的产品中，雷达资料最好地表现了这个变化的趋势，而且量值也相差的不多。卫星 TRMM 资料大致地再现了整个趋势，但是在 8 月 8 日 00 时左右有一个较明显的低值，远小于实际的观测值，而在最大降水的时候略微高于实际观测到的平均降水。卫星 CMORPH 和 PERSIANN 则有较明显的低估，尤其在 8 月 8 日 00 时和 TRMM 卫星一样偏低了很多，而在降水最大值的时刻这两种降水也偏低了很多，但是两者位相略有不同，PERSIANN 卫星的极

值出现时间要早比实际观测以及 CMORPH 卫星晚了几个小时。

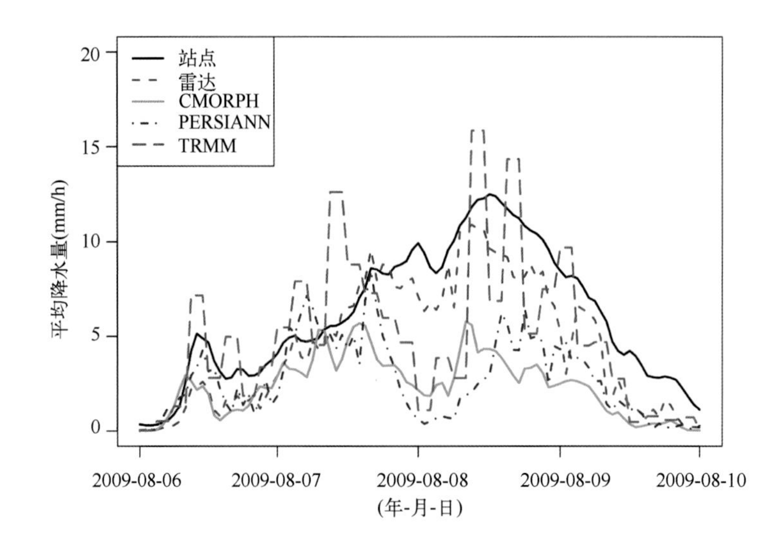


图 2.14　统一插值到 0.04°×0.04°水平空间分辨率的自动气象站观测资料与 CMORPH、PERSIANN、TRMM 以及多普勒雷达等降水资料在台风“莫拉克”过程中的逐小时空间平均的时间序列

图 2.15 是多种降水资料与观测降水资料每小时的空间相关系数的时间序列，多普勒雷达降水的空间相关系数在整个时间段都较高，尤其是在台风登陆前后的时间里，相关系数更是高达 0.6 及以上，而在登陆之前特别是更早一些的时候，相关系数则相对是比较低的。卫星 CMORPH 降水资料在整个过程中相关系数都比雷达降水要低，但是大部分时间相差并不多，只是在 8 月 6 日 00 时到 7

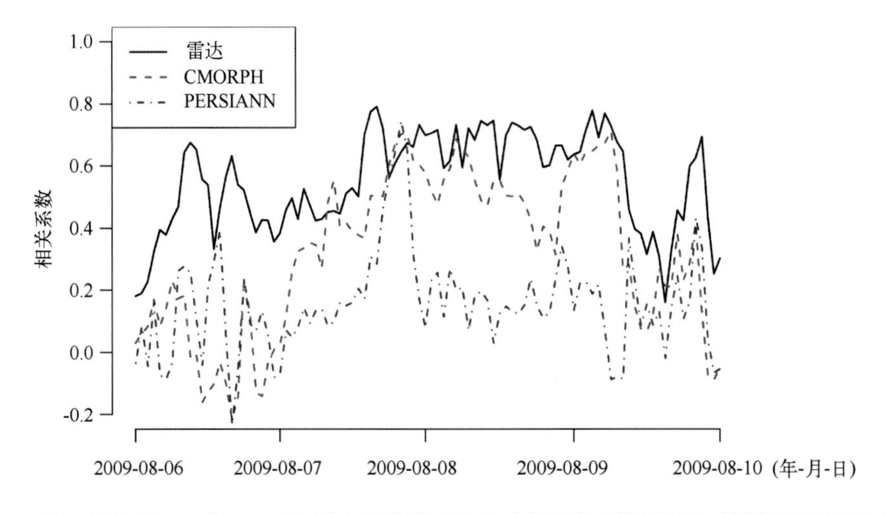


图 2.15　统一插值到 0.04°×0.04°水平空间分辨率的自动气象站观测资料与 CMORPH、PERSIANN 以及多普勒雷达等降水资料在台风“莫拉克”过程中的空间相关系数的时间序列

日 00 时这一段时间内相差较多，甚至还有负相关的时刻。相比以上两者，卫星 PERSIANN 降水资料的空间相关系数值则要小得多，尤其是在台风登陆前后降水特别大的那段时间，相关系数基本保持在 0.2 左右，和另外两种降水的相关系数的 0.6 相差特别大。结合图 2.14 的降水空间平均时间序列，卫星 PERSIANN 资料在整个过程中对降水的量值和位置等估计的偏差都比较大，卫星 CMORPH 资料则要好得多。

对山洪、滑坡、泥石流等灾害而言，累积降水等因素固然重要，瞬时极端降水也很重要，因此，图 2.16 给出了各个降水资料在不同时刻的最大值的时间序列对比。可以看到，雷达降水最大值基本和观测值一致，即使是每小时降水达到 120 mm 以上的极端降水也能很好地反演出来，大部分时间和观测相比还略有偏大，但是这种偏大有可能是因为雷达监测到的最大降水区域没有站点信息所导致，属于比较合理的偏大。而另外三种卫星遥感降水则是一致的偏小，尤其是在每小时降水量超过 40 mm 的极端降水时段，三种卫星遥感降水要比实际观测的最大降水小很多，这说明卫星遥感反演的算法对极端降水来讲还有较大的改进空间。

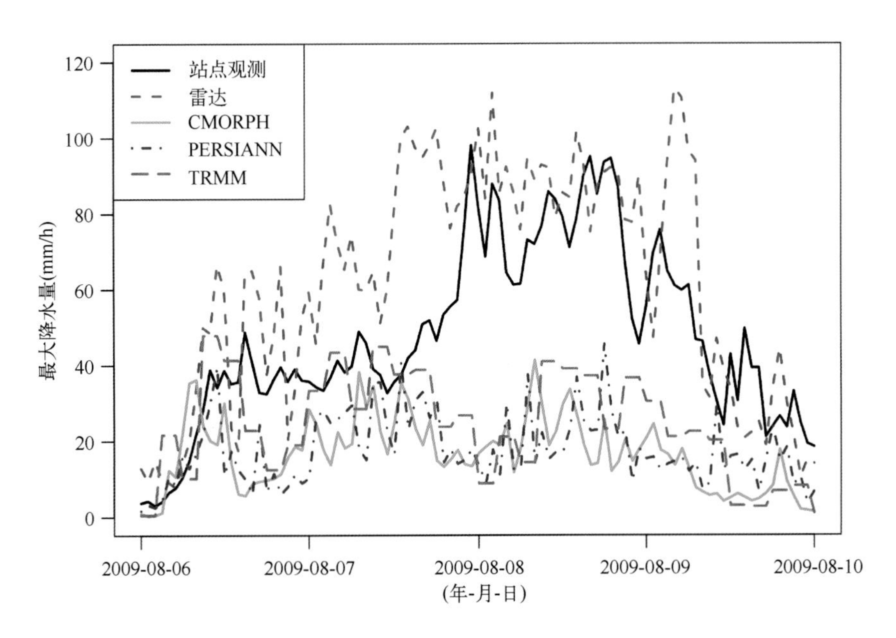


图 2.16　统一插值到 0.04°×0.04°水平空间分辨率的自动气象站观测资料与 CMORPH、PERSIANN 以及多普勒雷达等降水资料在台风“莫拉克”过程中的逐小时的最大降水时间序列

对降水的比较，还经常使用 *POD*（探测概率）、*FAR*（误报率）和 *CSI*（临界成功指数）等指标来评价，将正确探测的数量、误报的数量和漏报的数量分别记为 *A*、*B* 和 *C*，则 *POD*、*FAR*、*CSI* 分别定义为：

$$POD = \frac{A}{A+C}$$

$$FAR = \frac{B}{A+B} \tag{2.1}$$

$$CSI = \frac{A}{A+B+C}$$

Chen 等[32]计算了几种不同分辨率资料统一插值到 0.04°和 0.25°时相对站点观测累积降水的 POD、FAR 和 CSI(图 2.17)。雷达遥感降水整体而言明显有更好的探测概率(POD)和临界成功指数(CSI),而 83 mm(95%)和 1914 mm(5%)两档累积降水的 *POD* 和 *CSI* 值表明,地基雷达反演降水也是对小雨和特大暴雨反演最好的。另外,从误报率(*FAR*)来看,雷达降水的 *FAR* 比其他遥感降水的 *FAR* 也要低一些,而雷达降水的 *FAR* 在大暴雨档(累积降水 765 mm,百分比 25%)相对小雨到大雨时 *FAR* 要高很多,这可能是因为降水信号的不均匀性束内充塞效应(non-uniform beam filling,NUBF)对测雨雷达反演算法的影响造成的。由于雷达扫描为扇形扫描,其扫描分辨率随着离雷达距离而变化,而降雨系统的粒径分布又存在很大的非均匀性,因此雷达反演降水在距离雷达较近的地方可能会有较大的误报率。大多数卫星降水都有较高的 *POD* 值,同时也有较大的 *FAR*。从 0.25°分辨率的结果来看,卫星 TRMM 的两种降水资料(3B42-RT 和 3B42V6)的 *POD* 和 *CSI* 相对卫星 PERSIANN-CCS 和 CMORPH 都较高,而 *FAR* 相对卫星 PERSIANN-CCS 和 CMORPH 则较低,说明在较低分辨率的情况下,TRMM 降水的准确率相对较高一些。

综合以上分析,多普勒雷达反演降水能从降水强度、降水量值以及不同尺度不同量级降水的分布等各个方面很好地监测台风降水,即使是对特大暴雨等极端降水也能很好地实时监测。而卫星遥感资料对极端的降水情况如“莫拉克”的这次特大暴雨,则误差比较大。相比之下,CMORPH 能较好地抓住极端降水的中心位置,也能较好地监测整个降水的分布情况,但是对降水量较大的降水量值严重低估。PERSIANN 卫星资料对整个降水也有严重的低估,而且对降水的中心位置也不能准确地抓住,其反演的降水时间空间分布和真实的降水情况有较大的出入,这可能与其基本原理有关,导致其对大尺度层云降水描述较好而对台风这种强对流的降水反演能力则较差。卫星 TRMM 降水资料和卫星 CMORPH 降水资料基本类似,总体量值上还稍好一些,但是由于分辨率较低,在实际应用中,尤其是这种尺度比较小的极端降水中也只有一定的参考意义。总体说来,卫星降水资料对这种极端降水的情况可以作为无测站地区的一种有

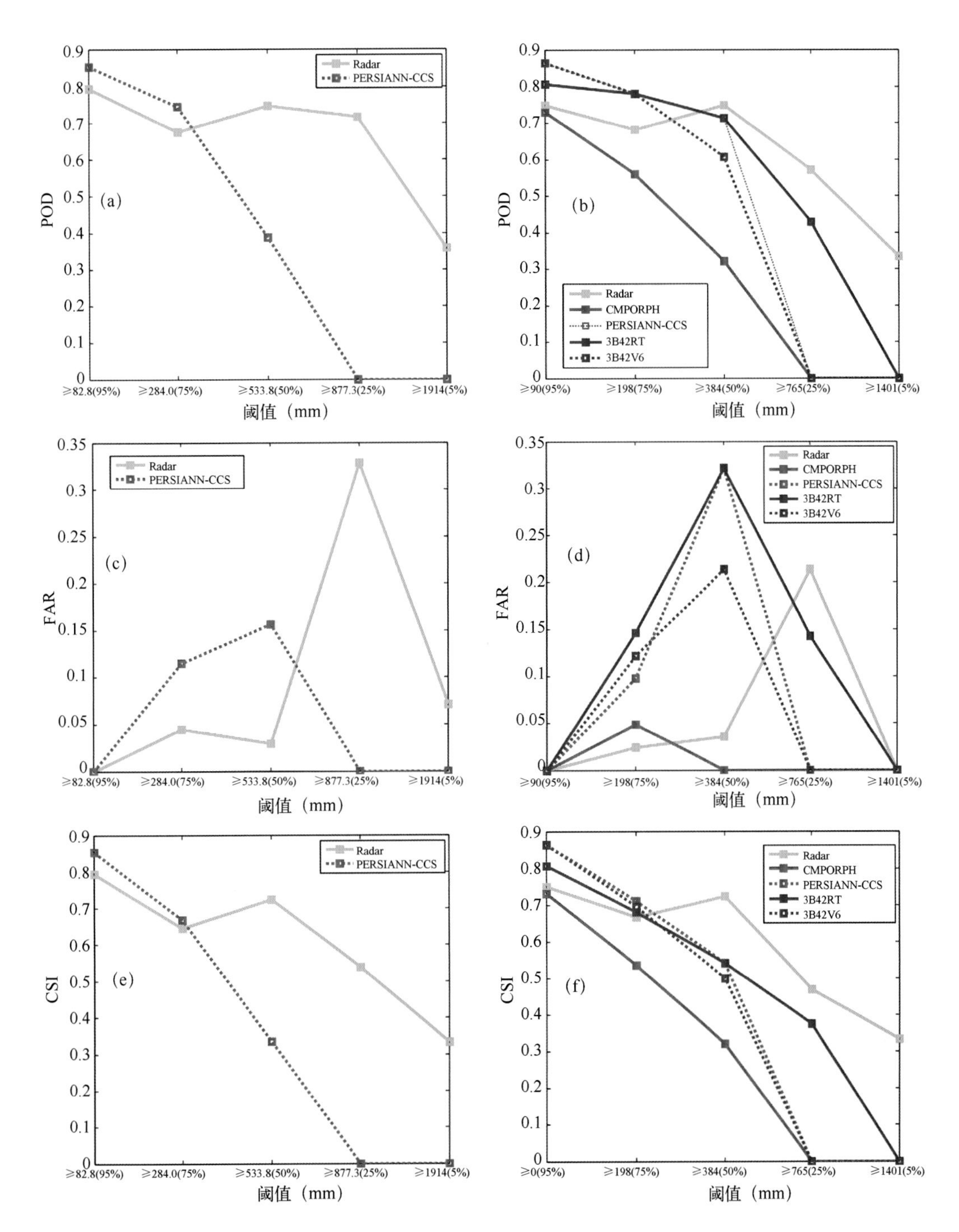


图 2.17　统一插值到 0.04°与 0.25°水平空间分辨率的卫星、雷达降水资料与站点观测降水资料的 *POD*、*FAR* 和 *CSI* 对比。其中(a)、(c)、(e)为 0.04°降水资料，其他图为 0.25°。阈值分别为观测累积降水的 5%、25%、75%和 95%的百分比

效补充，但如果要作为精确的定量估计（*QPE*）来用，还需要有较大的发展。当然，随着 GPM 计划的实施、GPM 降雨观测卫星的发射、反演算法的不断改进，卫星降水资料的精度会越来越高，其应用范围也会越来越广。

### 2.1.5 卫星遥感降水资料改进的探讨

由前所述（2.1 节），卫星遥感降水资料的来源主要有两个，分别是微波遥感和红外遥感；微波遥感方法比较直接，这种方法得到的降水估计误差较小，但是微波遥感得到的降水估计一般时空覆盖度比较差。红外遥感降水时空分辨率比较高，且时空覆盖度比较大，但是从红外遥感资料中估计降水误差比较大，因为红外遥感降水是一种间接获取降水量估计的方式。

若能将微波遥感和红外遥感两者的长处相结合，而克服两者的缺点，则既能提高时空分辨率和增大时空覆盖度，又能减小降水估计的误差。目前融合两种数据的方法主要有两种，其一为卫星 TRMM 以及 PERSIANN(-CCS)等采用的办法，以人工神经网络等方法将微波降水用于红外降水的估计的校准、修正等，从而减小红外降水估计的误差[24]。另一种较常用的方法则是 CMORPH 采用的办法，使用红外数据得到云的运动“速度”，而用这个云的运动来平流输送微波降水，从而提高其时间和空间覆盖度，填补由于微波传感器在一个时间步长内扫描区域过窄而留下的空白区域[3]。CMORPH 卫星资料的这种降水估计方法，由于降水估计值直接来源于微波遥感降水，因此一般说来，比 PERSIANN 及 TRMM 卫星资料等降水资料的精度略高。在 CMORPH 卫星资料的这种方法里面，由于缺测区域的降水估计来自于云运动速度平流输送，因此云运动速度的估计精度比较重要。目前 CMORPH 中采用的是最大相关系数法，即，将全球分为 5°×5°的网格，然后每个网格用相邻时刻两张红外图像沿不同方向求相关系数，最大相关系数的地方则认为是这个网格在后一时刻此网格运动所至的地方，而这个地方离原来的距离和方向则当作这个网格的运动速度，以此速度带动微波降水前进。这个方法有一些明显的缺陷，如运动速度是以 5°×5°的网格为单位整体运动；而计算运动速度的方法也没有物理意义，只是简单的统计相关。若能采用其他更精细更有意义的方法来计算云的运动，那么 CMORPH 的卫星资料降水估计质量也可能得到提高。

Tapidor 于 2008 年[33]提出一种基于 Navier-Stokes 流体动力学方程采用相邻两个时刻红外图像来计算云的运动速度的方法（Fluid dynamic based Cloud Motion Vector，FL-CMV），此方法基于流体动力学方程，具有明确的物理意义；

而且由于每个网格格点都能计算出明确的运动速度，因此得到的速度能更好地表现不同降水系统移动的细节；而由于计算方法的不同，这个方法计算速度远远快于 CMORPH 卫星资料最大相关系数法的计算速度，因此，本研究将讨论以 FL-CMV 云速度估算方法取代 CMORPH 卫星资料中最大相关系数法，由此改进 CMORPH 卫星资料降水估计的准确性。

图 2.18 是使用 FL-CMV 和 CMORPH 两种不同方法计算所得云的运动速度及局部放大图，由图可以看出，FL-CMV 计算得到的速度的确更加精细。CMORPH 最大相关系数法计算的速度大部分地区几乎一样，这在现实的物理世界中基本不可能，云作为一种流体，其运动基本不可能是直接刚性平移而是有各种旋转和辐合辐散运动的，而采用 FL—CMV 方法计算得到的云顶运动速度则体现了云移动的差异性。用 700 hPa 观测风速来验证这两种方法所得速度，FL-CMV 与观测风速的空间相关系数为 0.65，而 CMORPH 最大相关系数法与观测风速的空间相关系数则为 0.51，可见 FL-CMV 所得速度不仅更精细，而且更加准确。

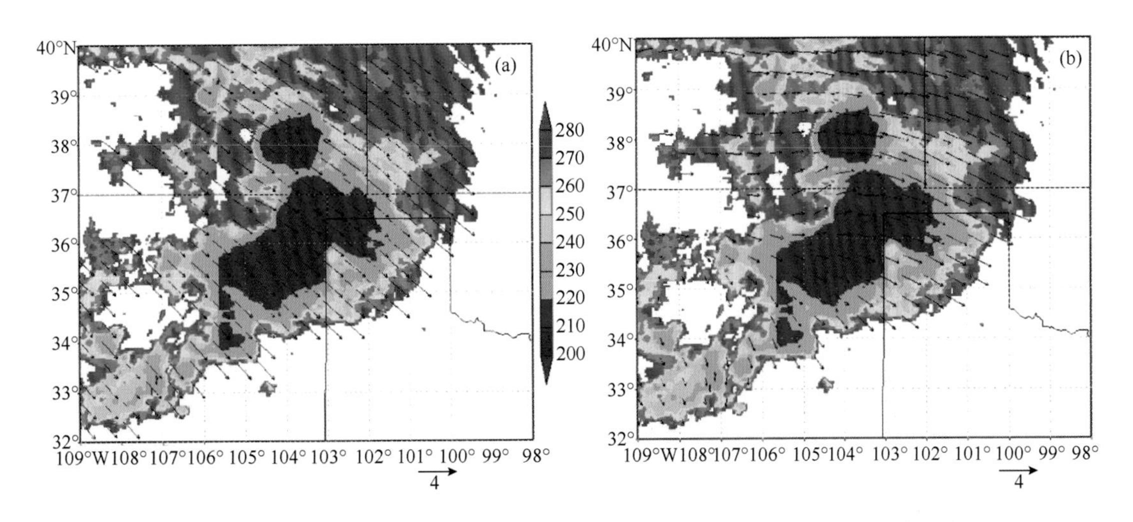


图 2.18　2009 年 8 月 31 日 2330UTC 用 CMORPH 卫星资料最大相关系数法与 FL-CMV 方法计算出的美国中南部云顶运动速度。(a)CMORPH 结果；(b)FL-CMV 结果填色部分为云顶红外温度(亮温)，矢量为各自计算的云顶速度

将 FL-CMV 方法计算云顶速度代入 CMORPH 框架中平流输送微波降水资料，其降水所得 24 小时累积结果如图 2.19 所示，其中图 2.19a 是 2009 年 8 月 31 日 1200UTC 到 9 月 1 日 1200UTC 美国大陆 24 小时累积降水，资料为 NCEP 的 StageIV 融合观测降水(http://www.emc.ncep.noaa.gov/mmb/ylin/

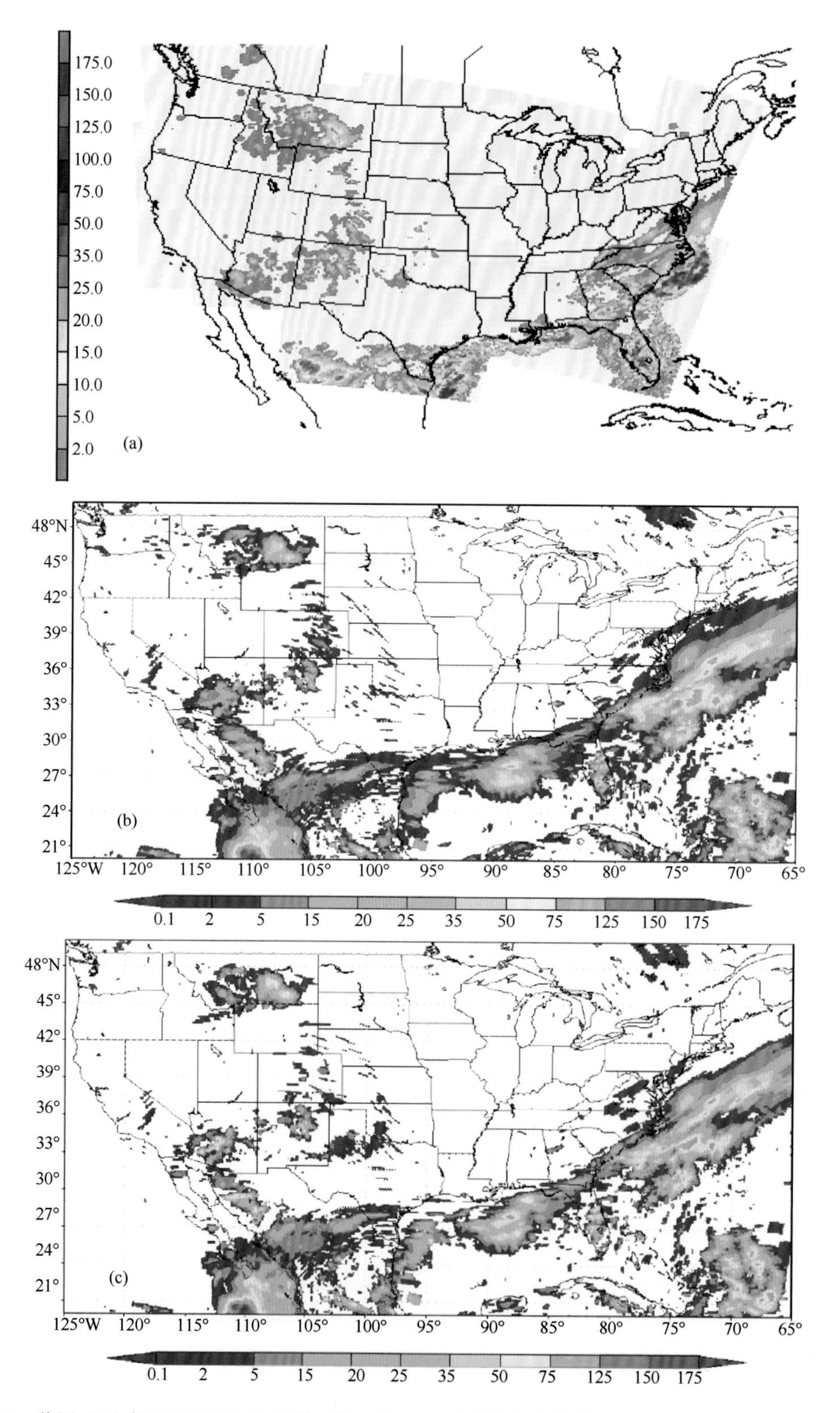


图 2.19 美国 2009 年 8 月 31 日 12 时到 9 月 1 日 12 时观测累积降水量(a)、FL-CMV 代入 CMORPH 中云的运动速度所得累积降水量(b)与 CMORPH 原来方法所得累积降水量(c),单位:mm pcpanl/stage4/[34]），FL-CMV 方法所得速度代入后的降水在图 2.19b，而 CMORPH 原方法对应 24 小时累积降水量在图 2.19c。两种方法所得结果大体上是一致的，只在某些地方分布形态以及值有些不同，如在北纬 30°西经 110°处分布形态略有不同。FL-CMV 方法所得降水与观测降水的空间相关系数为 0.79，而 CMORPH 原方法所得降水与观测降水的空间相关系数为 0.73，FL-CMV 方法比 CMORPH 的原方法略好。当然，这只是从一个个例得出的结论，要能真正应用还需要大量的验证分析。另外，由于降雨云的运动不仅仅是空间的移动，其本身还存在生消涨落，因此，仅仅是从空间上来对微波资料的处理是不够的，还得需要有效的方法来对降水的时间变化做出正确的刻画，最终的反演产品的精度才能得到真正的提高，关于从红外数据或者其他数据来推演云的生命史及其生消涨落，也有 ForTraCC 以及 Kalman Filter 等办法，这里不再赘述。

### 2.1.6　台风降水的临近预报

台风的临近预报在业务中非常重要，因为台风所带来的降水量往往比较大，由此也会导致各种严重的灾害，美国 WDSS-II（Warning Decision Support System-Integrated Information）雷达信息网就使用 K-Means 聚类法[35]做台风的实时临近预报，K-Means 方法仅仅使用相邻时刻雷达反射率变动计算出雷达反射率的运动来进行台风的预报，计算简单快捷，但是实际业务中发现，K-Means 方法所做临近预报评分往往低于假设台风不动时的预报评分——即采用 K-Means 方法所作预报还不如简单地认为台风不动。因此，这种方法亟需改进。而 FL-CMV 方法也能通过相邻时刻的连续场计算这个场的运动速度，因此，本文将研究将 FL-CMV 方法推广到台风的临近预报中。

图 2.20 是使用相邻两张多普勒雷达反射回波图形计算的雷达反射率运动速度，计算得到的运动速度分布和台风降雨云系的移动基本一致，台风眼里速度很低，而台风眼以外则运动速度较快，根据这个特征，我们还可以使用这种方法来进行台风的定位，但是这个与本书主题无关，故此处不做讨论；将 FL-CMV 方法计算得到的运动速度代入反射率图中，计算出一个或者多个时间步长（多普勒雷达一般为 10 分钟）之后雷达反射率分布图，再根据回波反射率与降雨的关系（$Z$-$I$ 关系），推算出未来的降水，这就是使用 FL-CMV 方法来进行台风临近预报的方法。

图 2.21 是对 2009 年 8 月 8 日及 9 日台湾地区登陆的台风莫拉克用 FL-CMV 和 K-Means 方法分别所作临近预报结果 CSI（临界成功指数，见公式

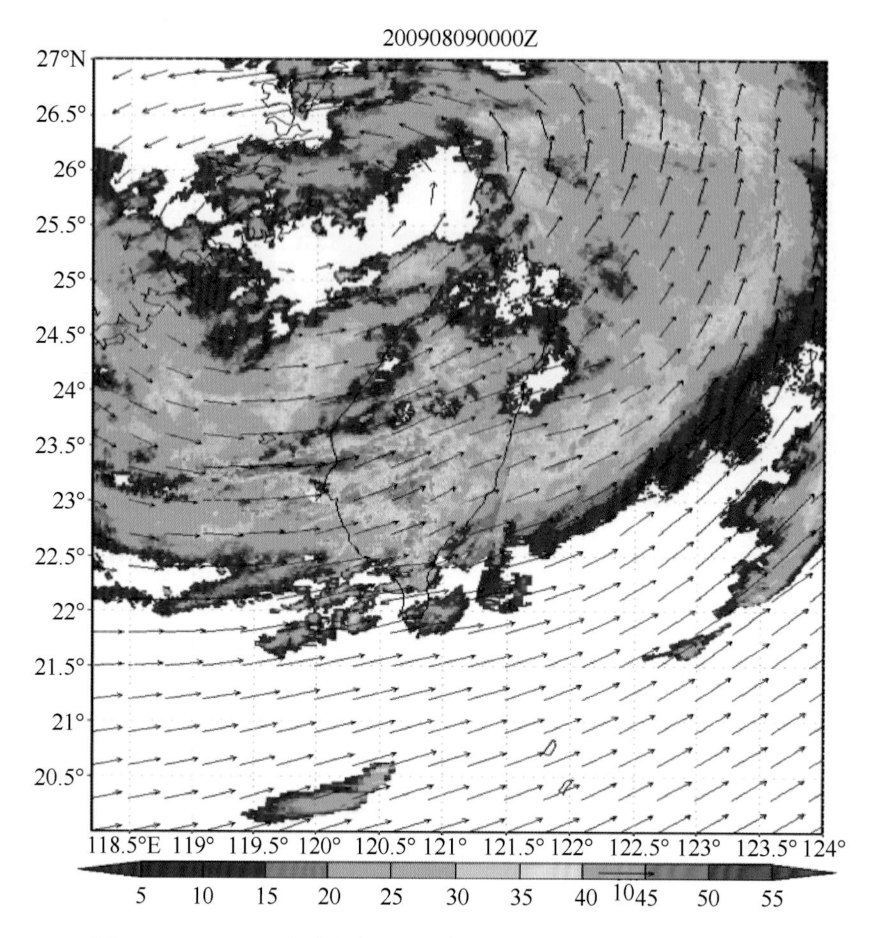


图 2.20　FL-CMV 方法根据雷达反射率计算雷达反射率的运动速度，
其中填色图为雷达反射率的值，矢量图为所计算出的速度

(2.1))对比。由对 20 dBZ 以上的反射率(基本代表中雨以上)的半小时临近预报 CSI 评分时间序列图可以看出，FL-CMV 比 K-Means 方法以及假设台风静止不动方法的预报评分都要略高，说明对这次台风过程采用 FL-CMV 方法做临近预报比 K-Means 方法要好。同样可以计算出，对 20 dBZ 一小时的临近预报 FL-CMV 方法也要好一些。虽然相比其他两种方法 FL-CMV 用于临近预报结果要好一些，但是改进幅度并不是特别大，因此，在台风半小时以内的临近预报，采用 FL-CMV 方法比较好，而半小时以上的预报则应该采用其他更有效的方法。当然，此处仅从一个比较典型的带来特大暴雨的个例分析了 FL-CMV 方法的临近预报可行性，如果要作为业务应用还需要经过大量的个例分析以及实际应用的检验。

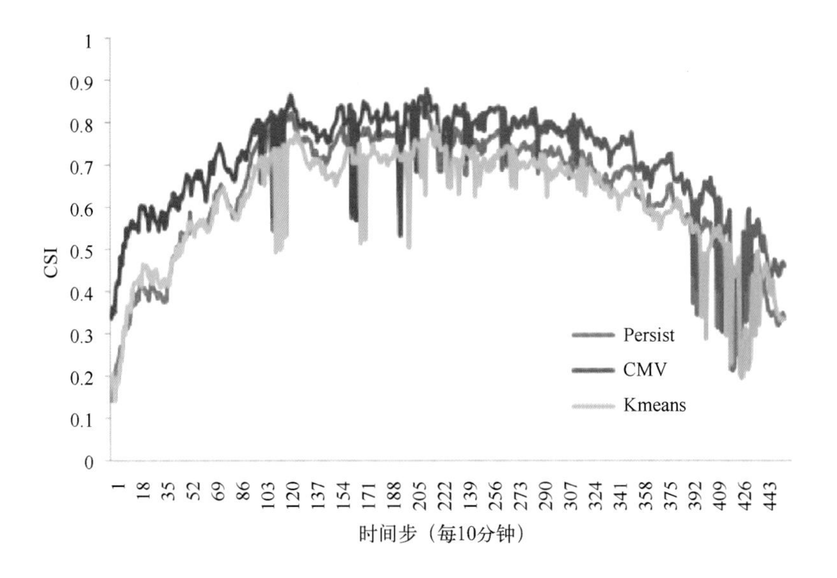


图 2.21　FL-CMV、K-Means 以及假设台风静止的方法对台风回波 20 dBZ 的半小时预报 CSI 评分，其中 Persist 代表假设台风静止，CMV 则为本研究中使用 FL-CMV 方法，Kmeans 即为 K-Means 方法

## 2.2　模式实时高分辨率预报降水

为了进行洪涝、滑坡及泥石流等的短期预报(预警)的模拟研究及应用，本研究拟采用 WRF-ARW(Weather Research and Forecasting model-Advanced Research WRF)模式建立中国地区短期天气预报系统，以提供短期预报的降水。

### 2.2.1　WRF 模式预报日平均降水资料的验证分析

WRF 是由 NCAR(National Center for Atmospheric Research，美国大气科学研究中心)，NOAA (National Oceanic and Atmospheric Administration，美国海洋和大气管理局)、NCEP (National Centers for Environmental Prediction，美国环境预报中心)、FSL (Forecast Systems Laboratory，美国预报系统实验室)，AFWA(Air Force Weather Agency，美国空军气象局)、University of Oklahoma (美国俄克拉何马大学)和 FAA (Federal Aviation Administration，美国联邦航空管理局)等单位联合开发的中尺度气象模式，目前广泛用于科研及业务应用中，是现有预报结果比较好的中尺度气象模式。本研究中建立了中国区域实时运行 WRF-ARW3 模式的系统，模式空间分辨率为 30 km，采用 NCEP GFS (Global Forecasting System，全球预报系统)全球模式预报输出作为初边界条件，于每日世界时 00 时自动运行，向前预报 72 小时，每 3 小时输出一次结果。

模式覆盖中国大部分地区，自 2008 年 9 月建立以来运行情况良好，以下是对模式预报的日累积降水量的验证分析。

图 2.22 是 2008 年 9 月到 2011 年 2 月期间实际观测的日平均降水与预报的日平均降水对比。观测的降水日平均分布和图 2.5 中观测的日平均降水分布非常类似的，但是相比对应的遥感反演降水，预报的降水几乎没有系统性偏小的现象，在量级上和观测相比更为接近。例如，1～24 小时的预报在东南沿海地区的日降水在量值上相比观测是非常接近的，而在东北地区 2～3 mm/d 的区域，两者之间的量值及其分布也是非常类似。但是在四川盆地降水约 4 mm/d 的地方，预报的降水有着明显的偏大。而在云贵高原以及西南边境地区，预报的降水也有显著的偏大。而 25～48 小时以及 49～72 小时的预报和 1～24 小时的预报相比几乎有着相同的特征，只是量值上略有区别。值得注意的是，在与不丹等国接壤的喜马拉雅山南麓的地区，遥感反演降水不能反映这个地区的极大降水，但是不同时间的预报降水都能反映出这个降水的极值区，但是区域略微偏大，这种

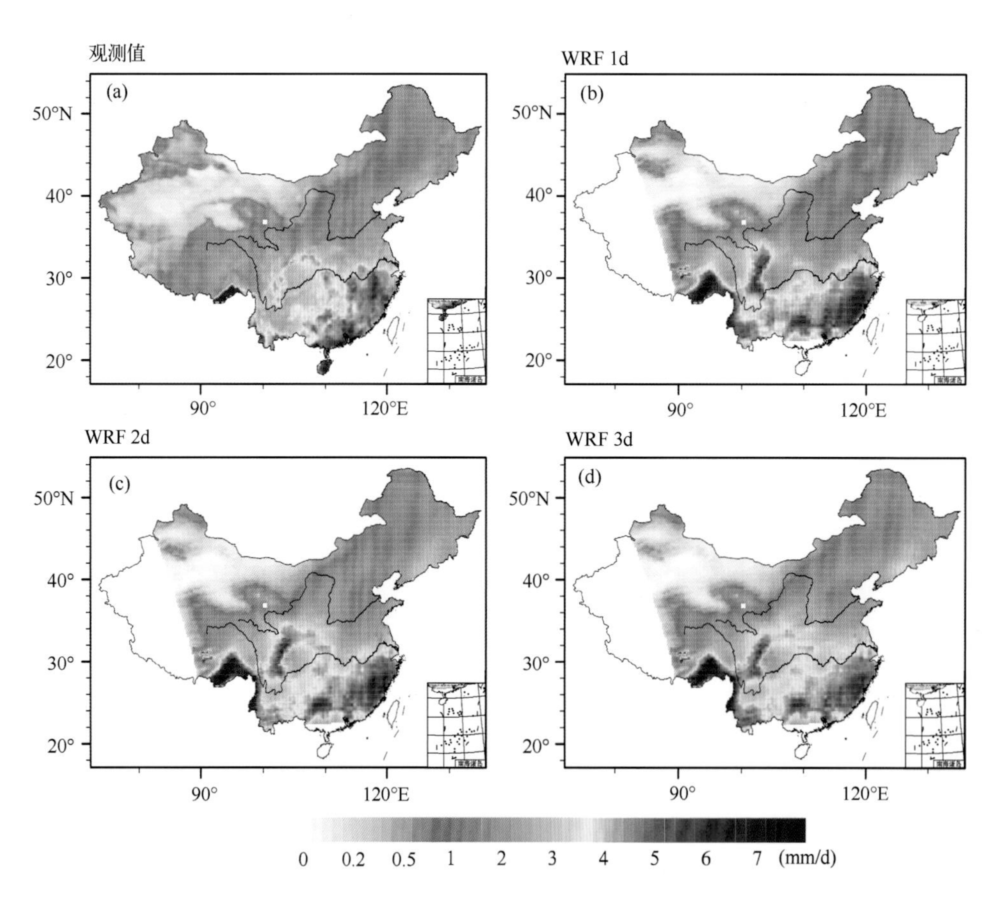


图 2.22　实际观测的多年日平均降水与 WRF 模式预报的多年日平均降水，WRF 预报的时限分为提前预报 1 天、2 天和 3 天，亦即 1～24 小时预报、25～48 小时预报和 49～72 小时预报

区域偏大的现象可能与模式中分辨率较低从而不能较好地反应山脉的地形以及具体走向等有关。另外，模式预报的降水在高原羊卓雍措湖周边地区有一个降水的局地较大值的区域，日降水量达到了 6～7 mm/d，这在观测资料中是没有的，结合卫星遥感的反演降水资料来看（图 2.5），这个地方可能有一个降水较大的区域，但是量级应该没有这么大。

前面从多年日平均降水的角度分析比较了预报的日降水与观测值的异同，认为不同预报时效的预报降水特征基本上是一致的，在具体的一些量值上略有不同，但是在日平均降水图上并不能较好地分别出这种不同，因此我们将各预报降水和观测降水的误差展示在图 2.23 中。

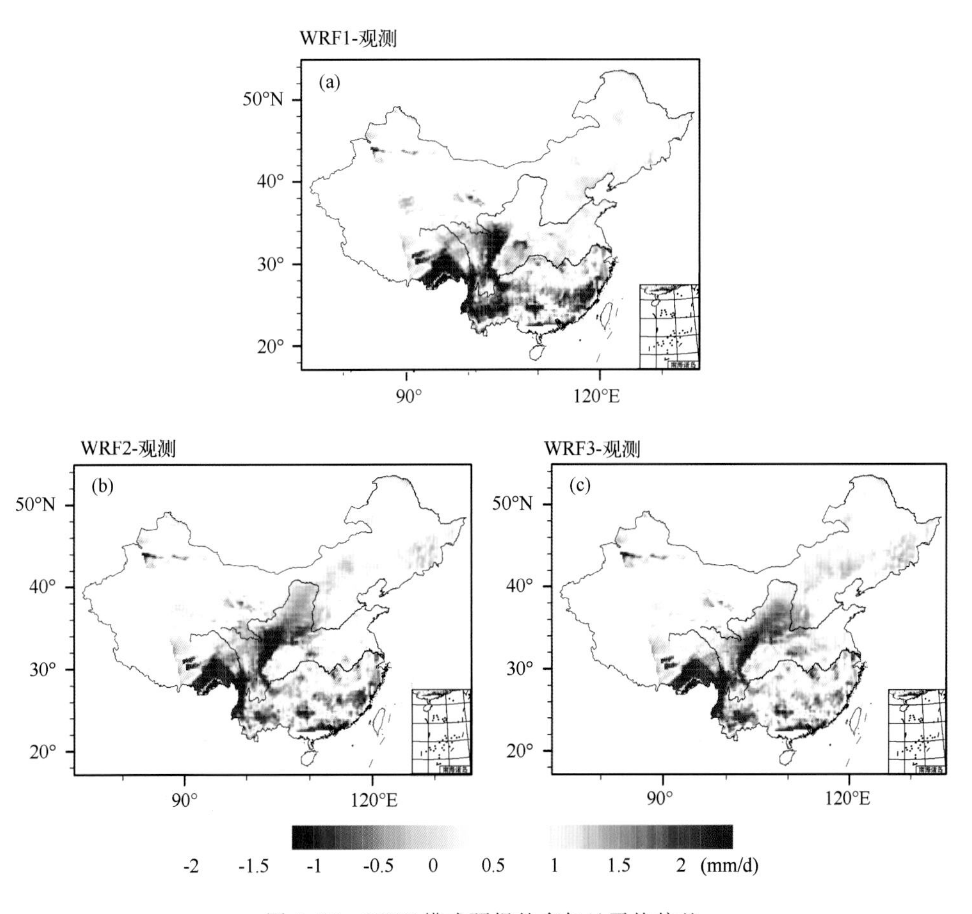


图 2.23　WRF 模式预报的多年日平均偏差

可以看到，提前 1 天、2 天和 3 天的预报与实际观测的误差分布如前分析所述基本上是一致的，只是在个别地区有一些较小的差别。例如在华南的广大地区以及东南沿海地区，预报降水相对观测值都略微偏大，偏大了约 1.5～2 mm/d，而在四川盆地东部与长江中下游的大部分地区，预报降水则略有偏小，且不同预报时效的偏小程度有明显不同。而在四川盆地西边的山区直至北边的秦岭和黄土高原地区，预报都有较大的正偏差，但是提前1天的预报偏差范围较小，而提前2天和3天的偏差范围则特别大。同样的，在东北地区，提前1天的预报偏差绝对值较小，符号也有正有负，但是提前2天和3天的预报则几乎都是正偏差，且绝对值要大一些。在青藏高原地区，三个时间段的预报表现则几乎相同，在喜马拉雅山南麓降水量特别大的地区预报降水虽然相比卫星遥感反演降水已经较大，但是和观测相比仍然偏小了一些；而在喜马拉雅山北边以及通天河西边的大部分区域，预报的降水则明显有一个较大的正偏差，且偏差绝对值在2 mm/d以上，这个区域由于观测资料较少，且1年内冰雪覆盖的时间较长，因此也不利于具体的验证分析。另外值得注意的是，在南方模式的边界区域，预报降水有一条带状较大的负偏差，这可能与其处在模式边界从而导致模式不能较好地模拟预报有关。

日平均降水分布图2.22以及日平均降水偏差图2.23都是从多年平均的降水空间分布的角度对预报降水效能所做的评估与分析，但是实际应用中我们更关注每天每时刻实际预报的效能，因此以下将分析预报的时间序列与实际观测的时间序列之间的相关系数(图2.24)。从时间相关系数的空间分布来看，提前1天的预报相比提前2天、3天的预报精度要高得多，亦即，预报时效越短，预报效能越好。

从1～24小时的预报时间序列来看，在整个东南沿海、长江中下游地区、华北地区直至更北边的东北地区，相关系数都比较高，几乎高达0.7以上，而华南大部分地区、云贵高原和四川盆地等地区的相关系数则相对低一些，在0.5～0.7左右。另外在祁连山以北的巴丹吉林地区和准格尔盆地和祁连山之间的额尔齐斯河地区以及长江源头的唐古拉山以北的部分地区，相关系数也比较大，达到0.6以上。其他地区则更低一些。相比之下，提前2天和3天的相关系数分布几乎一致，只是量值明显要小一些。

比较预报降水时间序列与观测资料的时间相关系数(图2.24)和卫星反演的时间相关系数空间分布(图2.8)，预报降水的相关系数分布和卫星资料的相关系数空间分布是不一样的。卫星反演降水与观测的时间相关系数高值区在东部和南部平原地区，几乎呈东南向西北递减的趋势；而预报降水的相关系数虽然总体说来东部仍然高于西部，但是北方相关系数要高于南方，基本上呈东北向西南递减的趋势。卫星降水在山区的相关系数比较低，而模式预报降水在部分山区的相关系数则很高，例如在东北的大兴安岭、长白山区，预报降水相关系数明

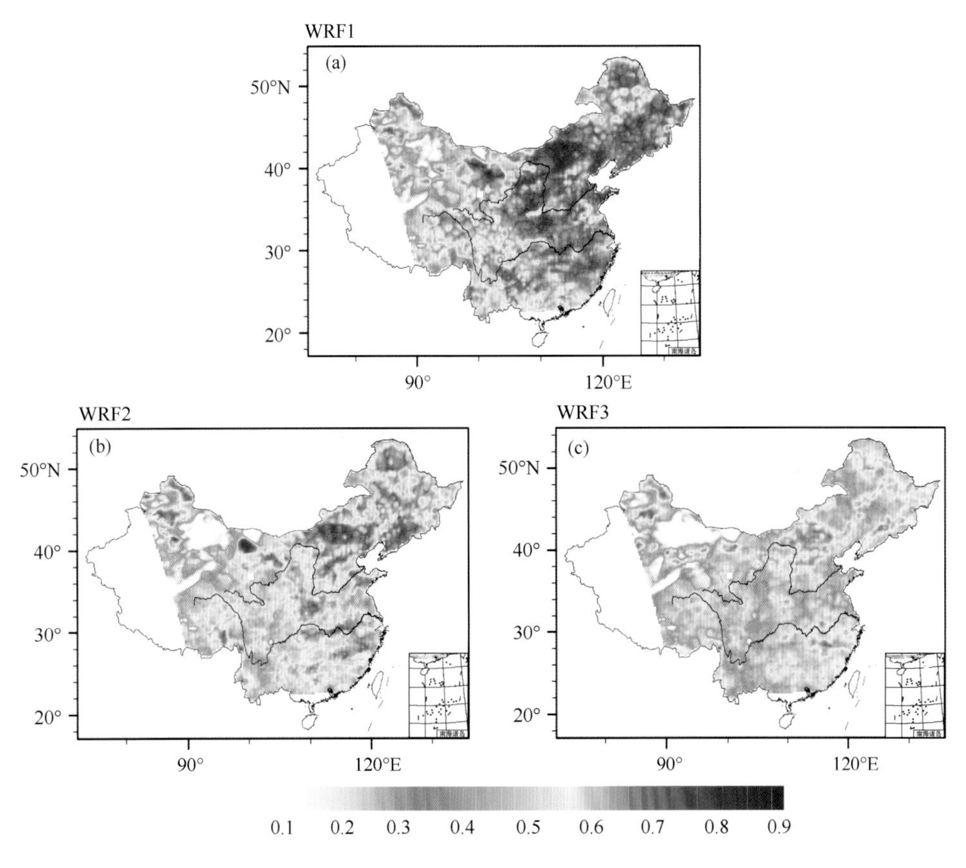


图 2.24　WRF 模式预报降水与观测降水的时间相关系数空间分布

显高于对应的松嫩平原，而华南的大部分平原地区的相关系数则明显不如东南沿海的相关系数高；卫星遥感降水在干旱半干旱的西部地区尤其是西北地区相关系数非常低，而预报降水在这个地区则相对较高，甚至在部分地区高达 0.6 以上。这说明卫星遥感降水算法对南方强对流降水以及低海拔地区的降水反演能力比较强，而零星小降水以及海拔较高地区的降水反演能力则差一些；而 30 km 水平空间分辨率的 WRF 模式来说，对强对流降水的预报能力则差一些，反而是对降水量值较小的大尺度降水预报能力好一些，而对一些地形原因引起的降水也有较好的预报能力。

图 2.25 是模式提前 1 天、2 天、3 天预报的日降水与台站观测结果的多年日平均 RMSD 分布图，可以看到，随着预报时效的增加均方根偏差也随之增大，而且在东南、华南以及长江中下游地区偏差值偏大。对比卫星降水与台站降水之间的均方根偏差(图 2.7)，虽然总体来说模式预报降水的均方根偏差值偏大一些，但量级大致相当，值的分布也大致相似，说明模式预报降水精度比卫星降水要差一些，但是大致的量级还是相似的。

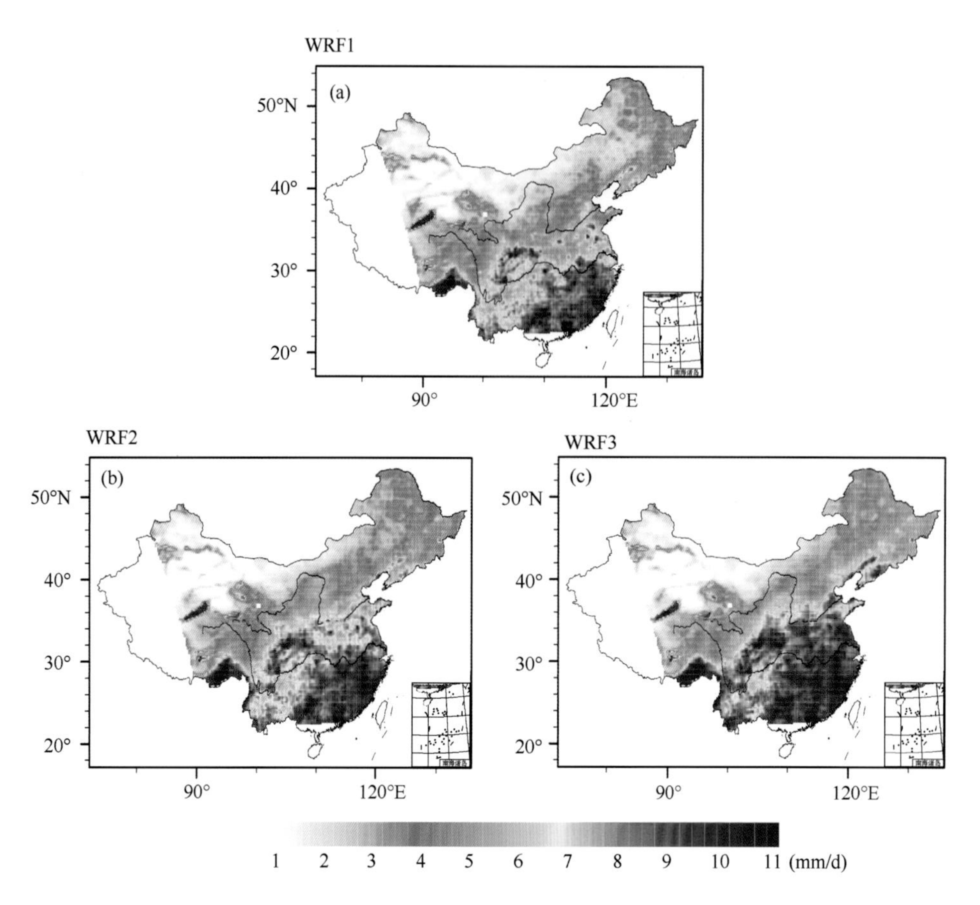


图 2.25 WRF 模式预报结果与台站观测的多年日平均均方根偏差，
其中 WRF1(a)、WRF2(b)、WRF3(c)分别代表 WRF 提前 1、2、3 天预报的预报

### 2.2.2 WRF 模式预报 3 小时降水资料的验证分析

以上从日降水的角度分析验证了 WRF 模式对中国地区降水的预报能力，认为 WRF 模式能较好地预报中国地区的日降水，但对暴雨等引发的洪涝、滑坡泥石流等灾害的监测与预警来说，日尺度的降水预报是不够的，因此以下将简单地分析一下 WRF 模式对 3 小时降水的预报能力。

图 2.26 是 WRF 模式预报 2010 年时效为 1 天的中国地区 3 小时降水序列与几种卫星降水对应的 3 小时序列的时间相关系数的空间分布，其中时间序列从 2010 年 1 月 1 日 00 时到 2011 年 1 月 1 日 00 时，每天 8 个时次共 2920 个时次，由图可以看出全国大部分地区时间相关系数都大于 0.1，而在东部地区尤其是东南、华东以及东北等地的相关系数比较大，在 0.3 到 0.4 左右，西部地区则稍低一些。模式预报降水与三种卫星 3 小时降水的时间相关系数空间分布总体

来说比较类似,但是也存在一些差别,比如从全国来看,WRF 降水与 CMORPH 卫星降水的时间相关系数要比 TRMM 的相关系数大一些,而 PERSIANN 的则更低一些,而且在有的地方如长江中下游、川东地区以及辽东地区,与 CMORPH 的相关系数要比其他两种卫星降水的相关系数大得多。另外,与 TRMM 的相关系数总体比 PERSIANN 的相关系数大一些,但是在局部地区如川东地区以及湖北的部分地区 PERSIANN 的相关系数则要稍大一些。从 3 小时的时间相关系数来看,WRF 模式也能较好地预报中国地区尤其是东部地区的降水。

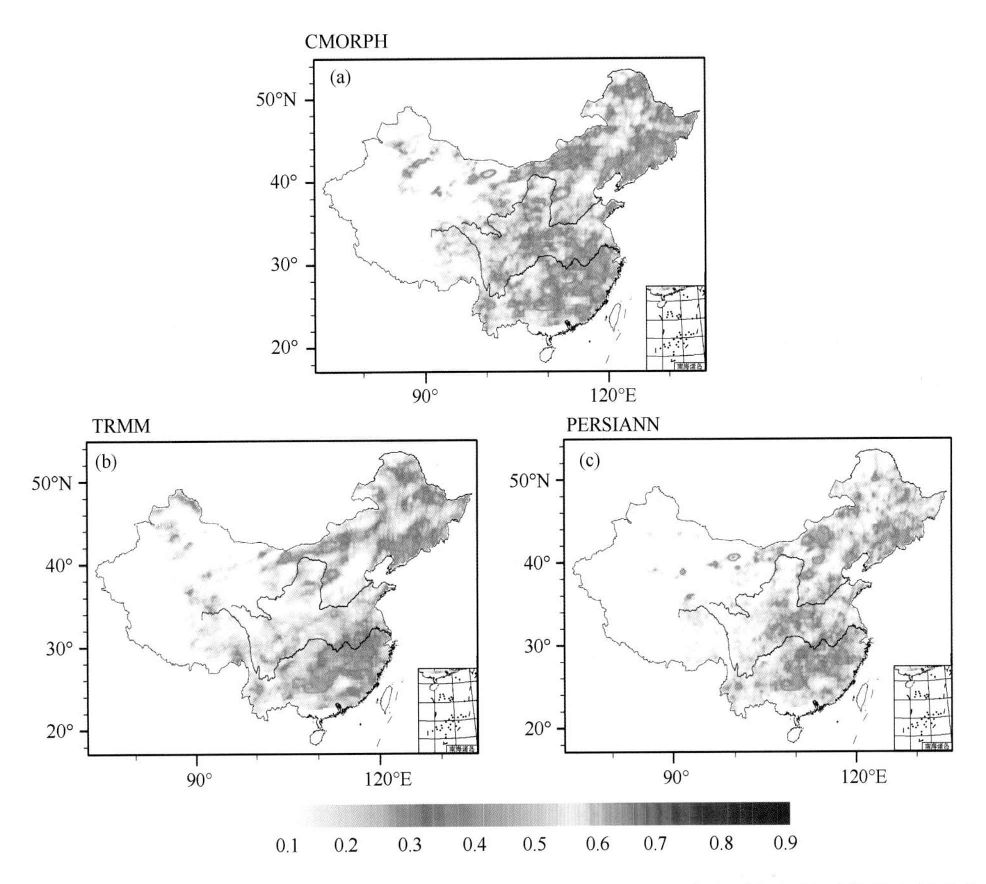


图 2.26　WRF 模式预报的 2010 年中国地区 3 小时降水与三种卫星降水时间相关系数的空间分布

图 2.27 则是对应的均方根偏差的空间分布,与日降水的均方根偏差类似(图 2.25),基本上大值都分布在东部和南方,另外在川西和藏南的部分地区也有较大值出现,说明在这些地区的偏差也比较大。由于实际上在这些地区卫星降水和观测资料相比也有较大的均方根偏差(图 2.7),因此 WRF 模式预报效能在这些地区也可以认为是和卫星降水的质量是相当的。

以上从较长时间平均的角度粗略评估了 WRF 模式在中国对 3 小时、24 小时、48 小时等时间尺度的降水预报效能，从时间相关、空间相关以及均方根误差等的分析来看，WRF 模式能较好地预报中国大部分地区大多数类型的降水，应该可以用于今后的洪涝、滑坡泥石流等灾害的预警工作中，下文选取“舟曲”泥石流发生前后作为个例来具体分析 WRF 模式和卫星降水资料在暴雨监测预报中的准确度。

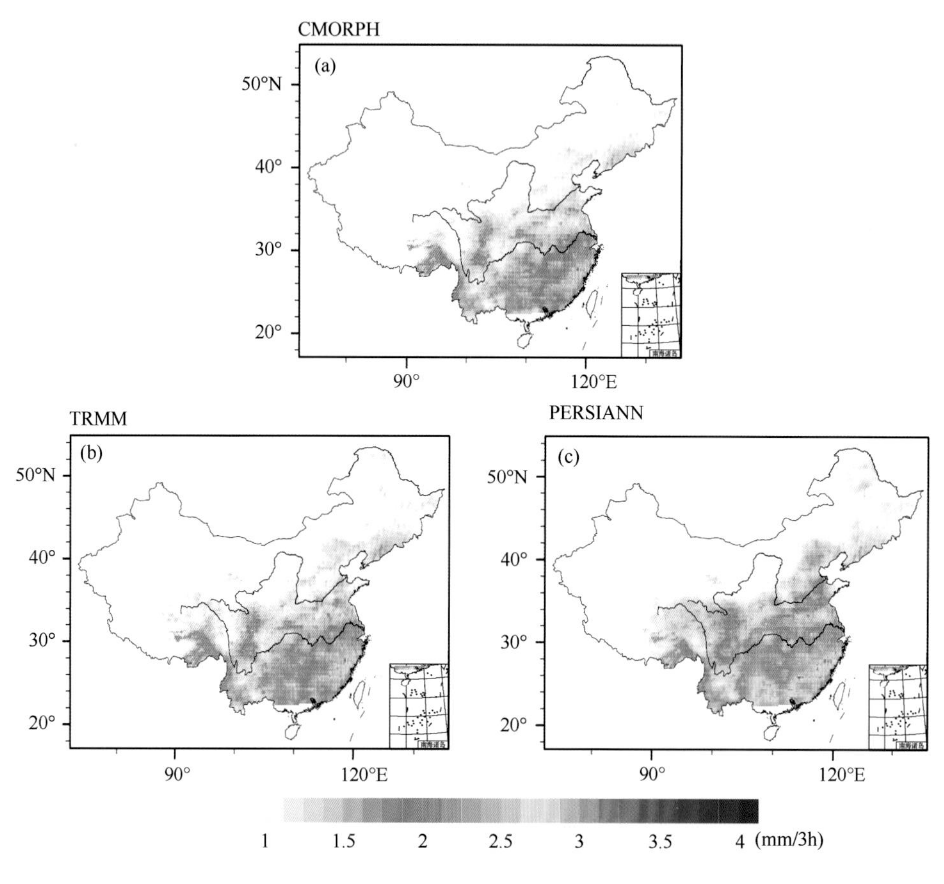


图 2.27　同图 2.26，但为均方根偏差

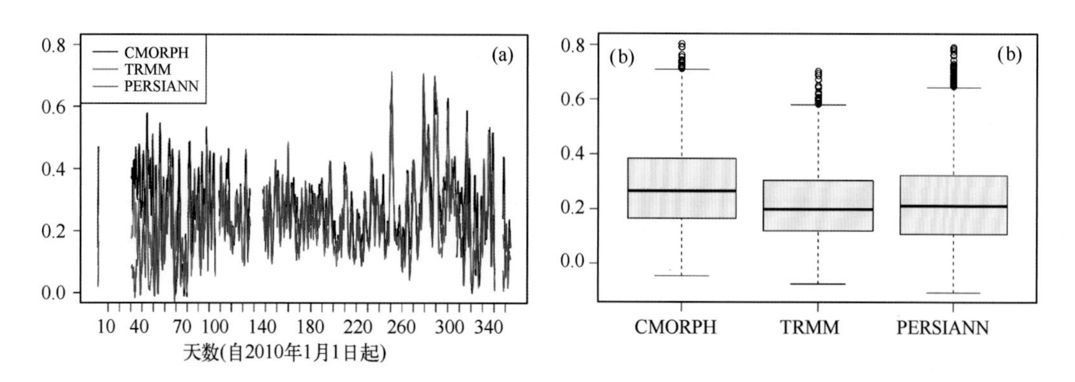


图 2.28　WRF 预报降水与三种卫星遥感 3 小时降水量空间相关系数的时间序列(a)及其箱线图(b)

表 2.3 "舟曲"泥石流过程研究的几种降水资料时空分辨率及其他基本信息，其中 OBS 为气象台站观测[42]

| 降水资料 | 空间分辨率 | 时间分辨率(h) | 降水估计数据来源 | 更新频率 |
| --- | --- | --- | --- | --- |
| CMORPH | 约 8 km | 0.5 | 主要是微波遥感 | 实时 |
| PERSIANN | 约 4 km | 1 | 主要是红外遥感 | 实时 |
| TRMM | 约 30 km(0.25°) | 3 | 主要是微波遥感 | 近实时 |
| WRFD01 | 36 km | 3 | 数值模式预报 | 实时 |
| WRFD02 | 12 km | 1 | 数值模式预报 | 实时 |
| WRFD03 | 4 km | 1 | 数值模式预报 | 实时 |
| OBS | 不规则(平均 50 km) | 3 | 台站观测 | 实时 |

### 2.2.3 WRF 模式对"舟曲"泥石流过程中降水的预报分析

2010 年 8 月 8 日凌晨，甘肃舟曲县城东北部山区突降特大暴雨，引发三眼峪、罗家峪两条沟系特大山洪泥石流灾害。泥石流长约 5000 m，平均宽度 300 m，平均厚度 5 m，总体积 200 多万立方米流经区域被夷为平地，舟曲县城一半被淹，一村庄整体被淹没，造成 1492 人死亡，272 人失踪(据民政部)。泥石流随后涌入白龙江，形成堰塞湖，舟曲县城1/3 的区域被水浸淹，给群众的生命财产造成了更大损失。而之后的几场大雨更是增加了抢险救灾的难度，并加大了堰塞湖带来的灾害。这次泥石流事件是 1949 年以来最大的一次泥石流事件。

野外调查与实验数据分析表明，舟曲地区由于地面有充足的松散物质、地形较为陡峭，加上地震活动、耕地增加、林地减少促进泥石流物质的堆积，最后在局地强降雨的情况下引发了高密度黏性的泥石流[36~38]。并且经过研究发现，三眼峪沟和罗家峪沟如果在再次遭遇强降水，可能还会暴发规模小一些的泥石流[39]。鉴于这个地区各方面条件易于泥石流的发生，而这些泥石流又大都是由强降水引发，因此对降水的实时监测和及时预报是至关重要的。但是由于此地山脉众多、沟壑纵横，气象观测站分布较少、覆盖面较低，而且地面雷达视野受地形所限也不能较好地覆盖整个地区，对中小尺度的降水系统不能有效地监测和预报[40,41]，因此在这个地区的降水监测和预报中可以更多地考虑采用卫星遥感和数值模式预报的方式相结合。下面考察评估几种常用的卫星遥感降水资料和数值预报模式预报降水在这次舟曲泥石流的事件中的准确程度与适用性。

数据预处理：由于采用的资料中空间分布不同，有的是站点资料，有的是格点资料，且格点资料的空间分辨率也不尽相同，因此为了数据比较，需要将不同的资料统一到相同的空间分辨率上，将分别从统一的站点分布和格点分布两个方面来比较分析，因此存在三种不同的空间插值方式。插值方法的不同可能会造成结果不同[43]，因此，采用了普遍采用并经过广泛验证过的一些插值方式。降水格点资料插值到站点，采用的是比较简单但是实用的最近距离加权平均(nearest-neighbor averaging method)，站点资料插值到格点采用业务中常用的Cressman客观分析方法[44]，高分辨率格点插值到低分辨率格点则是采用面积加权平均的方法。

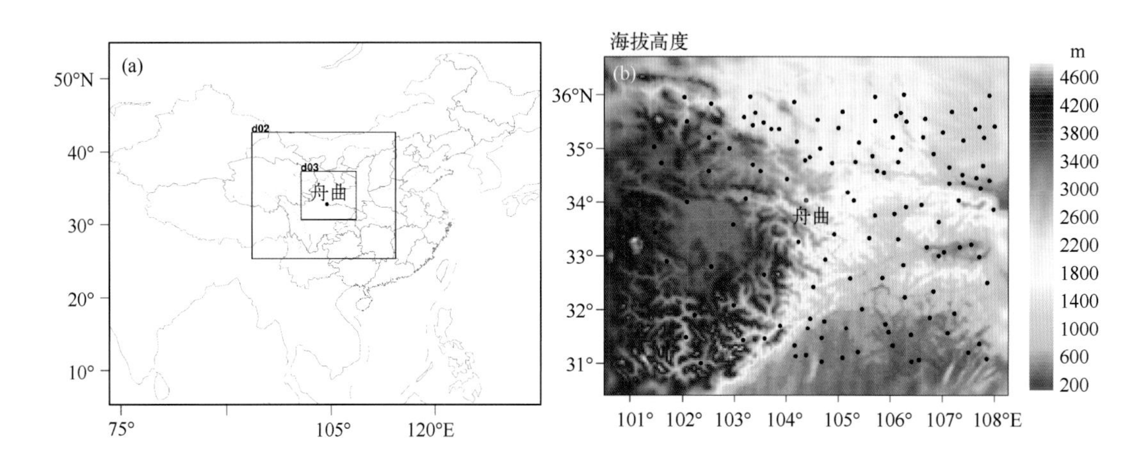


图2.29　WRF模式的区域嵌套设置及舟曲在其中的位置(a)，(b)是Domain03范围的地形图，其中填色图为DEM(digital elevation model，数字高程模型)，图中DEM数值变化范围为244到5227 m。黑色圆点为范围内的气象台站

图2.30是不同降水资料在研究时段96个小时内的累积降水的填色图。从图2.30可以看出虽然不同降水资料的时空分辨率以及降水估计的来源不同，但是降水的分布型还是基本吻合的，都表现出了中西部山区降水多而东南部几乎无降水的特征，而且累积降水的量值也是大致相当的。

由于分辨率和原理的不同，各降水在细节上还是有一定的差异。首先是分布的形态上来看，观测的降水资料大致有三个较明显的降水带，第一个是西南角的一个较偏小的降水带；然后是整个区域中部较大的降水带，面积较大，降水量也较大；第三个是东北角上面积不大但是降水量较大的一个降水带；此外，东南角和西南角上各有一个非常小的降水区。卫星遥感的降水，大致反映了这些降水带的分布和降水量，但是每个降水带的形状和量值则有一些偏差。CMORPH资料的累积降水基本上也有西南、中部和东北三个较明显降水带，但是西南角上

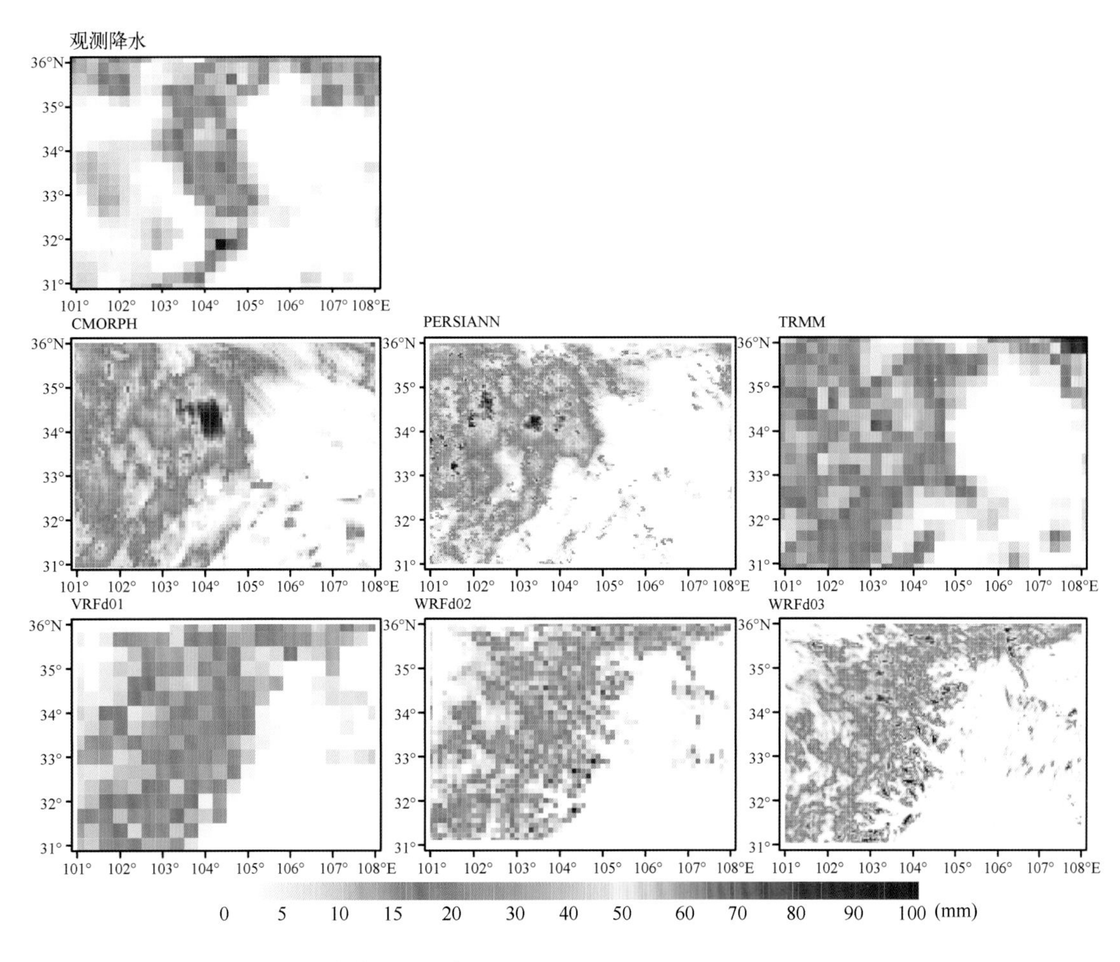


图 2.30　气象台站观测资料、CMORPH、TRMM、PERSIANN 卫星以及 WRF 模式不同分辨率的降水在“舟曲”泥石流过程中的累积降水比较[42]

的降水量明显偏大，且范围也较观测资料大；而中部降水带的范围则没有观测的降水范围大，而且在观测中，中部的降水有三个较明显的大值区，在 CMORPH 资料中则是指有一个较明显的大值区，且这个值比较大；CMORPH 资料东北角上的降水带和观测资料相比则非常类似，只不过结构更为精细一些，这可能是由于 CMORPH 分辨率较高引起的；而在西北角上，观测的降水是非常小的一个降水带，在 CMORPH 则是很大的一个降水带，而且量值明显比观测的值要大得多；而东南角上的小降水带，CMORPH 则表现为一些比较零散的降水点。PERSIANN 的降水基本上很好地再现了观测中的三个降水带，特别是西南角和中部的降水带，范围和量值都比较接近；不过中部降水带的南北两个降水极值区表现得不明显；相比之下，东北角上的降水带在 PERSIANN 上不仅范围较小，量值也较观测和 CMORPH 的小；东南角上的小降水带则更是特别零散，范围也更小。

TRMM由于和CMORPH的原理基本相同，都是主要采用被动微波遥感的方式，因此，其降水形态分布和CMORPH极其相似，量值特征上也和CMORPH极其相近；但是由于分辨率较低，因此降水的结构不如CMORPH和PERSIANN表现得精细。不同分辨率的模式降水除了由于分辨率的原因引起的细微结构差异以及降水极值量值大小，它们的分布形态和量值大小基本相同，基本上三个主要的降水带连成了一个西南—东北向的降水带，总体量值和观测值基本相当，但是在西南角和东北角上略微偏大；和PERSIANN相比总体降水范围偏大、降水分布较分散；和CMORPH以及TRMM相比，降水中心不集中且中心量值偏小一些，而且相比之下西北角上基本无明显的降水；模式降水在东南角上基本没有其他资料中出现的降水，反而在中东部有一些零散的降水，这在CMORPH和TRMM中也有类似的表现，但是在PERSIANN和观测资料中则基本没有这种降水。总体说来，从这些资料的累积降水的形态和量值来看，卫星遥感降水CMORPH、TRMM和PERSIANN比较类似，都比较接近观测到的降水，而模式预报的降水则相差较大一些，但还是能较好地预报主要的降水分布型和降水极值。

为了进一步分析各降水资料的时空分布对应关系，以下将使用两种方式统一各资料的时空分辨率。其一是先将各降水资料统一插值到0.25度×0.25度的水平空间网格上，再统一时间间隔到观测资料使用的6小时，以下将这种资料通称为格点资料。另一种是将各降水资料统一水平空间插值到各个站点上，并统一时间间隔到站点资料的六小时，这种资料以下统称为站点资料。

表2.4是站点资料和格点资料的基本信息，包括平均值、总和、最大值和标准差。其中站点资料的2016个记录中，观测资料的缺测值达446个。插值到格点资料的10560个记录中，观测资料的缺测值也有270个。对比它们的平均值或者所有记录点上数值之和，CMORPH和TRMM的值都比较大，比其他资料的值大得多；格点的PERSIANN资料平均值与数值预报结果以及观测资料的结果非常相近，说明在整个研究范围内的总体表现比较接近；但是以上资料插值到站点的数值则相差得比较大，尤其是PERSIANN和WRFD1和观测几乎相差了一倍还多。从最大值和标准差的结果来看，不管是站点资料还是格点资料，CMORPH的值都特别大，而TRMM和观测资料次之，PERSIANN和数值预报的最大值和标准差都比较小，表明他们对小尺度的极端降水的监测预报能力稍有欠缺；但是相比之下，分辨率最高的WRFD3更接近观测值和微波卫星反演的值。

表 2.4　格点资料和站点资料的时空序列基本统计信息

| 降水资料 | $s_{Mean}$ | $s_{Max}$ | $s_{SD}$ | $s_{Sum}$ | $g_{Mean}$ | $g_{Max}$ | $g_{SD}$ | $g_{Sum}$ |
|---|---|---|---|---|---|---|---|---|
| CMORPH | 0.71 | 74.9 | 3.54 | 1432 | 0.94 | 82.0 | 3.51 | 9885 |
| PERSIANN | 0.57 | 38.2 | 2.69 | 1159 | 0.61 | 49.5 | 2.64 | 6448 |
| TRMM | 0.76 | 49.3 | 3.01 | 1534 | 0.97 | 54.8 | 3.42 | 10230 |
| WRFD1 | 0.52 | 22.8 | 1.91 | 1055 | 0.66 | 24.5 | 1.62 | 7015 |
| WRFD2 | 0.40 | 29.5 | 2.51 | 810 | 0.65 | 43.4 | 2.08 | 6843 |
| WRFD3 | 0.33 | 33.7 | 2.14 | 655 | 0.74 | 44.2 | 2.88 | 7826 |
| OBS | 0.29 | 50.0 | 2.34 | 452 | 0.49 | 53.8 | 3.05 | 5055 |

其中 $s$ 表示站点，$g$ 表示格点，Mean、Max、SD、Sum 分别表示平均值、最大值、标准差和总和。其中站点资料总点数为 2016，其中观测资料有 446 个缺测值，格点资料一共有 10560 个点，观测资料有 270 个缺测。

均方根误差 RMSE（Root Mean Squared Error）是衡量数据相对标准直线的平均距离，相关系数则是描述两个时空序列之间线性关系的方向和强度，而泰勒图（Taylor Diagram）则是将两者信息整合到一张图的一个工具[45]。图 2.31 即是各资料相对观测资料的泰勒图。从图 2.31a 站点资料的泰勒图来看，卫星反演降水，不论是红外的还是微波降水，相对 WRF 模式降水都有较高的相关系数和较小的均方根误差。主要由微波反演的降水 CMORPH 和 TRMM 相比红外反演的 PERSIANN 有更高的相关系数，但同时相对观测资料来说也有较大的标准差，因此最终三者相对观测场的均方根误差相差不大，在同一个量级。而 WRF 模式三个不同分辨率的结果相对的误差要大一些。具体说来，相关系数相比卫星遥感降水要小，大概在 0.1 左右；而且相对观测而言，标准差也偏小；不同分辨率的相关系数相差不大，但是标准差相差比较明显，WRFD1 的标准差相比观测偏小，而 WRFD2 和 WRFD3 的标准差和观测相比则是非常接近；总体说来，数值预报降水与观测相比的均方根误差和遥感反演降水相比略大一些。

格点资料的泰勒图（图 2.31b）相比站点资料的图 2.31a 大体还是类似的，但是还有一些细微的差别。在图 2.31a 中，TRMM 相比 PERSIANN 的均方根误差要小一些，但是在图 2.31b 即格点资料的泰勒图中可以看到，PERSIANN 与观测的均方根误差比 TRMM 的要大。模式预报降水与观测资料间的均方根误差整体上仍然比卫星遥感降水的均方根误差要大，而不同分辨率的模式预报降水之间的差异和图 2.31a 相比也有一些较小的不同。如图 2.31a 中 WRFD2 与观测的均方根误差在三者中是最大的，相关系数则是最大的，但是在图 2.31b 中其均方根误差则远没有 WRFD3 大，而且相关系数也没有 WRFD1 大[42]。

从两幅泰勒图来看，三种卫星遥感资料和观测资料相比的均方根误差比三

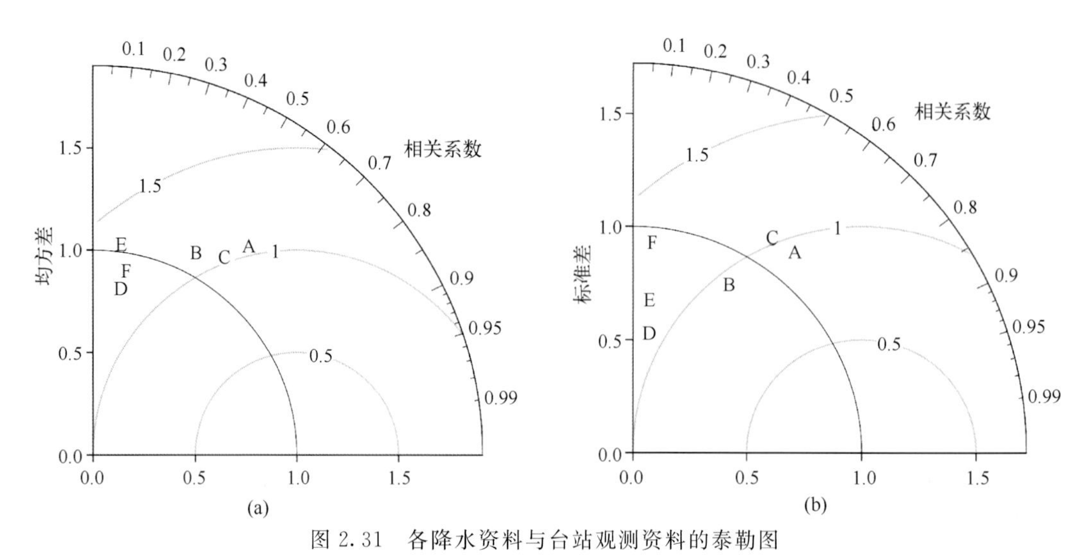


图 2.31 各降水资料与台站观测资料的泰勒图

其中(a)是各站点资料相对观测资料的泰勒图,(b)是各格点资料的泰勒图。标准差为相对标准差,相关系数为皮尔逊积差相关系数,亦即线性相关系数。A,B,C,D,E,F 分别代表 CMORPH,PERSIANN,TRMM,WRFD01,WRFD02 和 WRFD03[42]

个不同分辨率的模式预报降水都要小得多;而用格点和站点两种方式比较的结果也略有不同。

泰勒图是从与观测资料相比较的结果,但是由于观测资料分布不够密集,覆盖地区不够广,时间间隔比较长,很多站点还有缺测值等,观测资料有时不一定能反映真实的值;而泰勒图虽然也能从侧面反映其他资料之间的相对关系,但是不够具体和直观,因此除观测资料外其他资料的互相之间的比较验证也是非常重要的。

表 2.5 和表 2.6 分别是站点资料和格点资料的相关系数和均方根误差的矩阵表,表征的是各种站点资料相互之间的相关系数和均方根误差,其中相关系数均通过置信度 95%的检验。从表中可以看出卫星遥感资料 CMORPH、PERSIANN 和 TRMM 之间的相关系数都比较大,而均方根误差都比较小,且他们与观测资料的差别也不大,但是 PERSIANN 相对 CMORPH 和 TRMM 相关系数要小一些,均方根误差稍大一些。另外值得注意的是,数值预报的结果中,分辨率高的 WRFD3 相对 WRFD1 和 WRFD2 与各遥感资料来看,相关系数并没有显著提高;而且 WRFD1 和 WRFD2 的差异非常小,而 WRFD3 和其他两种预报结果的差异则相对来说比较大,这说明 WRFD2 虽然相对 WRFD1 分辨率要高,但是这种提高并没有增加对小尺度强对流的刻画,而直到分辨率提高到 WRFD3 的程度,对小尺度的模拟预报刻画才有所改进。

**表 2.5　站点资料时空序列的相关系数和均方根误差(RMSE)矩阵，**
其中矩阵上三角为均方根误差，而下三角为相关系数

| 降水资料 | CMORPH | PERSIANN | TRMM | WRFD1 | WRFD2 | WRFD3 | OBS |
| --- | --- | --- | --- | --- | --- | --- | --- |
| CMORPH | 1\0 | 2.52 | 2.27 | 3.02 | 3.37 | 3.18 | 2.44 |
| PERSIANN | 0.60 | 1\0 | 2.39 | 2.76 | 3.13 | 2.91 | 2.59 |
| TRMM | 0.69 | 0.60 | 1\0 | 2.92 | 3.27 | 2.90 | 2.41 |
| WRFD1 | 0.31 | 0.29 | 0.25 | 1\0 | 1.07 | 2.15 | 2.82 |
| WRFD2 | 0.23 | 0.22 | 0.19 | 0.90 | 1\0 | 2.51 | 3.17 |
| WRFD3 | 0.26 | 0.25 | 0.30 | 0.46 | 0.40 | 1\0 | 2.87 |
| OBS | 0.61 | 0.46 | 0.56 | 0.17 | 0.13 | 0.18 | 1\0 |

**表 2.6　同表 2.5，但为格点资料**

| 降水资料 | CMOPH | PERSIANN | TRMM | WRFD1 | WRFD2 | WRFD3 | OBS |
| --- | --- | --- | --- | --- | --- | --- | --- |
| CMORPH | 1\0 | 2.28 | 2.38 | 3.32 | 3.57 | 3.94 | 2.91 |
| PERSIANN | 0.76 | 1\0 | 2.66 | 2.61 | 2.94 | 3.44 | 2.91 |
| TRMM | 0.76 | 0.65 | 1\0 | 3.26 | 3.52 | 3.8 | 3.14 |
| WRFD01 | 0.33 | 0.33 | 0.34 | 1\0 | 1.06 | 2.23 | 3.26 |
| WRFD02 | 0.26 | 0.25 | 0.26 | 0.87 | 1\0 | 2.21 | 3.53 |
| WRFD03 | 0.25 | 0.24 | 0.29 | 0.65 | 0.65 | 1\0 | 4.03 |
| OBS | 0.62 | 0.49 | 0.54 | 0.14 | 0.10 | 0.09 | 1\0 |

为检验各资料在整个研究区域范围以及研究时间段内的总体水平，将各个时间段所有站点或者格点上的降水分别累加起来，以比较各时段区域内的“总降水量”。图 2.32a 是站点资料的 6 小时区域总降水量的时间序列图，在整个研究时间段内观测资料的总降水相比其他降水几乎都要偏小，在 6 和 7 两个时刻这两个降水极大值的时刻差别更是明显；这两个时刻的 6 小时累积总降水不论是卫星遥感还是模式预报其值都在 200～300 mm 之间，其中 WRFD1、WRFD2 和 CMORPH 更是一致地达到 300 mm，而 WRFD3 则和 PERSIANN 以及 TRMM 基本一致，值在 200 mm 左右，而在第 10 个时刻除了观测资料之外其他资料都有一个一致的较大的值，且这个大值达到了 100 mm 到 150 mm 的量级，而在第 14 时刻的极大值中，两种微波卫星遥感资料以及 WRFD3 和站点资料比较一致，大约在 100 mm 左右，而 WRFD1、WRFD2 和 PERSIANN 则偏差较大，达到了 250 mm 左右。值得注意的是，在第 12 时刻，其他资料都没有极值出现，然而在 TRMM 资料中则出现了一个 120 mm 左右的极大值。

从区域格点的 6 小时总降水量时间序列图(图 2.32b)来看，各个资料大体上相互吻合得很好；细节上看，卫星资料和观测资料第 7 时刻有一个特别明显的

极值，也是整个时间段的最大值，但是模式预报降水在这个时刻却没有表现出来；而在第10时刻除了观测资料和PERSIANN资料外，其他降水都出现一个极值，其值偏大非常多，此外在第14、15时刻也有类似的现象，也就是说，相比微波遥感而言，红外遥感的PERSIANN在区域总降水方面和观测资料的对应比较一致，可能的原因是因为PERSIANN资料主要是地球轨道静止卫星红外传感器实时监测，每个地方每个时刻都没有缺测值，而微波遥感的资料则是极轨卫星不定时扫描所得，因此在不同时空可能有缺测，而这些缺测是用其他方法弥补上的，因此在小尺度系统的时空对应上精确度不足。

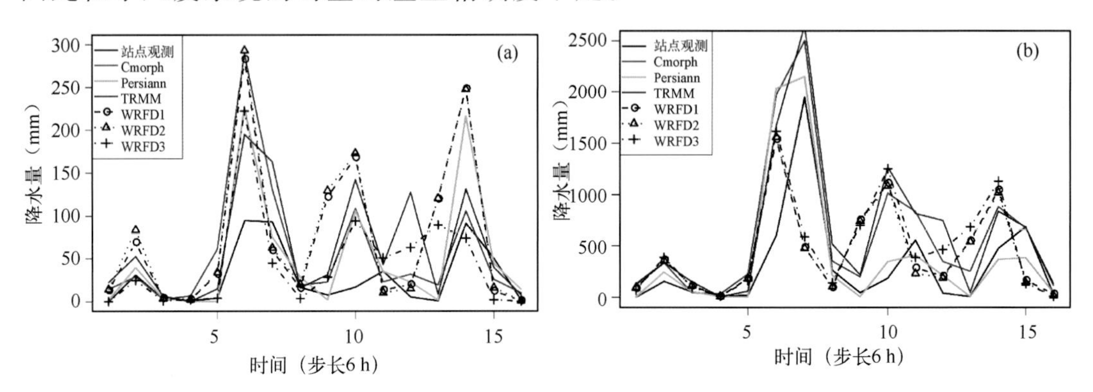


图2.32　各资料各时段(六小时内)所有格点总降水量时间序列图

其中(a)为插值到站点以后的总降水时间序列，(b)为插值到统一的格点以后的总降水时间序列

上面的降水总量描述的是在区域内的总体情况，而图2.33是每个时刻区域内的最大降水值的时间序列。图2.33a是站点资料的最大值时间序列，总体来说，各资料的最大值时间序列十分相近，基本能够相互吻合得很好。然而具体说来也是各有特点的，在第7个时段的极值中，CMORPH和TRMM两种微波遥感的资料最接近观测值，CMORPH值较观测值大，而TRMM则略小一些；PERSIANN资料则略有偏小且位相略有偏移；数值预报结果都偏小，分辨率高的偏差略微小一些。随后的第11时段观测有一个极值，但只有数值预报模式中分辨率最高的WRFD3有对应的极值，其他资料包括卫星遥感的CMORPH、PERSIANN和TRMM都没有类似的极值，对应的反倒是在第12时段CMORPH和PERSIANN有了一个更大的极值。而在第15个时段，观测中也有一个较大的极值(约40 mm)，遥感资料都表现出了这个特征，而数值预报的结果则没有；遥感资料中，PERSIANN最接近观测，TRMM次之。

图2.33b为格点资料区域最大值的时间序列，和图2.33a站点资料的图类似，大部分资料都能较好地契合，但是细节上略有差异。在第7时段的值中，大部分资料都非常接近观测值，但是CMORPH值明显偏大，而最低分辨率的数值

预报资料 WRFD1 则明显偏小。在第 12 个时段，观测资料没有极大值，但是 TRMM、CMORPH、WRFD3 和 PERSIANN 则都有一个明显的大值。和图 2.33a 相同，卫星遥感资料都较好地再现了第 15 个时段在观测资料中的极大值，数值模式预报的降水则没有这个极值；相反，卫星遥感资料和观测资料误差从小到大则依次为 CMORPH、TRMM 和 PERSIANN。而值得注意的是，虽然最高分辨率的数值预报结果 WRFD3 相较其他分辨率较低的 WRFD1 和 WRFD2 总体来说更接近观测资料和遥感资料，但是从第 9 时段到 14 时段 WRFD3 的值明显较其他资料偏大[42]。

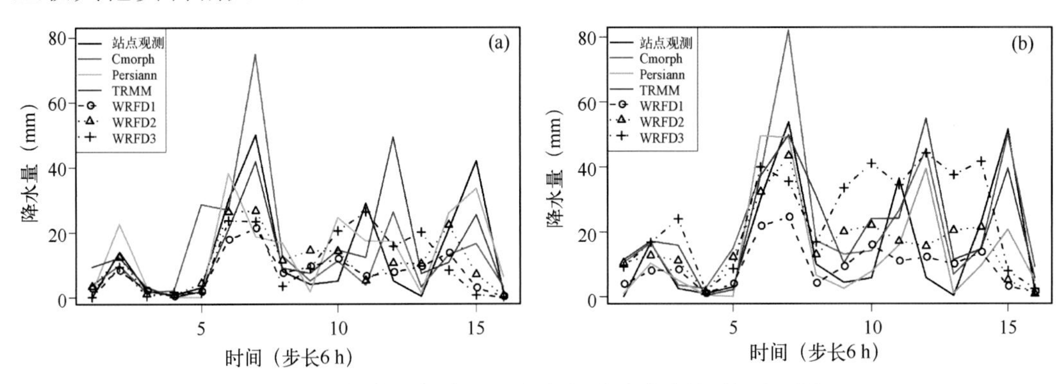


图 2.33　各资料各时段(6 小时内)最大降水量时间序列图

其中(a)为插值到站点以后的最大降水时间序列，(b)为插值到统一的格点以后的最大降水时间序列[42]

从区域最大值的时间序列来看，各资料基本都能再现研究区域范围内各时段的最大值，但是相比观测资料而言，各资料也都有一些差异。总体来说，遥感资料结果要好于数值预报的结果；分辨率高的数值模式要优于分辨率低的模式，高分辨率能更好地描述小尺度的降水系统。遥感资料中，微波遥感结果要好于红外遥感的结果，这与它们的基本反演原理是有关系的。

通过对几种降水资料的定量比较，分析比较了卫星遥感资料和数值预报降水在舟曲泥石流事件前后相对于气象台站观测降水的准确度、误差等，发现在这次事件中，卫星遥感资料能从降水分布型、降水量值等几个方面很好地反映出实际的降水特征，基本可以认为是真实降水的一个较为逼近的估计，尤其是以被动微波遥感为主的 CMORPH 和 TRMM，更是基本接近实际降水的情况，红外遥感为主的 PERSIANN 资料虽然在降水时空对应和具体量值等方面还有相对大一些的误差，但区域降水总量、降水区分布型以及最大降水的时空再现已经比较精确；而数值预报的降水相比卫星遥感来说虽然误差更大、时空对应上也有一些问题，但对区域总降水以及降水的分布形态能比较好地预报，高分辨率的模式甚至能较好地预报降水的极值的大体时间和位置，因此在灾害预警应用上还是有较好的适用性地。

通过本节的研究发现，实时高分辨率的卫星遥感降水在地形复杂的区域也能较好地监测实际降水。但是不管是更精确地直接估计降水的微波遥感还是间接估计降水红外遥感，也都存在较为可观的误差和不确定性，原因有两个方面：其一是这些方法本身具有的一些不确定性，另一个原因就是这些资料在参数选择的时候多以欧美地区的地面站点观测作为参考，而中国地区的降水特征和这些地区是不尽相同的。因此要提高遥感降水的精度，可以通过改进降水估计的算法以及使用本地站点数据改进反演参数等。

高分辨率多层嵌套的数值预报降水能够比较好地预报降水强度与大致的范围，但是具体数值和时空对应上还有较大误差，因此采用多模式集合、多物理过程参数集合以及数据同化等方法也是提高预报精度所必要的。另外，为了满足实时监测降水、精确比较各种预报降水资料或者满足水文地质灾害实时监测和预警的需要，精度更高的实时高分辨率降水是十分必要的[46,47]，因此将卫星遥感资料、地面雷达资料、常规台站资料与自动气象站资料等多种资料融合为一套实时高分辨率降水资料是非常有实用价值和研究意义的。

## 2.3 小结

本章从降水时间序列、空间分布以及偏差等几个角度，采用长时间平均以及个例分析的方法分析了 WRF 模式对过去几年中国降水的预报效能和卫星遥感获取实时高分辨率降水评估的精确度。

通过分析发现，三种卫星遥感资料都能较好地反演出中国大部分地区的降水，但在不同的地区其准确度不一样；总体说来在东部、南部大部分地区其精确度较高，而在西部以及高山、高原地区，精确度则差一些；同时，三种不同的卫星遥感资料由于其降水估计的原理不同，精确度也有一些差异，但基本上主要基于微波遥感的 CMORPH 质量要好一些，TRMM 稍差一些，而主要基于红外遥感的 PERSIANN 的误差则更大一些。同时，通过几个个例发现，三种卫星降水资料不仅能较好地监测台湾这种湿润地区的大尺度降水，也能较好地监测甘肃附近这种半干旱同时是较高海拔的突发性较小尺度的降水。对台风“莫拉克”带来的极端特大暴雨来说，卫星遥感反演的降水总量稍微偏小，但是基本的时间和空间分布能够较好地抓住。综上所述，虽然卫星降水相比站点降水有一些量值和分布上的偏差，但是对降水的时空分布能够比较好地实时监测，再加上其空间覆盖面广，时空分辨率大，因此可以用于降水引发的洪涝、滑坡泥石流等灾害的实时监测与预警中。三种常用的卫星降水中，CMORPH 的时空分辨率高，精度也相对较高，因此后面所述工作将主要基于 CMORPH 的降水，辅以其他两种卫星降水资料。

本章还使用一个个例粗略地研究了基于流体动力学方法根据两张相邻时刻遥感图像来计算遥感要素运动速度，并使用这种比较精细化的运动速度来改进 CMORPH 降水，还用这种运动速度来进行台风的临近预报。个例分析表明，这种基于流体动力学方法计算得到的遥感要素精细化运动速度对提高卫星遥感降水的精度以及对改进台风降水的临近预报效能有一定的实用效果，值得进一步具体研究。

WRF 模式是在中尺度气象模式 MM5 的基础上发展而来，经过多年的开发现在已经比较成熟。经过上述验证分析，认为 WRF 模式能较好地预报中国地区的 1 至 3 天的日降水，甚至更精细的 3 小时降水。因此，可以将其预报降水用在降水引发的洪涝、滑坡泥石流等灾害的预警工作中，以期得到更长预见期的灾害预测。

## 参考文献

[1] 谈戈，夏军，李新. 无资料地区水文预报研究的方法与出路[J]. 冰川冻土，2004，**26**(2)：192-196.

[2] 王曙东，裴翀，郭志梅，等. 基于 SRTM 数据的中国新一代天气雷达覆盖和地形遮挡评估[J]. 气候与环境研究，2011，**16**(4)：459-468.

[3] Joyce R，Janowiak J，Arkin P，*et al*. CMORPH：A method that produces global precipitation estimates from passive microwave and infrared data at high spatial and temporal resolution[J]. *Journal of Hydrometeorology*，2004，**5**(3)：487-503.

[4] Adler R，Negri A. A satellite infrared technique to estimate tropical convective and stratiform rainfall [J]. *Journal of Applied Meteorology*，1988，**27**：30-51.

[5] Sorooshian S，Hsu K，Xiaogang G，*et al*. Evaluation of PERSIANN system satellite-based estimates of tropical rainfall[J]. *Bulletin of the American Meteorological Society*，2000，**81**(9)：2035-2046.

[6] Hong Y，Hsu K，Sorooshian S，*et al*. Precipitation estimation from remotely sensed imagery using an artificial neural network cloud classification system[J]. *Journal of Applied Meteorology*，2004，**43**(12)：1834-1853.

[7] Kummerow C，Hong Y，Olson W，*et al*. The evolution of the Goddard Profiling Algorithm (GPROF) for rainfall estimation from passive microwave sensors[J]. *Journal of Applied Meteorology*，2001，**40**(11)：1801-1820.

[8] Okamoto K，Ushio T，Iguchi T，*et al*. The global satellite mapping of precipitation (GSMaP) project [C]//Geoscience and Remote Sensing Symposium，2005. IGARSS'05. Proceedings. 2005 *IEEE International*. 2005，**5**：3414-3416.

[9] Kubota T，Ssige S，Hashizume H，*et al*. Global precipitation map using satellite-borne microwave radiometers by the GSMaP Project：Production and validation[J]. *Geoscience and Remote Sensing*，*IEEE Transactions on*，2007，**45**(7)：2259-2275.

[10] Shige S，Watanabe T，Sasaki H，*et al*. Validation of western and eastern Pacific rainfall estimates from the TRMM PR using a radiative transfer model[J]. *J. Geophys. Res*，2008，**113**：D15116.

[11] Ushio T，Sasashige K，Kubota T，*et al*. A Kalman filter approach to the Global Satellite Mapping of Precipitation (GSMaP) from combined passive microwave and infrared radiometric data[J]. *Journal of*

*the Meteorological Society of Japan*,2009,**87**:137-151.

[12] Aonashi K,Awaka J,Hirose M,*et al*. GSMaP passive microwave precipitation retrieval algorithm: Algorithm description and validation[J]. *Journal of the Meteorological Society of Japan*,2009,**87**(0):119-136.

[13] Tian Y,Peters-Lidard C,Adler R,*et al*. Evaluation of GSMaP precipitation estimates over the contiguous United States[J]. *Journal of Hydrometeorology*,2010,**11**(2):566-574.

[14] Turk F,Rohaly G,Hawkins J,*et al*. Meteorological applications of precipitation estimation from combined SSM/I,TRMM and infrared geostationary satellite data[M]. *Microwave Radiometry and Remote Sensing of the Earth's Surface and Atmosphere*,1999:353-363. VSP Int. Sci. Publ.

[15] Turk F,Rohaly G,Hawkins J,*et al*. Analysis and assimilation of rainfall from blended SSM/I,TRMM and geostationary satellite data[C]//Proc. 10th Conf. Satellite Meteorology and Oceanography. 2000: 66-69.

[16] Marzano F,Palmacci M,Cimini D,*et al*. Multivariate statistical integration of satellite infrared and microwave radiometric measurements for rainfall retrieval at the geostationary scale[J]. *Geoscience and Remote Sensing*,*IEEE Transactions on*,2004,**42**(5):1018-1032.

[17] Huffman G,Adler R,Stocker E,*et al*. Analysis of TRMM 3-hourly multi-satellite precipitation estimates computed in both real and post-real time[C]//*12th Conference on Satellite Meteorology and Oceanography*. 2002.

[18] Huffman G,Bolvin D,Nelkin E,*et al*. The TRMM Multisatellite Precipitation Analysis (TMPA): Quasiglobal,multiyear,combined-sensor precipitation estimates at fine scales[J]. *Journal of Hydrometeorology*,2007,**8**(1):38-55.

[19] Huffman G,Adler R,Bolvin D,*et al*. The TRMM Multi-satellite Precipitation Analysis (TMPA)[M]. *Satellite rainfall applications for surface hydrology*,2010:3-22. Springer.

[20] Kummerow C,Simpson J,Thiele O. The status of the Tropical Rainfall Measuring Mission (TRMM) after two years in orbit[J]. *Journal of Applied Meteorology*,2000,**39**(12):1965-1982.

[21] Skofronick-Jackson G,Huffman G. The Global Precipitation Measurement Mission: NASA Status and Early Results//*40th COSPAR Scientific Assembly*. 2014. Moscow. Russia.

[22] Shen Y,Xiong A,Wang Y,*et al*. Performance of high-resolution satellite precipitation products over China[J]. *J. Geophys. Res.*,2010,**115**(D2):D02114-. http://dx. doi. org/10. 1029/2009 JD012097.

[23] Zhou T,Yu R,Chen H,*et al*. Summer precipitation frequency,intensity,and diurnal cycle over China: A comparison of satellite data with rain gauge observations[J]. *Journal of Climate*,2008,**21**(16): 3997-4010.

[24] Hong Y,Gochis D,Cheng J,*et al*. Evaluation of PERSIANN-CCS rainfall measurement using the NAME Event Rain Gauge Network[J]. *Journal of Hydrometeorology*,2007,**8**(3):469-482.

[25] Janowiak J,Joyce R,Xie P. CMORPH improvements: A Kalman filter approach to blend various satellite rainfall estimate inputs and rain gauge data integration[C]//*EGU General Assembly* 2009,held 19—24 April,2009 in Vienna,Austria http://meetings. copernicus. org/egu2009,p. 9810,2009, **11**:9810.

[26] Joyce R,Xie P. Kalman Filter Based CMORPH[J]. *Journal of Hydrometeorology*,2011,**12**: 1547-1563.

[27] Lin C,Hsu H,Sheng Y,*et al*. Mesoscale processes for super heavy rainfall of Typhoon Morakot (2009) over Southern Taiwan[J]. *Atmospheric Chemistry and Physics Discussions*,2010,**10**:

13495-13517.

[28] Tsai F, Hwang J, Chen L, *et al*. Post-disaster assessment of landslides in southern Taiwan after 2009 Typhoon Morakot using remote sensing and spatial analysis[J]. *Natural Hazards and Earth System Sciences*, 2010, **10**: 2179-2190.

[29] Fang X, Kuo Y, Wang A. The impact of Taiwan topography on the predictability of Ty-phoon Morakot's record-breaking rainfall: A high-resolution ensemble simulation[J]. *Weather and Forecasting*, 2011, **26**(5): 613-633.

[30] Lin C W, Chang W S, Liu S H, *et al*. Landslides triggered by the 7 August 2009 Typhoon Morakot in southern Taiwan[J]. *Engineering Geology*, 2011, **123**(1-2): 3-12.

[31] Tsou C, Feng Z, Chigira M. Catastrophic landslide induced by typhoon Morakot, Shiaolin, Taiwan[J]. *Geomorphology*, 2011, **127**(3): 166-178.

[32] Chen S, Hong Y, Cao Q, *et al*. Performance evaluation of radar and satellite rainfalls for Typhoon Morakot over Taiwan: Are remote-sensing products ready for gauge denial scenario of extreme events? [J]. *Journal of Hydrology*, 2013, **506**(C): 4-13.

[33] Tapiador F J. A physically based satellite rainfall estimation method using fluid dynamics modelling [J]. *International Journal of Remote Sensing*, 2008, **29**(20): 5851-5862.

[34] Lin Y, Mitchell K E. 2005. The NCEP stage Ⅱ/Ⅳ hourly precipitation analyses: Development and applications//19*th Conf*. *Hydrology*, *American Meteorological* Society, Sam Diego, CA. USA.

[35] Lakshmanan V, Rabin R, Debrunnet V. Multiscale storm identification and forecast[J]. *Atmospheric Research*, 2003, **67-68**: 367-380.

[36] 胡凯衡,葛永刚,崔鹏,等. 对甘肃舟曲特大泥石流灾害的初步认识[J]. 山地学报,2010,(5):628-634.

[37] 刘传正,苗天宝,陈红旗,等. 甘肃舟曲 2010 年 8 月 8 日特大山洪泥石流灾害的基本特征及成因[J]. 地质通报,2011,**30**(1):141-150.

[38] 颜长珍,沈渭寿,宋翔,等. 生态环境变化对舟曲"8.8"特大山洪泥石流发生的影响分析[J]. 水土保持学报,2011,(6):258-262.

[39] 余斌,杨永红,苏永超,等. 甘肃省舟曲"8.7"特大泥石流调查研究[J]. 工程地质学报,2010,**18**(4):437-444.

[40] 曲晓波,张涛,刘鑫华,等. 舟曲"8.8"特大山洪泥石流灾害气象成因分析[J]. 气象,2010,**36**(10):102-105.

[41] 王建兵,杨建才,汪治桂. 舟曲"8.8"暴雨云团的中尺度特征[J]. 干旱气象,2011,**29**(4):466-471.

[42] Wang J, Wang H J, Hong Y. The comparison of satellite estimated and model forecasted rainfall data during Zhouqu deadly debris-flow event (Accepted)[J]. *Atmospheric and Oceanic Science Letters*, 2015.

[43] Accadia C, Mariani S, Casaioli M, *et al*. Sensitivity of precipitation forecast skill scores to bilinear interpolation and a simple nearest-neighbor average method on high-resolution verification grids[J]. *Weather and forecasting*, 2003, **18**(5): 918-932.

[44] Cressman G. An operational objective analysis system[J]. *Monthly Weather Review*, 1959, **87**(10): 367-374.

[45] Taylor K. Summarizing multiple aspects of model performance in a single diagram[J]. *J. Geophys. Res*, 2001, **106**(D7): 7183-7192.

[46] Li M, Shao Q. An improved statistical approach to merge satellite rainfall estimates and raingauge data [J]. *Journal of Hydrology*, 2010, **385**(1-4): 51-64.

[47] Rozante J R, Moreira D S, De Goncalves L G, *et al*. Combining TRMM and surface observations of precipitation: Technique and validation over South America[J]. *Weather and Forecasting*, 2010, **25**(3): 885-894.

# 第3章 水文模型与洪涝灾害的监测与预报

在水文科学发展的早期，由于缺乏必要的手段以及足够的观测资料，人们对水文现象的描述大多使用一些经验表达式，如降雨径流相关图法、单位线法等。这种基于经验相关的方法是针对特定区域的单一水文事件进行的，这种方法虽然直观和简单实用，但是没有严密的物理概念和数学基础，对降雨径流产生等过程形成的物理机制难以深入认识和理解，难以考虑降水的时空变化和流域形态对径流形成的影响，且难以考虑整个过程中的其他复杂的影响因素，并且难以推广应用到其他流域。

自从20世纪50年代计算机技术的普遍使用，观测手段的迅速发展，人们开始将水文循环作为一个整体来研究，并在50年代后期提出了流域水文模型的概念，这个时期出现了流量综合与水库调节模型(SSARR)[1~3]、斯坦福模型(SWM)[4]等。这些概念模型能从定量上分析流域出水口断面流量过程形成的全部过程，区别其中的主要因素和次要因素进而提出假设和概化，建立尽量符合实际且结构和参数都有明确物理意义的模型。这个阶段发展起来的模型比较多，著名的有美国的SACRAMENTO模型[5]、日本的TANK模型[6~9]以及中国的新安江模型和陕北模型等[10~13]。总体说来，这些模型基本上以流域为单位，定量的分析计算从降水、蒸散发到产流、汇流的整个过程，相比之前的经验公式、经验相关等方法是较大的进步，且具有明确的物理意义，能够较好地适用于不同的流域和地区。但是由于对模型输入的空间分散性和不均匀性没有充分考虑，所以这种集总式流域水文模型一般都不具备从机理上考虑降水和下垫面条件空间分布不均匀性对流域径流形成的影响，使其在径流形成过程的模拟必然存在一定的局限性[14]。

为了克服流域水文模型对空间不均匀性模拟的不足，人们又引进了分布式水文模型的概念，分布式水文模型在揭示产汇流物理机制的基础上，通过有关的物理定律如质量守恒、能量守恒等，演绎并推导描述产汇流过程的微分方程组，并采用合理的数值方法来求解这些微分方程组。分布式水文模型的概念和框架早在20世纪60年代就提出，但由于参数确定和实测信息输入以及技术等方面的限制一直难以有效用于实际，直到近年来由于计算机计算能力的大力发展、遥感技术的广泛应用以及地理信息系统技术的深入研究，才得以大力发展并广泛应用在实际应用中。分布式水文模型的代表有 TOPMODEL[15-17]、VIC 模型[18,19]、SHE 模型[20,21]、TOPKAPI 模型[22-24]以及数字新安江模型[13,25]等。分布式水文模型以水动力学为基础，将流域分成水平方向上不同的格点，每个格点上分别考虑计算水平和垂直两个方向上的降水、截留、蒸散发、地表径流、下渗、地下水流及河道汇流等过程，尽可能客观地反映降水、参数、下垫面条件和模型空间结构的时空变化对径流等形成过程的影响，从而较为真实地模拟水文过程。

由上可见，要想客观真实地模拟水文过程，使用的模型一般是比较复杂的，如分布式水文模型 VIC(Variable Infiltration Capacity)，它是由美国华盛顿大学开发的，需要大量的气象强迫资料如降水、温度、长短波辐射、风速、气压、空气湿度等输入，还需要植被类型、植被粗糙度、植被反射率、叶面积指数、风速衰减因子、辐射衰减因子、植被气孔阻抗等多个参数，同时还需要土壤湿度扩散参数、土壤分层以及每层的厚度、饱和导水率、初始土壤深度、土壤密度、土壤粗糙度等等参数和资料，同时如果要计算产流汇流，还需要流向、流速以及平流扩散参数等文件，因此，VIC 模型在实际使用时有诸多的限制，同时需要大量的计算，如果在一个较大的区域使用较高分辨率的 VIC 模型，则计算量非常大，不利于用于实时的水文模拟预报。

不管是复杂还是简单的水文模型，其中最重要的过程都是降水到径流的过程，因而降水精度的高低对模型模拟结果的好坏有着至关重要的影响。传统的水文模型输入降水基本来源于站点观测到的降水量，但是由于站点分布不均匀以及站点分布常常较为稀疏，对流域的覆盖往往也比较差，因此对水文模型的模拟和预报结果往往产生较大的影响，对某些区域如较为偏远的山区等水文过程的模拟往往会有很大的误差。为了减少雨量站分布不均匀对结果带来的影响，考虑到目前卫星遥感发展的实际情况，认为卫星遥感基本能够得到近实时较高精度的高分辨率降水[26~28]，且由于卫星遥感覆盖面广，几乎可以覆盖全球大多数地区，因此 Hong[29,30]使用降水资料为 TRMM 卫星的准实时准全球降水产品 TRMM-3B42RT[28]来驱动洪涝预报系统。

为了实时模拟计算全球的径流量同时考虑空间变化对径流的影响，Hong 采用了一个简单但是同时考虑了空间差异性的模型 NRCS-CN，这个模型较为简单地考虑了下垫面的植被类型差异、土壤类型差异、土壤湿度以及降水的影响，为了计算简单，将除降水以外的参数都统一为一个变量 CN(curve number)，然后建立起径流和降水之间的关系，见公式(3.1)。

$$Q = \frac{(P - IA)^2}{P - IA + PR} \tag{3.1}$$

式 3.1 中，$Q$ 为降水产生的径流，$P$ 为累积降水(mm/d)，$IA$ 是初始状态，$PR$ 为潜在降水保持量(Potential retention)，其定义见公式(3.2)：

$$PR = \frac{25400}{CN} - 254 \tag{3.2}$$

$CN$ 为径流曲线数值，即是考虑了各种下垫面条件的集合参数，计算方法为：将土壤类型、植被类型等参数分类赋予量值，然后再给不同的参数赋予不同的权重，结合权重和量值计算出具体的 $CN$ 值，具体的计算方法参见文献[31,32]。这个模型基本输入只需要降水资料，加上架构比较简单，因此适合大区域实时运行。

## 3.1 CREST 分布式水文模型

Hong[33]的洪涝监测预警模型采用了较为简单的 NCRS-CN 水文模型，虽然可以简单地描述径流形成的过程，但是其降水一径流的过程基本上是基于一个简单的统计公式(3.1)；同时，由于对下垫面的描述基本上也是简单的经验性的描述见公式(3.2)，因此在地表径流产生的过程模拟上不可避免地会带来较大的误差，同时由于不带产流、汇流、下渗、蒸散发以及地下水径流等过程。为了克服这些不足，因此需要引入一个较为细致的描述径流、产流、汇流等物理过程的分布式水文模型，并尽量减少对经验公式、统计关系等的依赖以便较好地适用到不同的流域和地区，同时这个模型只需要简单输入数据，计算也应该较为简单、计算速度较快，以便能够用于面积较大的区域并采用较高的时空分辨率，为了满足这些条件和需求，University of Oklahoma 及 NASA SERVIR Project Team (http://www.servir.net)联合开发了一个复合尺度分布式水文模型：产汇流耦合的分布式蓄满产流模型(the Coupled Routing and Excess Storage model, CREST)。

这个模型在降水资料驱动下可模拟不同时空分辨率下地表和浅层地下不同格点间(以及同一格点不同垂直深度)能量和水分循环，特别是对降水进入地表以后地表径流、地下径流、河道汇流、蒸散发、入渗等过程进行详细模拟，计算出降水以后水分在地表的去向分配等，从而根据一定的判据判断出具体某一地点(格点)是否有洪涝(对河道内的格点，根据流量等判断是否洪涝；河道外的格点，根据地表自由水深度判断是否洪涝等）。由于本模型采用适于多尺度模拟的次网格尺度表示土壤蓄水能力（变量渗透曲线方法），及适于多尺度模拟的产流过程（线性存储方法），故本模型能较好地模拟不同时空分辨率下的浅层地表水文过程[33]。

模型的基本结构如图 3.1。模型在水平方向上分为很多格点，每个格点在垂直方向上大致分为 3 层，每层上面有不同的物理过程（图 3.1a）。第一层为最上层的地表冠层，大气降水降落在这一层，部分被截留，随后部分被蒸散发，从而又返回给了大气，另一部分则掉落到土壤表面。第二层则是土壤表层，在这一层上，主要有两个方向的运动，其中一种是在垂直方向上向下渗透，另一个方向上的运动则是水平方向上的地表径流、产流和汇流等。最下面一层这是土壤层内部，里面的物理过程包括壤中流、地下径流、土壤蒸发等。垂直方向上最重要的过程为蒸散发和水分下渗的过程。

蒸散发过程是地表土壤、植被冠层和水面等与大气直接交换水分的一种重要方式，而潜在蒸散发是在假定地表水无限制供应的条件下进行的蒸散发量，是一种表征陆气状态的一个热力动力学量，通常可以通过大气风速、温度和辐射等量计算得出。在 CREST 模型中，实际蒸散发的计算依赖于潜在蒸散发。在大气强迫资料充足的情况下（辐射、风速等），采用 Priestly-Taylor 方程来计算潜在蒸散发[34]，而在只有温度的情况下，则采用 Hargreaves 方法来计算[35]。如果只有降水而没有其他气象强迫场，则默认使用 FEWS NET（Famine Early Warning System Network；http://igskmncnwb015.cr.usgs.gov/Global/）计算得到的全球 0.25 度月平均潜在蒸散发资料代替。

垂直方向还有一个重要的过程是水分的下渗过程（图 3.1b），这个过程主要使用了新安江模型引入的可变下渗曲线方法[10,12,36]，这个计算方法目前已经广泛应用在各种水文模型中，包括著名的 VIC 模型也采用了这种方法。CREST 模型采用了三层土壤水模型，来分别表征不同深度土壤蓄水能力及下渗速度等的不同，土壤水会在上层土壤蓄满水的情况下依次向下层渗漏。一个格点上得到的水分去掉蒸散发的水分和下渗后的剩下的水分则参与到水分的水平平流中，即产流和汇流过程图 3.1c。

CREST 模型的产流汇流过程分为网格间的过程与次网格过程。网格间的过程主要是根据 DEM 及其提取的流向（Flow Direction）、汇流累积量（Flow Accumulation）等信息进行水流的汇流，图 3.1d 展示了 CREST 模型中地表径流和壤中流向下游汇流的基本过程。以上为模型网格尺度的产流、汇流过程。而

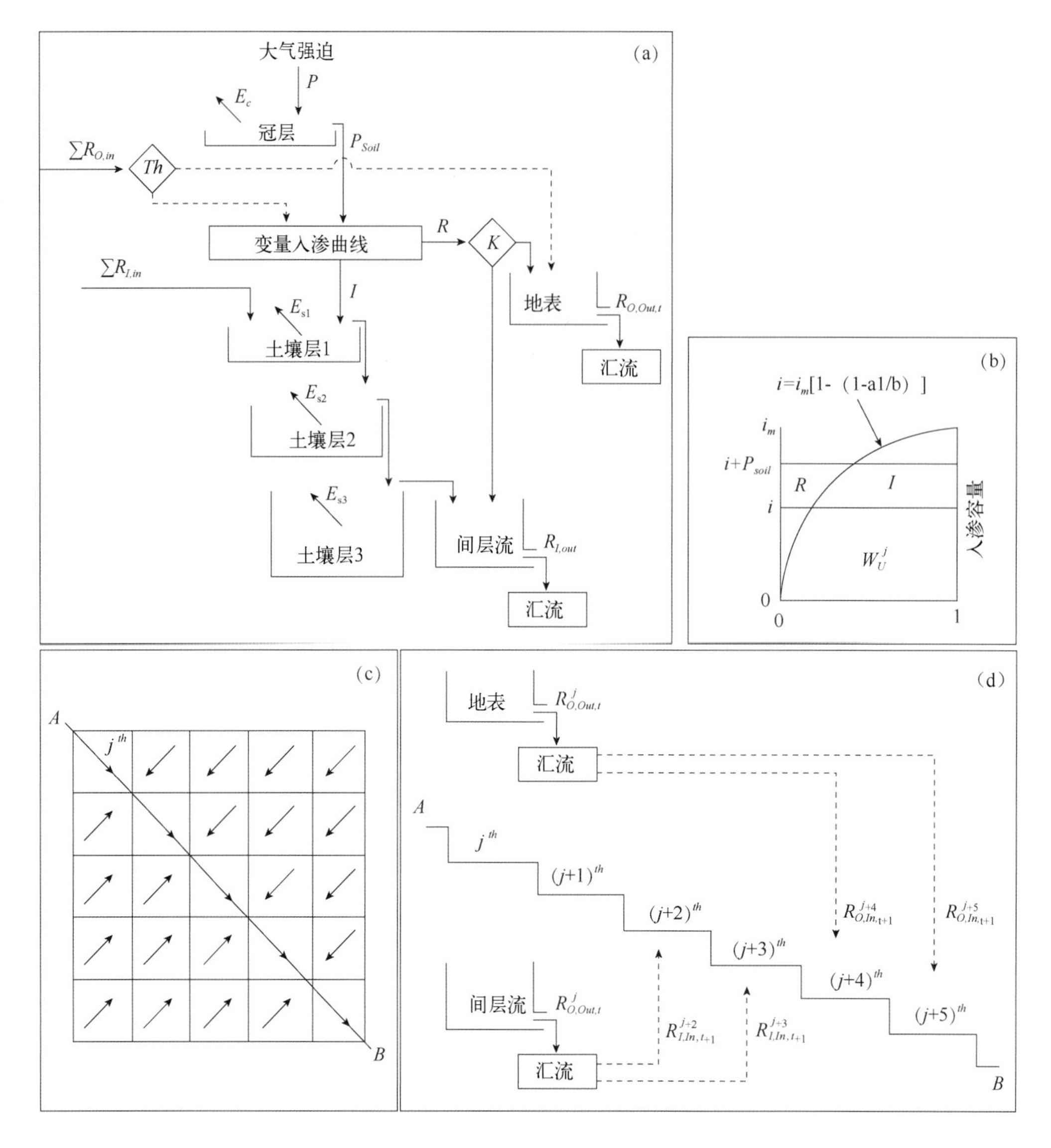


图 3.1 CREST 模型基本结构(引自参考文献[33])

实际上为了解决尺度较大且分辨率较粗的网格应用时的误差[37],此模型引入了两个线性虚拟水容器来模拟次网格过程[38,39],当然,在次网格的计算中所用到的参数可能依赖于流域的一些特征,因此需要在参数率定时确定其值。

CREST 模型参数的率定采用自适应随机搜索的方法(Adaptive Random Search)[40,41],并能在提供观测资料的基础上自动率定。模型的输入主要为降水和潜在蒸散发,其中潜在蒸散发可以是实际观测到的蒸发皿蒸发,也可以是由观测的温度、辐射和风速等计算的潜在蒸散发;在不能提供潜在蒸散发的情况下,则采用 FEWS-NET 计算的全球蒸散发资料。输出结果主要有实际蒸散发、径流量、土壤湿度、一次剩余降水深度(下渗和蒸散发等以后剩下的地表水深度)和二次剩余降水深度(下渗、蒸散发及产流汇流以后剩下的地表自由水深度)。

模型自开发以来,在全球多个地方进行了初步验证,如非洲的 Nozia 流域[33]、美国 Tarboro 流域、巴基斯坦的以及中美洲的部分流域等[42-44],结果证明这个模型的适用性比较强、准确性较高同时计算开销也不大,比较适合用于大尺度的水文模拟及预报等工作。以下将使用此模型在中国地区建立由高分辨率降水(主要是 CMORPH 卫星遥感实时降水资料及 WRF 模式预报降水)驱动的水文预报系统,模拟并验证过去几年间此模型对中国各地区各流域水文情况特别是洪水的模拟再现能力,实时运行并监测、预报中国各地、各流域洪涝情况。验证模式的过程中,将会使用水文观测站测得径流等站点数据,也会使用有关洪涝灾害报告中的区域面数据,以验证模型在不同区域和站点的模拟监测能力。

## 3.2 洪涝监测预报系统

为实时监测预报中国地区洪涝发生的情况,本研究建立了一个基于 CREST 水文模型的中国地区洪涝预报系统,系统使用准实时高分辨率卫星遥感降水 CMORPH 作为主要驱动,CREST 水文模型作为核心,准实时的输出中国地区的地表水文状况,从而实时监测和预报洪涝发生的情况。

系统主要由四个主要模块组成(图 3.2),即高分辨率卫星遥感输入数据模块、CREST 分布式水文模型、系统输出高分辨率预报水文变量结果模块以及结果分析验证模块。下面将四个主要组成模块分别予以介绍。

**CREST 水文模型**

CREST 模型的基本情况前面已经有了详细的介绍,这部分是系统最重要、最核心的部分。模型从数据输入部分接收地表下垫面准静态数据包括地形、河网情况等,同时还要接收动态数据如降水量、潜在蒸散发等。输入数据经过 CREST 水文模型的运算,结果包括每个格点的径流量、蒸散发、土壤湿度等数据输出到数据输出模块,最后这些结果再进入到结果分析、验证以及灾害预报模块。

**数据输入模块**

数值模型的运行需要准静态的下垫面数据、初始值和动态变化的边界条件(外强迫),CREST 水文模型需要的下垫面数据包括地形数据及其衍生数据、土壤类型、植被类型等。系统的地形数据主要是来自 Hydro SHEDS (Hydrologi-

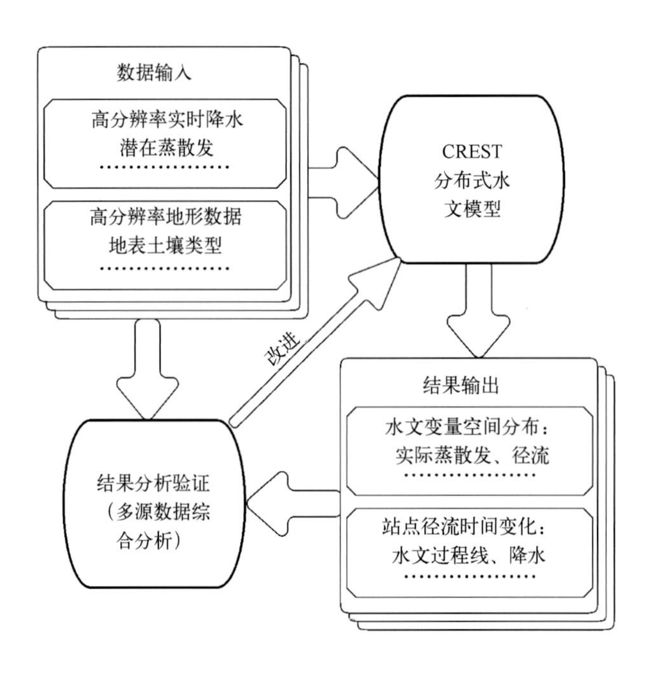


图 3.2　洪涝预报系统基本结构(引自参考文献[45])

cal data and maps based on SHuttle Elevation Derivatives at multiple Scales, http://hydrosheds.cr.usgs.gov/references.php)的高分辨率全球 DEM(Digital Elevation Model,数字地形模型)和 DDM(Drainage Direction Model,河道方向模型)等数据。HydroSHEDS 数据是 USGS(美国地质调查局)结合 NASA 的 SRTM Digital Terrain Elevation Data (DTED)高分辨率卫星遥感地形数据[46]、SRTM Waterbody Data (SWBD)、Global Lakes and Wetlands Database (Lehner and Döll 2004)等数据综合而成的,这个项目是世界野生动物基金会(World Wildlife Fund,WWF)赞助实施的。HydroSHEDS 计划数据共有 3″(约 90 m)、15″(500 m)和 30″(约 1 km)三种分辨率。由于中国幅员辽阔,面积较大,为便于实时计算,本研究将使用其中 30″(即 1 km)的分辨率数据。

图 3.3a 是预报系统的研究区域(中国)及其内的 30″分辨率(约 1 km)的海拔高度(DEM)。为显示画图方便,图中 DEM 为重采样到 3′即约 10 km 的分辨率(以下如无特殊说明,全国的高分辨率图像皆为重采样到 3′的分辨率所画),图 3.3b 是其中 30°～35°N、95°～100°E 子区域内 30″分辨率的 DEM 详情。由图 3.3a 可以看出,中国地区地势复杂、地形多样,海拔高度落差较大,对水文模型的适用性要求较高。而且从海拔高度明显能看到中国地形的三级阶梯的特征,西部青藏高原地区大部分高度在 4000 m 以上,其内山脉纵横,海拔高度相差也

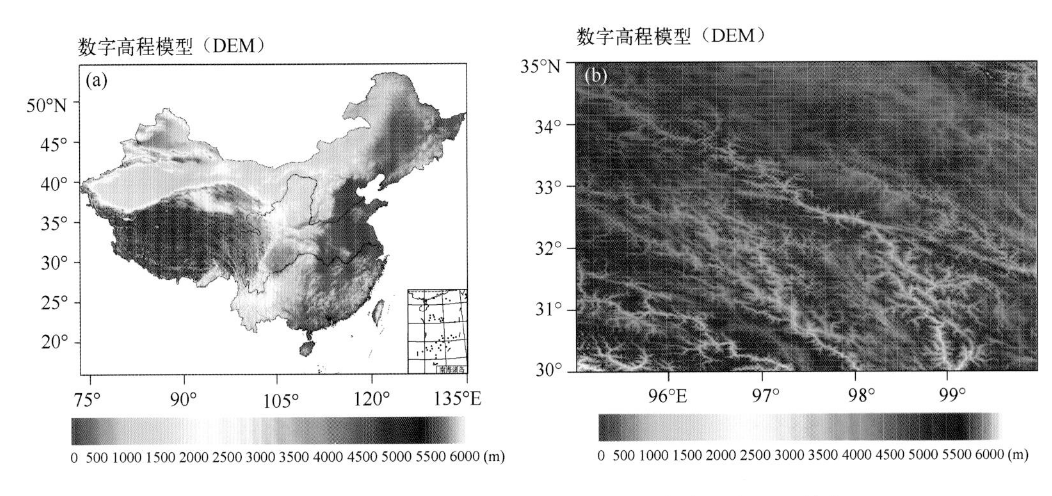


图 3.3　水文预报系统中使用的中国地区 DEM(a)和其中一个子区域的 DEM(b)

较大；而青藏高原以东和以北地区直到(105°E，20°N—120°E，50°N)一线以西则为较明显的第二阶梯，这个地区的高度大约在 1000～2000m 左右，高原和山地丘陵较多；而除此以外东部大部分地区为第三阶梯，海拔高度一般在 500 m 以下，但在东南和东北有大量的山坡和丘陵。而图 3.5a 则是这个 1 km 分辨率 DEM 的直方图(概率分布图)，此直方图大约也被分为较为明显的三个部分，0～2000 m 为第一部分，这个部分的数量较大，但内部分布也不均匀，基本上 0～500 m、500～1000 m 以及 1000～2000 m 各占这一部分的 1/3，其中还有少量高度低于 0 m；第二部分是 2000～4000 m，这个部分内部分布非常均匀；4000 m 以上为第三个较大的部分，但其中 5000 m 左右的格点最多。总体说来，0～500m 高度的格点占全国格点数的 27%，500～1000 m 占 17%，1000～2000 m 占 25%，2000～4000 m 占 12%，而 4000 m 以上则占 19%，全国平均的高度为 1793 m。

DDM(Drainage Direction Model，DDM)是一个格点上最可能的水流方向，也即这个格点上的最速水流方向，在水文模型中有确定格点水平方向水流方向的作用，本研究 DDM 来自与上文 DEM 对应的 HyDroSHEDS30″分辨率的数据。图 3.4 是与图 3.3 对应区域的水流方向图，其中数值对应的最速水流下降方向，每个数值对应的方向见图 3.4a。实际上，由于分辨率较高，图 3.4a 中格点数较多，只能大致地看出不同地区的 DDM 方向分布，而从其中的子区域图 3.4b 中则能比较明显地看出其中山脉、山谷以及坡面等的走向。虽然中国境内自西向东海拔高度依次降低，且阶梯分段较明显，但是从水流方向的百分比

图 3.5b 可以看到，总体说来各个方向的分布基本均匀，全国境内没有一个主导的水流方向，且东南西北四个主要方向的百分比是东南、西北等方向百分比的两倍左右。

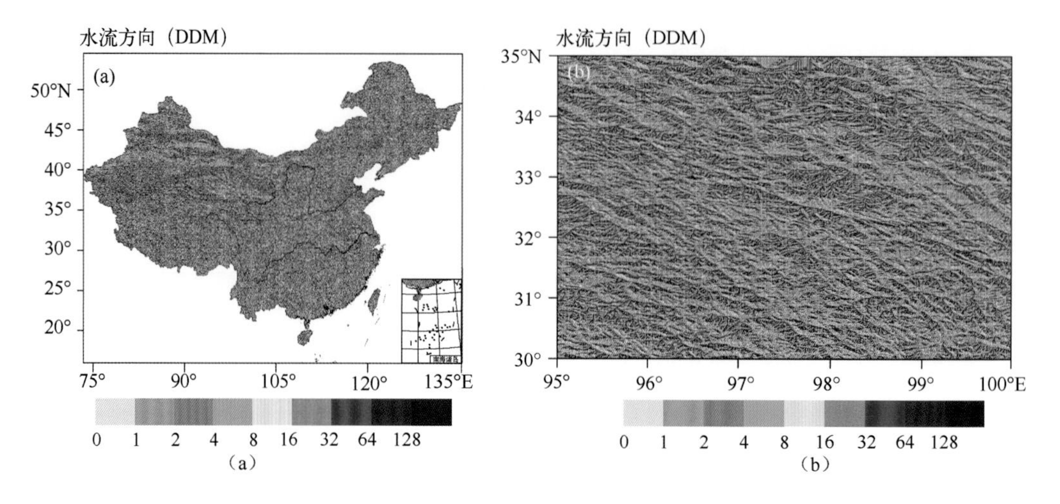


图 3.4　同图 3.3，但为 DDM(Drainage Direction)

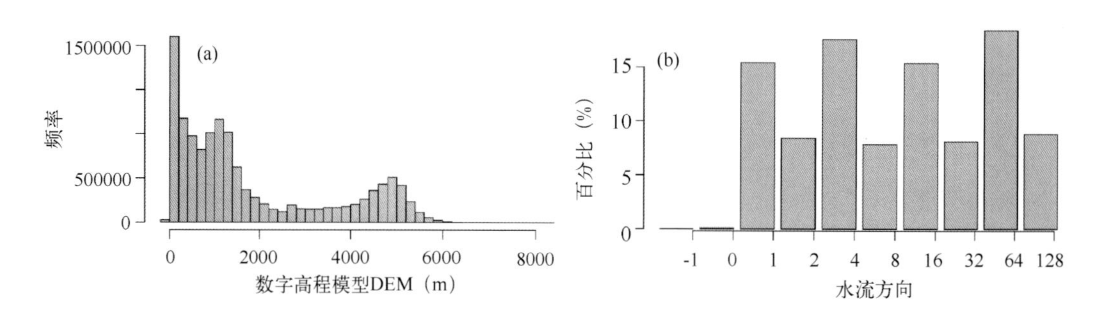


图 3.5　DEM 的直方图(a)与 DDM 各方向所占百分比(b)

由以上所示的 DEM 和 DDM，通过地理信息系统的分析方法计算得到水流累积模型(Flow Accumulation Model，FAM)。图 3.6 即是水流累积模型 FAM，其中图 3.6a 为整个中国地区境内的 FAM，为了显示方便重采样到 3′分辨率(约 10 km)，图中较为明显地显示出，大多数格点的 FAM 值都在 50 以下，而大于 200 以上的格点比较少，基本上集中在一些连贯的曲线上，事实上，这些大 FAM 值对应的曲线就是主要的河流河道，图中也能较明显地看到 FAM 大于 800 所勾勒出的中国主要河流的河道曲线，尤其是长江、黄河、珠江、雅鲁藏布江等大型江河及其主要支流河道。图 3.6b 是与图 3.3b 所述区域对应的 FAM，FAM 的大值较好地吻合了 DEM 中的低值区，即地势低洼的地区。表 3.1 是中国区域内 FAM 的数值百分比统计表，其中小于 100 的总和超过 93.3%，而大于 10000 的总和不超过 0.66%。

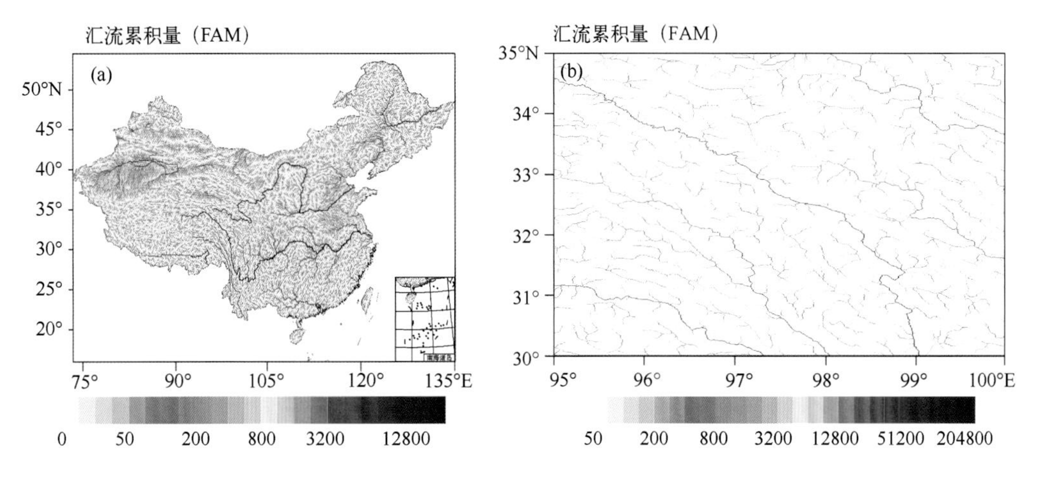


图 3.6　同图 3.3，但为 FAM(Flow Accumulation Model)

**表 3.1　中国地区 FAM 各取值范围所占百分比统计表**

| FAM | ＞0 | ＞1 | ＞2 | ＞4 | ＞6 | ＞10 | ＞102 | ＞103 | ＞104 | ＞105 | ＞106 |
|---|---|---|---|---|---|---|---|---|---|---|---|
| % | 0.00 | 51.88 | 19.81 | 6.02 | 4.26 | 11.31 | 4.55 | 1.50 | 0.48 | 0.15 | 0.03 |

由以上的 DEM、DDM 和 FAM，我们提取了中国地区主要的河道河网模型（图 3.7a），画图显示时去掉了一些小的支流，可以看到主要的河道河网与图 3.6a 中的较大值 FAM 对应的曲线对应较好，事实上，我们提取的河网与实际河网的分布基本上是一致的。图 3.7b 为与图 3.3b 对应的河道河网模型。

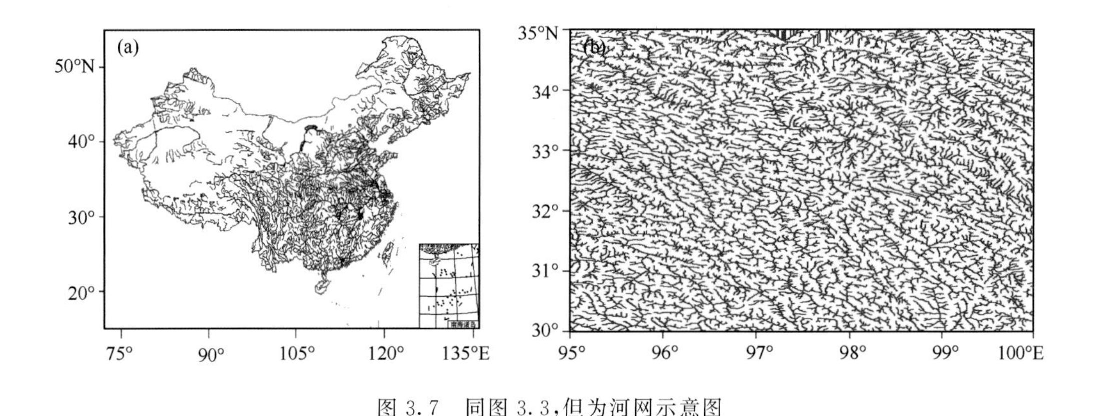


图 3.7　同图 3.3，但为河网示意图

另外，还用到了部分 MODIS(Moderate Resolution Imaging Spectroradiometer，中分辨率成像光谱仪）地面覆被类型数据[47]与 ISLSCP Ⅱ（the International

Satellite Land Surface Climatology Project，Initiative II，国际地表气候卫星探测计划）的地面土壤类型数据。至此，系统运行所需的地表下垫面数据准备完毕。系统的输入数据还有很重要的一部分是动态的强迫场，即模型运行时需要的降水和潜在蒸散发时间序列。其中输入的降水资料可以是站点观测插值到网格的数据，也可以是雷达反演的数据，当然还可以是卫星遥感降水。由前文所述原因，在此选择实时高分辨率卫星遥感降水。NOAA CPC（Climate Prediction Center，National Oceanic and Atmospheric Administration，美国国家大气海洋局，气候预测中心）的著名卫星遥感降水产品 CMORPH（CPC MORPHING Technique），是目前质量较好的卫星遥感降水，其实时降水估计主要来自于多颗极轨卫星上面搭载的微波遥感传感器，但同时结合了地球轨道静止卫星上搭载的红外传感器资料。CMORPH 最高水平空间分辨率为 0.08°经度×0.08°纬度（约 8 km），更新时间间隔为 0.5 h，是时空分辨率较高且质量也较好的卫星遥感降水产品（见 2.1.1 节）。

潜在蒸散发资料可以是实际观测到的蒸发皿蒸发，也可以是由观测的温度、辐射和风速等计算的潜在蒸散发。由于实时观测的潜在蒸散发资料较难获得，在此采用 FEWS-NET 计算的全球月平均潜在蒸散发资料（http://www.fews.net）. FFWS-NET（Famine Early Warning System Network，全球饥荒早期预警网络），http://www.fews.net/Pages/default.aspx）是采用 NOAA 的 GDAS（Global Data Assimilation System，全球数据同化系统）数据同化系统输出的温度、压强、风、湿度等资料根据 Penman-Monteith 公式计算而来[48]。

**预报系统的结果输出模块**

预报系统的输出结果主要有实际蒸散发、径流量、土壤湿度、径流深度等水文变量。从全国尺度或流域尺度来看，输出的水文变量空间分布图可以直观地表示不同地区的干湿旱涝情况，而不同站点的水文过程线结果则能够直观地表示不同站点在不同时刻的流量以及洪峰出现时间等信息，为防灾减灾提供参考。在此不做详细讨论，后面将在系统后报实验结果分析的时候详细介绍和讨论。

**预报结果的验证模块**

为了验证预报系统的输出结果，使用了多种不同来源的数据，其中包括站点观测资料、卫星遥感反演数据、经过模式同化的再分析数据等。

（1）水文站观测数据使用的径流量观测资料主要来自水利部水文局主办的全国实时水雨情信息网（http://xxfb.hydroinfo.gov.cn/），时段为 2010 年 1 月

1日——2011年12月31日，其中既有中国主要江河水文站每日的流量、水位及降水信息，也有每个月主要的水文事件的总结报告。使用的站点尽量选取在受人为干扰较小的流域且数据比较齐全的站点。洪涝灾害受灾情况包括受灾面积、受灾人口以及造成的经济损失等，信息则来自由国家测绘地理信息局地理信息与地图司、民政部救灾救济司，中国测绘科学研究院和民政部国家减灾中心承办的全国灾情查询通报信息系统(http://zaiqing.casm.ac.cn)，其中除了有洪涝灾害的相关信息，还有旱灾、低温冰冻、雪灾以及地震、山体滑坡等自然灾害的相关信息。

(2)地表蒸散发数据实际蒸散发又叫蒸腾蒸发量，是地面上植物的叶面散发(蒸腾)与植株间土壤蒸发量之和，也就是灌溉工程中的作物需水量。它既是地表热量平衡的组成部分，又是水量平衡的组成部分，而地表热量、水分收支很大程度上决定着天气、气候的变化；因此对陆面蒸散发的研究，一直是国内外地学、水文学等关心的焦点问题之一。特别是近年来随着地表能量和物质循环研究的进一步深入以及水资源缺乏问题的日益严峻，蒸散发问题越来越受到人们的重视。

蒸散发的计算涉及地表能量循环和物质循环的很多环节，不仅包含简单的地下水—土壤—大气间的相互作用，还包括了陆面植被复杂的生理过程，因此实际计算中有很多简化的模型。CREST 模型可以简单地处理蒸散发计算中涉及热量和水分循环的一些过程，但是由于目前没有陆面植被的相关过程模块，因此模型中实际蒸散发的计算是简单地根据潜在蒸散发与实际土壤含水量来动态确定的。而计算所需潜在蒸散发则如前所述，使用 FEWS-NET 计算的全球月平均数据。

MODIS MOD16 潜在蒸散发和实际蒸散发数据是美国蒙大拿大学(University of Montana)的 Mu 等[49]采用改进的 Penman-Monteith 公式对高分辨率 MODIS 卫星遥感资料计算所得，其空间分辨率为 500 m 或 1 km，更新时间间隔为 8 天；在时间间隔 8 天的结果基础上得到每月和每年实际蒸散发值[50,51]。

(3)土壤湿度数据土壤湿度即土壤含水量的量度，对农作物等植被来说土壤湿度决定了其水分供应的状况；湿度太低，植被没有水分支持，可能凋萎和死亡；而湿度太高则影响土壤通气性，影响植被的呼吸、生长等生命活动。除了对植被的影响，土壤湿度也会对地表水分蒸散等造成影响，从而影响到陆气潜热通量等。总之，土壤含水量也是影响陆气水分、能量循环的一个较为关键的量。CREST 模型也能输出土壤湿度，和其他复杂的陆面水文模型不同，这个输出的土壤湿度是在简单考虑了降水、蒸散发、产流与汇流等水文过程的基础上得到的，而且是地下土壤层含水量的平均值，基本没有考虑不同深度土壤的差异，也没有考虑复杂的水热过程。

## 3.3 洪涝监测预报系统的结果分析验证

使用实时高分辨率降水资料 CMORPH(0.5 小时 8 km 时空分辨率)驱动 CREST 水文模型，系统结果中主要使用模型输出的地表径流和地表自由水深作为判断洪涝发生的依据；同时模型还输出实际蒸散发和土壤湿度等结果，可以为当前全国地表基本水文状况提供参考，还可以作为洪涝、干旱等灾害的辅助参考依据。以下将首先简单验证分析系统输出基本水文变量如实际蒸散发、土壤湿度、河流径流量等结果。

### 3.3.1 基本水文变量的模拟结果分析

实际蒸散发又叫蒸腾蒸发量，是地面上植物的叶面散发(蒸腾)与植株间土壤蒸发量之和。也就是灌溉工程中的作物需水量。它既是地表热量平衡的组成部分，又是水量平衡的组成部分，而地表热量、水分收支很大程度上决定着天气、气候的变化；因此对陆面蒸散发的研究，一直是国内外地学、水文学等关心的焦点问题之一，特别是近年来随着地表能量和物质循环研究的进一步深入以及水资源缺乏问题的日益严峻，蒸散发问题越来越受到人们的重视。蒸散发的计算涉及地表能量循环和物质循环的很多环节，不仅包含简单的地下水—土壤—大气间的相互作用，还包括了陆面植被复杂的生理过程，因此实际计算中有很多简化的模型。CREST 模型可以简单地处理蒸散发计算中涉及热量和水分循环的一些过程，但是由于目前没有陆面植被的相关过程模块，因此模型中实际蒸散发的计算是简单地根据潜在蒸散发与土壤含水量来动态确定的。

图 3.8 是 2010 年 7 月 MODIS MOD16A2 月实际蒸散发与 CREST 模型计算的实际蒸散发对比图。MODIS MOD16 实际蒸散发数据是美国蒙大拿大学(University of Montana)的 Mu 等人采用改进的 Penman-Monteith 公式[48]对高分辨率 MODIS 卫星遥感资料计算所得[49~51]，其空间分辨率为 500 m 或 1 km，更新时间间隔为 8 天；在时间间隔 8 天的结果基础上得到每月和每年实际蒸散发值。由图 3.8 可见，CREST 模型实际蒸散发比 MODIS 实际蒸散发小了很多，基本上为后者的 3/4 左右；虽然量值上 CREST 偏小，但是两者的分布还是

基本一致的，大值区基本上出现在东南一带、长江中下游地区以及东北地区，而在青藏高原东部三江源地区以及川西的部分地区，西北天山山脉南北的部分地区也都有较大值。但是在冈底斯山和喜马拉雅山南部的部分地区，MODIS 数据中有较明显的大值区，而 CREST 结果中则基本没有体现。造成 CREST 实际蒸散发与 MODIS 的结果数值上相差较大的原因是多方面的。首先，两者的计算基础——潜在蒸散发值的来源有着很大差别，MODIS 的数据是根据高分辨率(约 1 km)卫星遥感实时影像计算得来的，分辨率高，精度较大；而此处所用的潜在蒸散发则是 FFWS-NET(Famine Early Warning System Network, http://www.fews.net/Pages/default.aspx)采用 NOAA 的 GDAS(Global Data Assimilation System)数据同化系统输出的结果根据 Penman-Monteith 公式计算而来，而且相对说来，分辨率低很多(1°×1°，约 110 km)。其次，两者计算实际蒸散发的方法也不同，MODIS MOD16A 是在潜在蒸散发的基础上根据实际气象条件以及陆气间水汽条件计算得到的，而 CREST 模型则是在潜在蒸散发的基础上根据下渗、产流等水文过程综合考虑得出的，因此在量值上有一些差别。

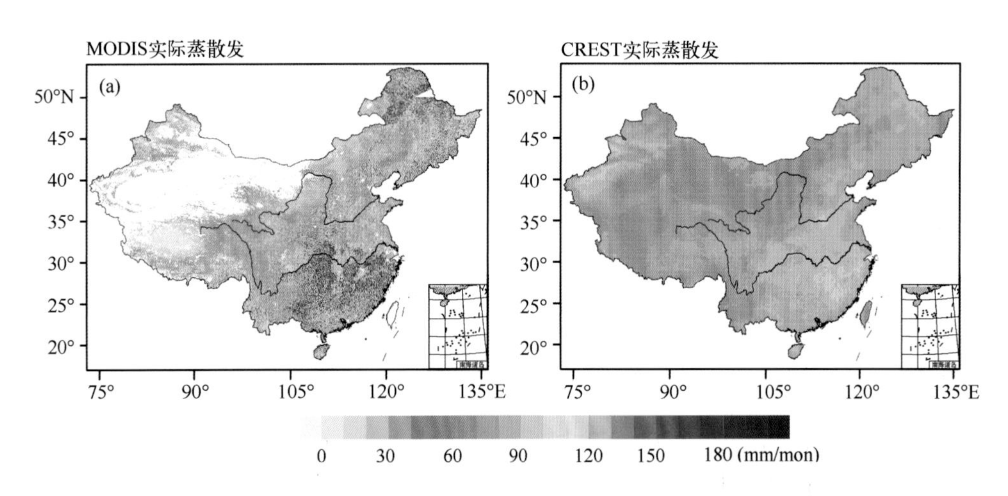


图 3.8　2010 年 7 月 MODIS MOD16A2 实际蒸散发(a)与 CREST 模型实际蒸散发(b)对比

实际上，两种数据采用的潜在蒸散发差别本身就很大，图 3.9 是 2010 年 7 月 MODIS MOD16A2 月潜在蒸散发与 CREST 模型计算的潜在蒸散发对比。由图 3.9 可见，CREST 采用的月平均 FFWS-NET 潜在蒸散发值比 MODIS 潜在蒸散发的值在绝大多数地区都小很多，尤其是在青藏高原、蒙古高原东部、新疆西北部以及华北的大部分地区，其值相差尤为之大，几乎相差了两倍，而在四川盆地以及长江中下游地区，FFWS-NET 潜在蒸散发也比 MODIS 的值略小。但总体说来，除了在青藏高原的中部地区以外，其他地区潜在蒸散发值的分布两种资料大致相同，基本呈现东南、华北和西北三个较大值地区，而在东北地区、西南地区以及江淮的部分地区则呈现为较小值。

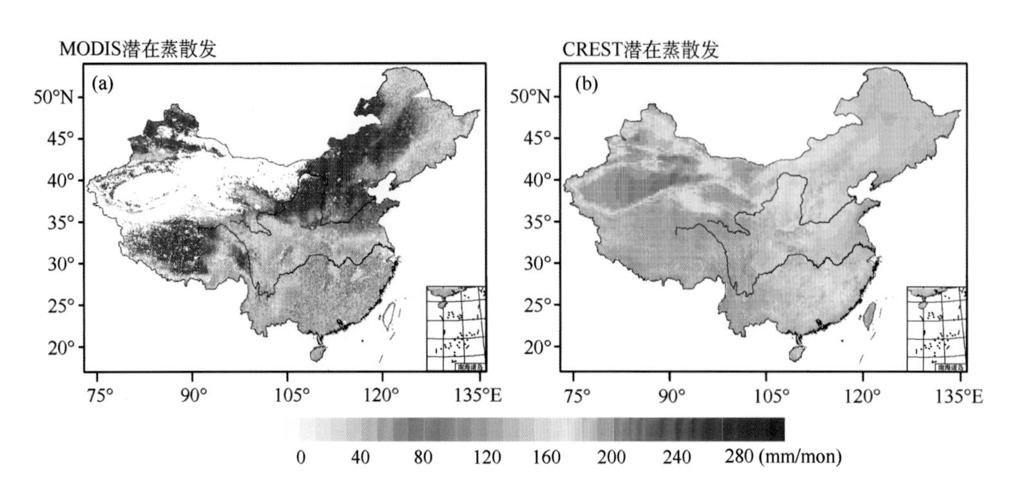


图 3.9　2010 年 7 月 MODIS MOD16A2 潜在蒸散发(a)与 CREST 模型潜在蒸散发(b)对比

土壤湿度即土壤含水量的量度，对农作物等植被来说土壤湿度决定了其水分供应的状况；湿度太低，植被没有水分支持，可能凋萎和死亡；而湿度太高则影响土壤通气性，影响植被的呼吸、生长等生命活动；除了对植被的影响，土壤湿度也会对地表水分蒸散等造成影响，从而影响到陆气潜热通量等。总之，土壤含水量也是影响陆气水分、能量循环的一个较为关键的量。CREST 模型也能输出土壤湿度，和其他复杂的陆面水文模型不同，这个输出的土壤湿度是在简单考虑了降水、蒸散发、产流与汇流等水文过程的基础上得到的，而且是地下土壤层含水量的平均值，没有考虑不同深度土壤的差异，也没有考虑复杂的水热过程。图 3.10 是 2010 年 7 月 ERA-Interim 土壤湿度与 CREST 模型土壤湿度对比，ERA-Interim 是欧洲中尺度天气预报中心(European Centre for Medium-Range Weather Forecasts，ECMWF)发布的一套新的再分析资料，是在之前的 ERA-40 和 ERA-15 基础上发展而来的新一代再分析资料，时间范围为自 1989 年以来至今，其空间分辨率为 1.5°×1.5°(T255)，除了分辨率提高以外，这套资料在其他很多方面也有改进[52~54]。从图 3.10 来看，ERA-Interim 的土壤湿度和 CREST 土壤湿度相比，不仅分辨率相差很多，土壤湿度的量值上也相差比较大；但是两者的分布还是非常相似的。

图 3.11 是归一化以后的 ERA-Interim 土壤湿度与 CREST 土壤湿度对比，两者归一化以后的土壤湿度分布几乎一致，大值区基本分布在漠河－腾冲线以东、青藏高原北部以及天山山脉以北的伊犁河谷地区等，而内蒙古中部直到柴达

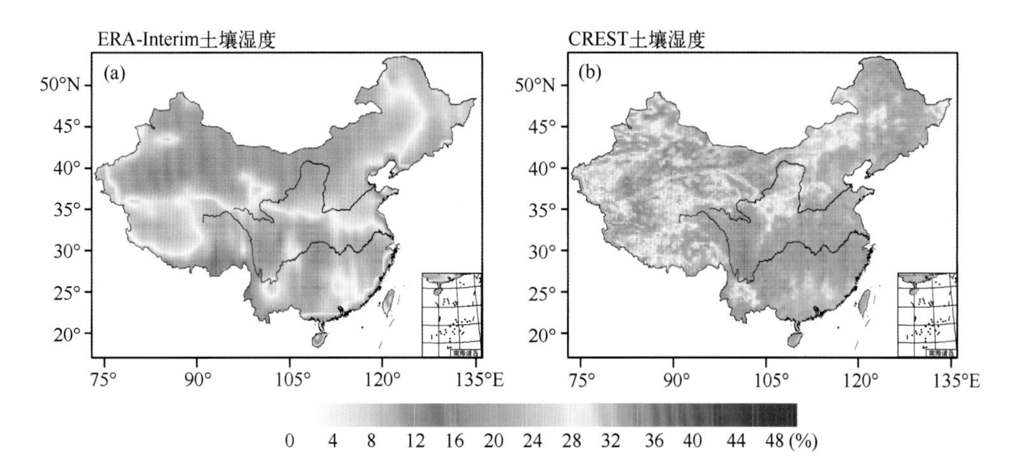


图 3.10　2010 年 7 月 ERA-Interim 土壤湿度(a)与 CREST 模型土壤湿度(b)对比，ERA-Interim 资料为其原分辨率，而 CREST 为重采样到 10 km 的结果

木盆地以西的大部分地区则湿度较低，尤其是阿拉善高原、塔克拉玛干沙漠等地湿度尤其低。这一点在图 3.10 中也有所表现。实际上，CREST 模型的土壤湿度偏高与其采用的潜在蒸散发值偏低也有很大关系，因为蒸散发到大气中的水汽少了，那么同等降水以及径流等的情况下留在土壤中的水分则会多一些。

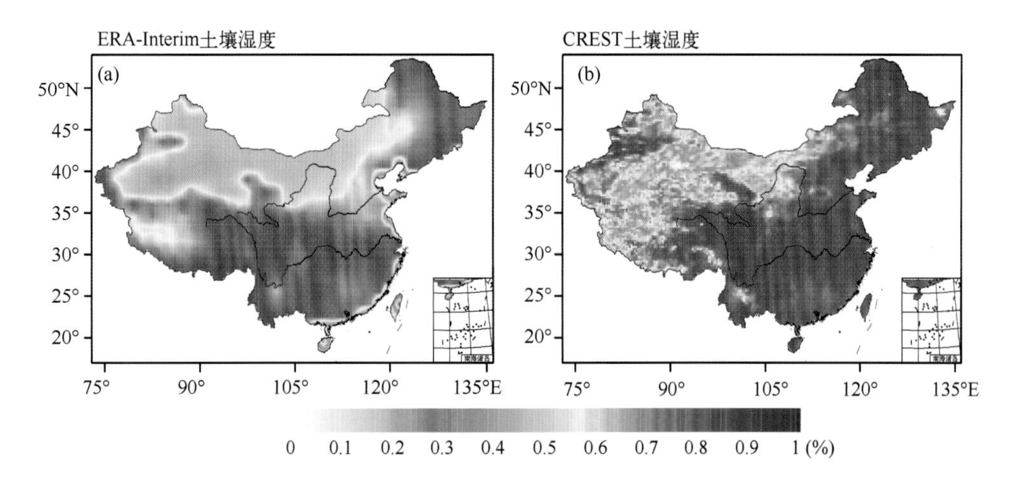


图 3.11　2010 年 7 月 ERA-Interim(a)和 CREST 模型归一化(b)土壤湿度对比 ERA-Interim 资料为插值到 10 km 分辨率，而 CREST 为重采样到 10 km[45]

图 3.12 是 2010 年全国平均径流量(单位 $m^3/s$)，由图中径流量的大小基本可以分辨出中国主要的一些河流来，如年径流量排名较前的长江、珠江、黑龙江、雅鲁藏布江、澜沧江、怒江、黄河、闽江、淮河、钱塘江等及其主要支流，以及其他如海河、辽河、岷江、伊犁河、塔里木河等较大的江河。值得注意的是，在塔里木盆地塔克拉玛干沙漠里的和田河，其值约在 3000 $m^3/s$，与黄领梅等估计的年平

均径流量量级相当[55]。另外，从图 3.12 还可以看出，在青藏高原的东部和川西地区、四川盆地、长三角地区、珠三角地区、三江平原、松嫩平原以及山东半岛以西的华北平原存在着大量平均径流量大于 10 $m^3/s$ 的地区，证明这些地区河流众多，水资源比较丰富。

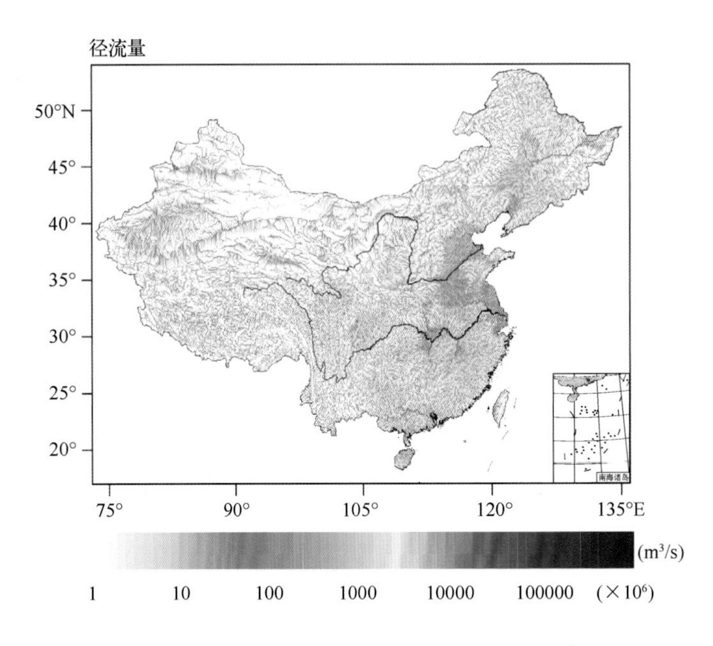


图 3.12　2010 年全国平均径流量($m^3/s$)[45]

2010 年 1 月月平均的径流量(图 3.13a)相比年平均径流量(图 3.12)来说，差别还是比较大的；虽然主要河流河道还能从图上明显地显示出来，但是基本上径流量都小了很多，而且在河流主要河道之外的地方平均径流量小了很多，这在长江以南的地区尤为明显，而这种现象在上文提到的松嫩平原、三江平原等地也是存在。值得注意的是，在青藏高原地区仍有较明显的径流存在，这可能是不合理的，因为 1 月青藏高原大部分地区都应该是冰冻状态，径流量应该不大。这可能与 CREST 模型没有明显的热力学过程来考虑冰冻过程以及卫星遥感降水产品(此处为 CMORPH)不区分固态降水量和液态降水量等原因有关。而 7 月相比 1 月和年平均结果来讲则大了许多，不仅是各主要河流河道内的径流量大了许多，这些主要河流河道之外的径流也大了不少，尤其是 10 $m^3/s$ 以上的格点数明显增加了不少。实际上，中国大部分地区的汛期都在夏季，从 2010 年的情况来看，7 月平均径流量是 1 月平均径流量的 10 倍甚至是 100 倍，这在南方大部分地区以及辽河平原、辽东半岛等地尤为明显。

地表自由水深又称超渗降水深或是地表径流深度，是降水减去蒸散发、下渗

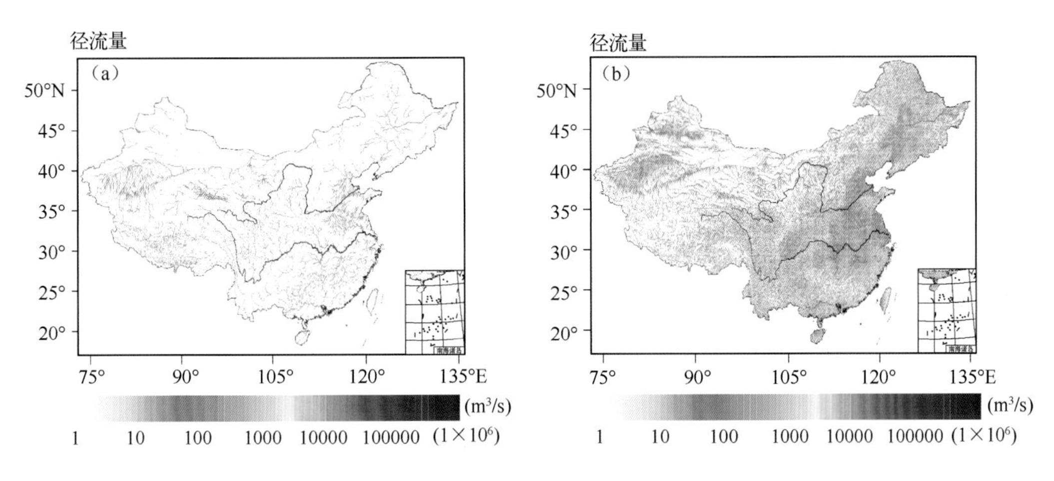


图3.13　2010年1月(a)和7月(b)全国月平均径流量($m^3/s$)

以及产流、汇流以后剩下来的水量,单位一般为mm/h,这些剩余的水分可以理解为地表的积水。这个量越大,表示滞留在对应地表的水越多,根据洪涝的定义则相应的可以认为这个地方洪涝比较厉害。图3.14是2010年全国年平均地表自由水深(单位mm/mon),值的分布形态与全国年平均降水的分布型很像(图2.5),基本上都是南方和东南较大,北边尤其是西北地区较小;而在川西地区和青藏高原的局部地区也有较大值出现,约在200 mm/mon以上;华北、东北、江淮、伊犁河谷等地也有较大值,约大于100 mm/mon;而在三江平原、松嫩平原、河套地区以及云贵高原的西部(以昆明为中心)等地方值则较小,大约在30～90 mm/mon左右,其中尤为值得注意是云贵高原西部的这一片地区,这块区域四周的地标自由水深都非常大,只有这个地区的值比较小,这个与这个地区降水较少有很大关系。

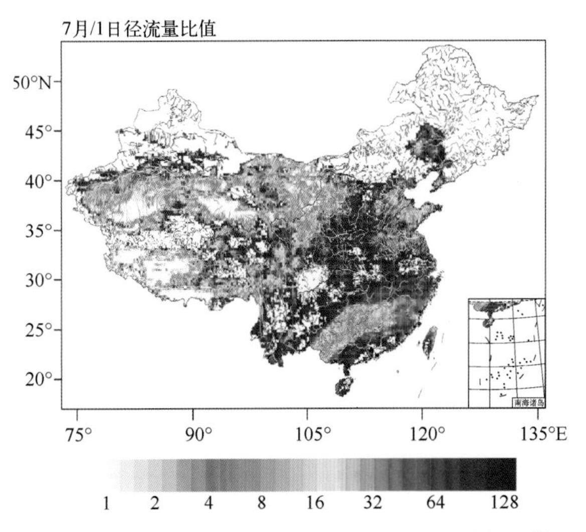


图3.14　2010年全国7月平均径流量和1月的比值

再看 2010 年 1 月和 7 月的地表自由水深，可以看到不仅从量值上还是分布上和年平均都有较大差别。首先，从量值来看，1 月绝大部分地区的值都在 30 mm/mon 以下，只有少数地区超过了这个值，例如南方广东、广西、福建一带，其值甚至在 60～90 mm/mon 之间，而在青藏高原南部及其北边，也有一些较大值。7 月的地表自由水深量值则大得多，最大值甚至超过 500 mm/mon，7 月的大值基本集中在长江一线、东北辽东一带以及黑龙江小兴安岭一带，这与中国 7 月的雨带分布基本上是一致的。另外，在云南西南部、新疆西部伊犁河谷地区以及广东、广西丘陵一带也有较大的值。事实上，从 2010 年 1 月到 12 月地表自由水深的分布变化基本上与中国降水雨带的南北移动是保持一致的[56,57]。

以上粗略地检验了 CREST 模型对基本的水文量如实际蒸散发、土壤湿度、径流量以及地表自由水深等变量的模拟监测能力，认为 CREST 模型能较好地模拟监测这些变量的分布形态以及基本量值，虽然对某些量如实际蒸散发的量值模拟有偏差，一方面这些偏差的可能原因在于输入资料的量值偏差或者分辨率的不适配，另一方面，简单地修正可以较好地改进这种模拟的偏差，因此，从这种意义上说，虽然 CREST 水文模型比较简单，且缺乏一些必要的陆面生态、动力学和热力学过程，但是仍然可以较好地模拟实际的水文过程，从而为以后洪涝灾害的监测和预报打下了较好的基础。以下将通过几个有代表性的站点来具体分析 CREST 模型对水文过程和重要水文变量的模拟。

### 3.3.2 模型模拟的径流水文过程分析

对水文模型来讲，其中重要的功能包括准确地模拟水文过程、正确地计算径流量等，因此，本部分将较为详细地验证 CREST 模型对中国主要河流的径流量的模拟能力。使用的径流量观测资料主要来自水利部水文局主办的全国实时水雨情信息网(http://xxfb.hydroinfo.gov.cn/)，时段为 2010 年 1 月 1 日至 2011 年 12 月 31 日，使用的站点尽量选取在受人为干扰较小的流域且数据比较齐全的站点。

海南加积水文站位于万泉河下游，具体地理位置为 110°28′E，19°14′N，海拔 9 m 左右。图 3.17 是 2010—2011 年海南加积水文站的日降水与流量过程线图，由图可以看到，加积站在全年大部分时间流量很小，小于 100 $m^3/s$，同时对应的降水也较小，基本小于 100 mm/d；而在 9 月、10 月期间会有较大的降水，日降水可能超过 200 mm/d，同时河流流量很大，可以超过 4000 $m^3/s$。CREST 模型基本上再现了这种流量的季节变化，与观测流量的时间相关系数可以达到

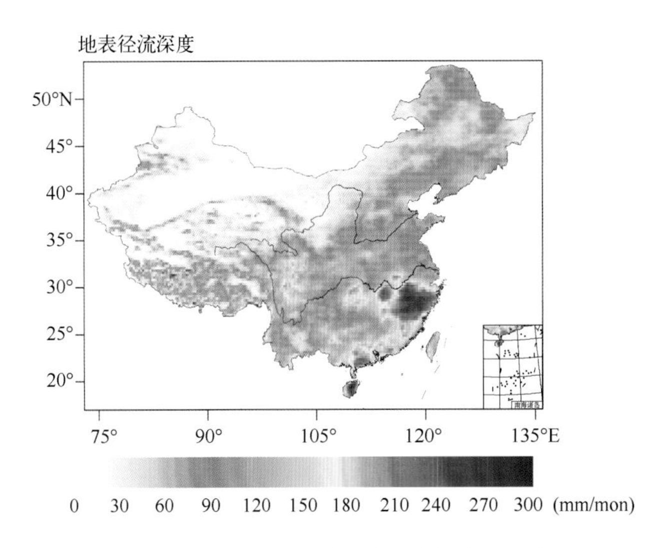


图3.15 2010年全国平均地表径流深度(mm/mon)

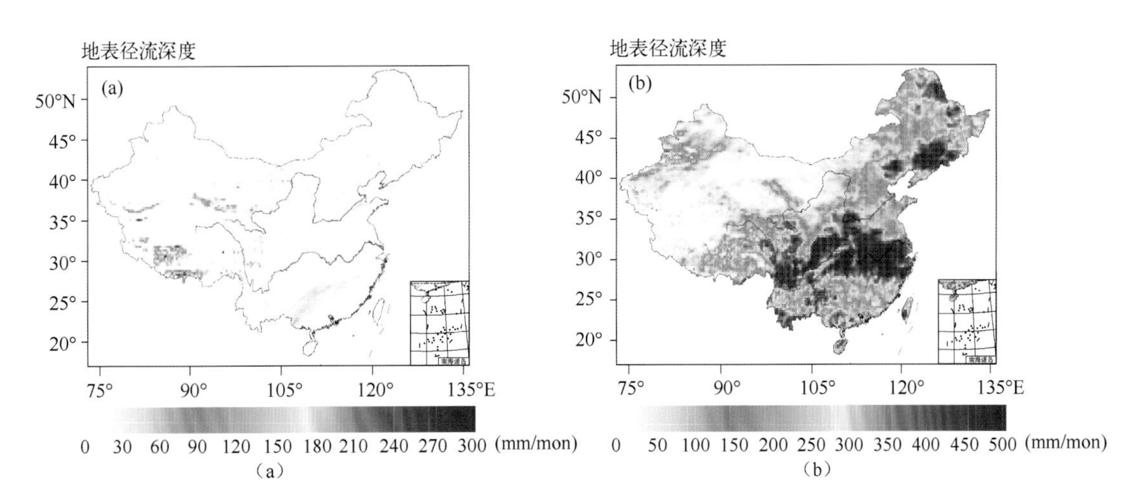


(a) (b)

图3.16 2010年1月(a)和7月(b)全国月平均地表径流深度

0.69。在实际流量较小的时候,例如5月至8月,CREST模拟的流量稍大于实际的流量,但是在几个较大洪峰时模型模拟流量小于观测流量。模型模拟流量与观测流量变化基本是同步的,没有较大的位相差别,但是在2010年6月初的一次降雨过程(日降水超过100 mm)模型模拟有一次较大的流量过程(约1000 $m^3/s$),实际观测中却没有这样的过程,这可能与水坝蓄水等人类活动有关。

四川金溪位于106°21′E,31°07′N,海拔约315 m,位于嘉陵江的中下游,四川盆地的东边;嘉陵江是长江支流中面积最大的河流,且其流量仅次于岷江、长度仅次于汉水。金溪站的降水主要集中在5—10月(图3.18),最大日降水可以超过300 mm,平日流量小于1000 $m^3/s$,汛期可达2000 $m^3/s$,最大甚至上

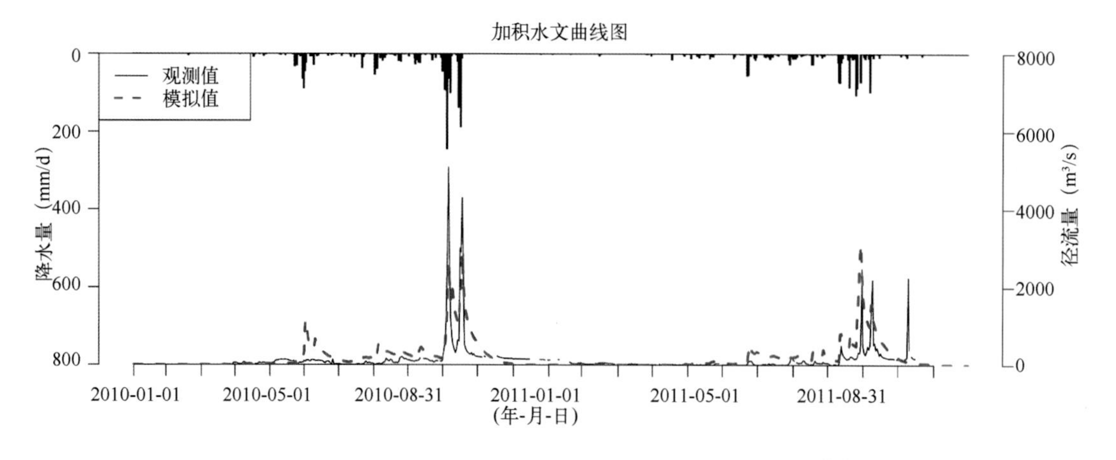


图 3.17　2010—2011 年海南加积站水文过程线与日降水[45]

万 $m^3/s$。从图 3.18 来看，CREST 模型模拟的径流量变化曲线比观测径流量曲线平滑得多，在几个较大的洪峰如 2010 年 7 月末和 2011 年 7 月初的两次洪峰，对应日降水超过 200 mm，CREST 模型虽然也有较大变化幅度，但是与实际观测相比还是小了很多，观测流量超过 6000 $m^3/s$，甚至 8000 $m^3/s$，而模拟的流量则在 2000～3000 $m^3/s$；造成这种偏差的可能原因一方面是由于水文模型自身的一些物理过程的误差，另一方面 CMORPH 降水对极端降水可能会有低估 3。而在 2010 年 8 月末的一次较大流量过程中，对应的降水很小，降水应该是来自上游地区，CREST 模型也较好地再现了这个流量的变化过程，虽然总量仍然偏小，但是变化形态基本一致。总体看来，虽然 CREST 模型模拟的流量总体偏小一些，变化幅度较为平缓一些，但是对金溪站的流量变化过程还是基本能较好地模拟，两年时间序列的相关系数为 0.48，相对偏差为−8.11%。

四川金堂县三皇庙站经纬度为 104°29′E，30°48′N，海拔 445 m，位于长江的支流沱江上，多年平均年径流量达 76.4 亿 $m^3$（约合 242 $m^3/s$）。汛期集中在 5 月至 10 月，最大日降水可以超过 200 mm/d，从 2010—2011 年的水文过程图来看（图 3.19），CREST 模型模拟的流量偏小，但是仍然能较好地模拟流量变化，尤其是流量突变的过程，基本上没有位相的差别，但是变化幅度偏小较多。值得注意的是，在 2010 年 10 月三皇庙水文站有较大且持续时间较长的降水过程，但是无论是从实际观测的流量还是模拟的流量来看，都没有较大幅度的增幅，说明上游地区可能几乎没有较大的降水过程，而降水只是局地的。

珠江是我国南方最大河系，全长 2320 km，是中国境内第三长的河流，按年流量则为中国第二大河流，水系支流众多，水道纵横交错，但主要由西江、北江、

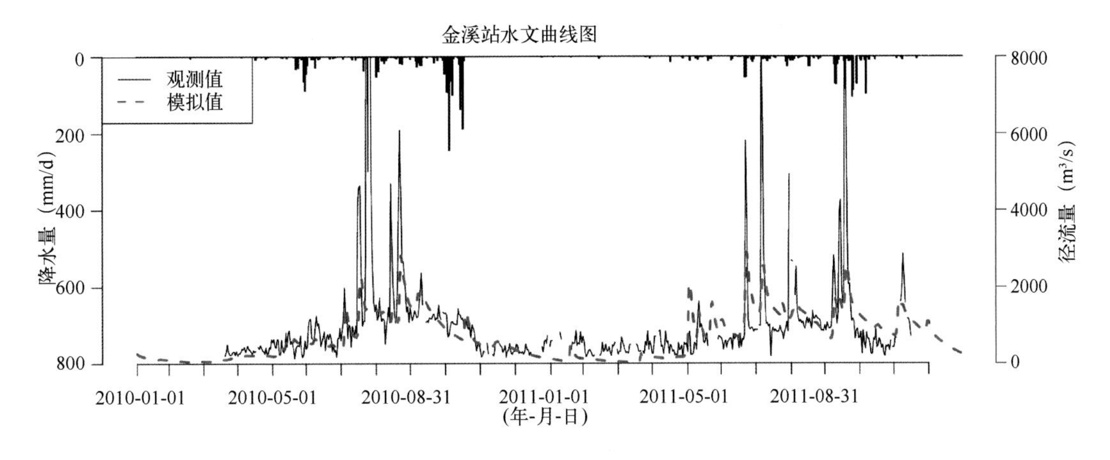


图 3.18　2010—2011 年四川金溪站水文过程线与日降水[45]

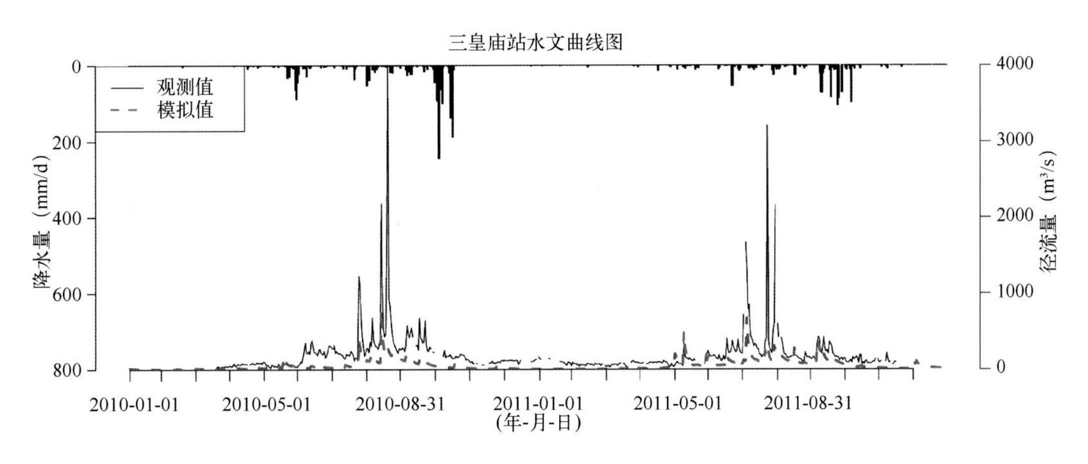


图 3.19　2010—2011 年四川三皇庙站水文过程线与日降水

东江三条河流组成，其干流西江发源于云南省沾益县马雄山。其汛期长，径流稳定，水量大，上游落差较大，水能充足。马陇水文站位于西江上游支流刁江之上，经纬度为 108°23′E，24°15′N，海拔 157 m。全年汛期为 4—10 月，年际变化较大。图 3.20 是 2010 年至 2011 年的水文过程线图，可以看到 2010 年降水较多且降水量较大，最大日降水量甚至超过 200 mm，因此径流总体较大，最大超过 800 $m^3/s$，而 2011 年降水则较少，且降水较均匀，没有突发的大暴雨，因此径流变化总体较平缓，且峰值较小。CREST 模型总体和实际观测值非常接近、契合得非常好；但是在几次洪峰过程变化幅度上略有偏差，如 2010 年 6 月末一次特大暴雨过程，模型模拟值比实际观测大很多，而在 2011 年的几次强降水过程中模拟径流量则比实际观测小一些；但总体说来对整个水文过程的模拟还是较好的，相关系数达到 0.74，相对偏差为－15％。卡甫其海水文观测站位于伊犁河

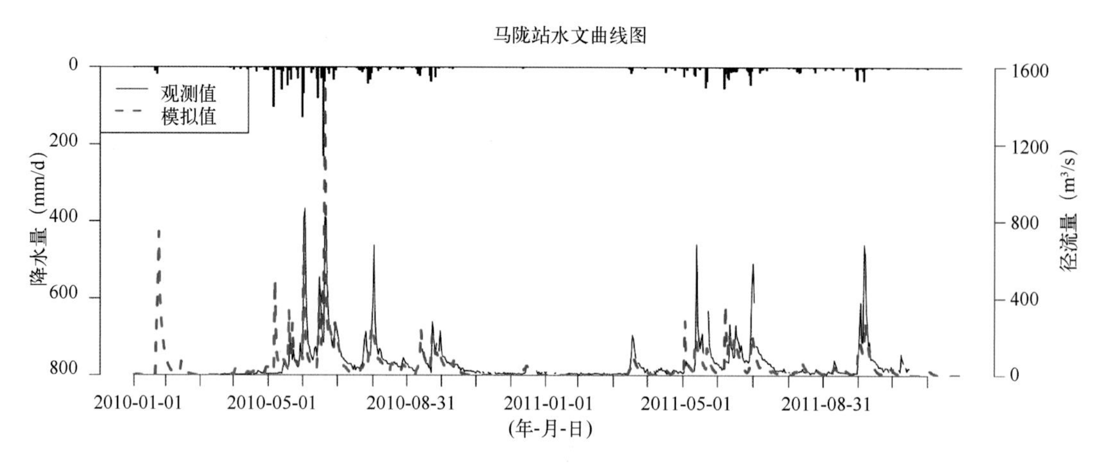


图 3.20　2010—2011 年广西马陇站水文过程线与日降水[45]

的最大支流特克斯河上，经纬度为 82°30′E，43°22′N，海拔 878 m。特克斯河发源于哈萨克斯坦汗腾格里主峰北坡，由西向东流，进入中国并于另外两条河流汇合后称伊犁河，最后又回到哈萨克斯坦并最终流入巴尔喀什湖，是新疆境内径流量最丰富的河流。卡甫其海水文站的观测资料缺测较多，但是基本上仍能看出其主要的变化特征（图 3.21）。每年的 12 月到 2 月为卡甫其海站封冻期，但是 CREST 水文模型由于缺乏必要的热力学模块与物理过程，在这个时期的模拟有严重的偏差，另外，CMORPH 等卫星遥感降水产品也基本不区分固态降水和液态降水，因此在高纬度冬季的水文模拟中可能导致虚假的大径流量；解冻之后的流量模拟变化基本上和实际观测对应得很好，但是数值偏大。2010—2011 年期间降水主要分布在 4—10 月，各月之间日降水量分布基本比较均匀，最大也没有超过 50 mm/d，这期间模型模拟流量基本准确，虽仍有些偏大，但位相与观测对应较好。

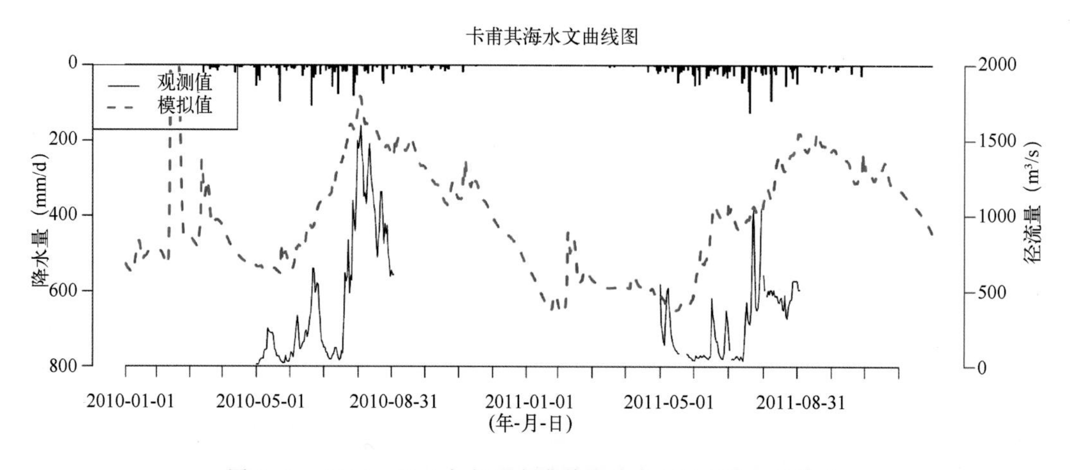


图 3.21　2010—2011 年新疆卡甫其海站水文过程线与日降水

西宁水文观测站位于黄河支流湟水之上，经纬度为101°47′E，36°38′N，海拔2295 m，和卡甫其海水文站一样，冬季河流也有一个封冻期，而由于CREST模型缺乏相应的过程模拟的流量远大于实际流量，尤其在有降雪过程的情况下（图3.22）。从2010—2011年的两年的整体过程来讲CREST模型模拟的值要比实际观测值大得多，但是径流变化的基本位相还是有比较好的对应。

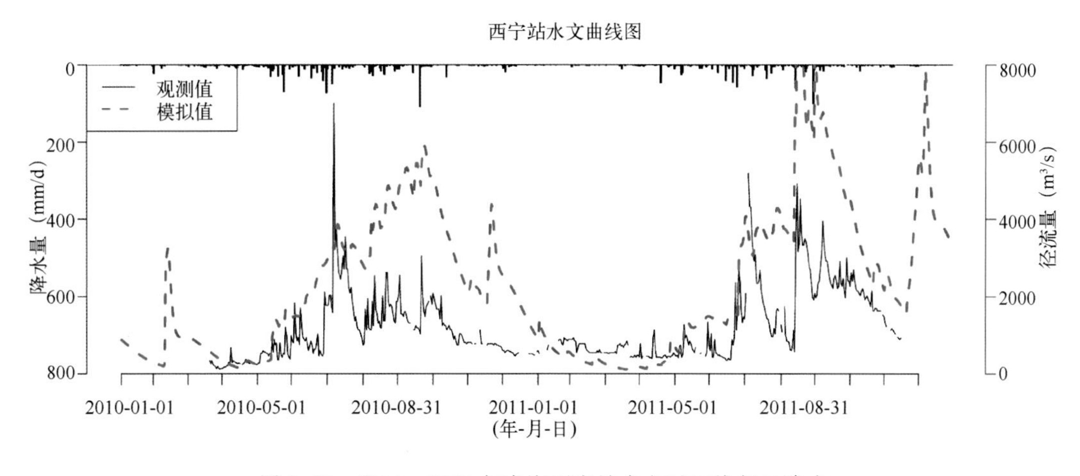


图3.22 2010—2011年青海西宁站水文过程线与日降水

安徽屯溪水文观测站经纬度为118°20′E，29°43′N，位于新安江上游，年平均气温14.58℃，1月平均气温4℃，无霜期为236天，多年年平均降水量为1630 mm，最大日降水量220 mm。从屯溪站的水文过程线来看（图3.23），CREST模型极大地高估了这个站点的径流量，在研究范围的整个时段内，CREST模拟流量都大于实际观测的流量；虽然径流量值相差很大，但是变化位相几乎一致，不仅对大的洪峰流量波动模拟得较好，一些小的流量波动也能较好地模拟出来，与观测径流量相关系数达0.52。值得注意的是，2010年5月中旬屯溪站有较大降雨，日降水超过170 mm，但是实测流量只有1600 $m^3/s$，模型输出流量也仅为3200 $m^3/s$；而2011年6月14日屯溪站降水仅150 mm，但是实测径流量超过5300 $m^3/s$，模型模拟流量更是超过6400 $m^3/s$，这是因为2010年的例子中，前期降雨不大，而且降水主要集中在屯溪局地，而2011年降水范围较大，上游地区降雨量普遍超过215 mm，导致位于下游的屯溪站水位暴涨，径流量暴增。

福建武夷山站乃是福建省最大河流闽江的支流崇溪上的水文测站，具体位于东经118°02′、北纬27°45′，海拔高度214 m，四周坡度较陡，水流较急，年均气温17.6℃，年平均降水量1864 mm。和屯溪站类似，CREST模型模拟的径流量总体偏大（图3.24），尤其是在有较多降水时的峰值流量的模拟上，偏差更是明

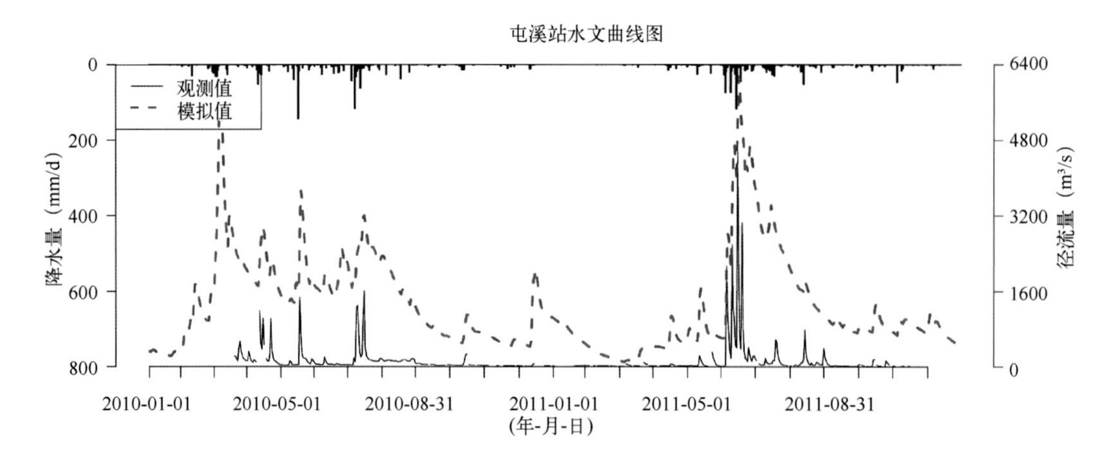


图 3.23　2010—2011 年安徽屯溪站水文过程线与日降水

显，这可能与此地的地形有关，因为这个站点周围地形高度变化较大，坡度较陡，在分辨率不够高的情况下可能对水文模型的模拟造成比较大的困难。虽然因为地形复杂等原因造成量值上偏差较大，但是对 2010—2011 年两年内的水文过程的模拟还是基本准确的，相关系数达到了 0.73，相对偏差为 284%，如果做一个线性校正，则偏差可以减小到 17%。

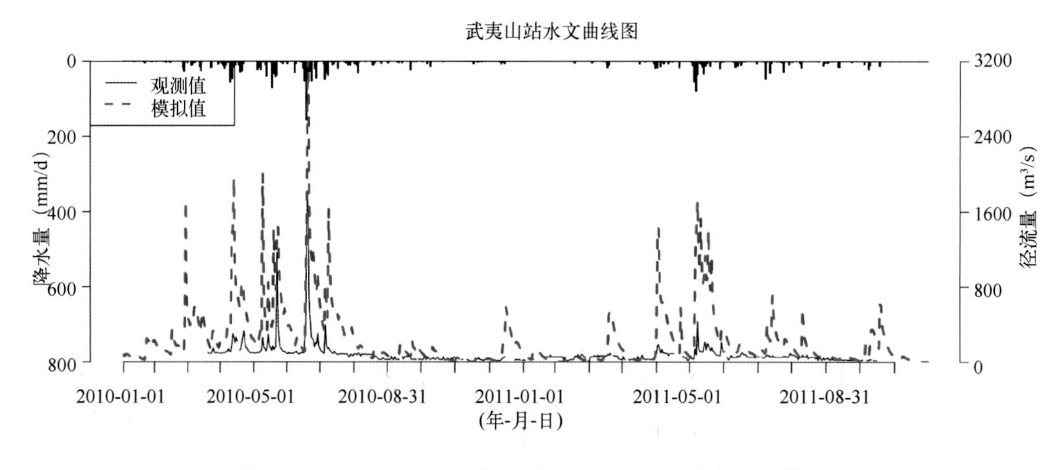


图 3.24　2010—2011 年福建武夷山站水文过程线与日降水

辉发河发源于我国吉林省长白山西麓辉南县，流经磐石市，于桦甸市境内进入第一松花江，梅河口经纬度为 125°41′E，42°30′N，海拔 324 m，位于辉发河上游，是长白山区与松辽平原的交汇处。CREST 对梅河口水文站的的水文过程模拟如图 3.25 所示，整个研究时间段内，模型模拟值都偏大，尤其是 2010 年 2 月初有一个异常的大值，但这个时间段应该为梅河口站的封冻期。而对夏季的汛期来说，模拟的值更是偏大，尤其是对 2011 年夏季的模拟；2011 年夏季总降水没有 2010 年多，但是也有几次较大的降雨过程，在这些过程中，CREST 模型模拟的流量较大，最大超过 200 $m^3/s$，但实际观测只有 50 $m^3/s$，2011 年的洪峰过程模拟的较好一些，除了数值的涨落位相一致以外，数值大小量级也相差不多。虽然总体来说模拟的梅河口水文站流量量值比实际观测大，但是对过程的模拟还是比较合理的，相关系数达到 0.72。

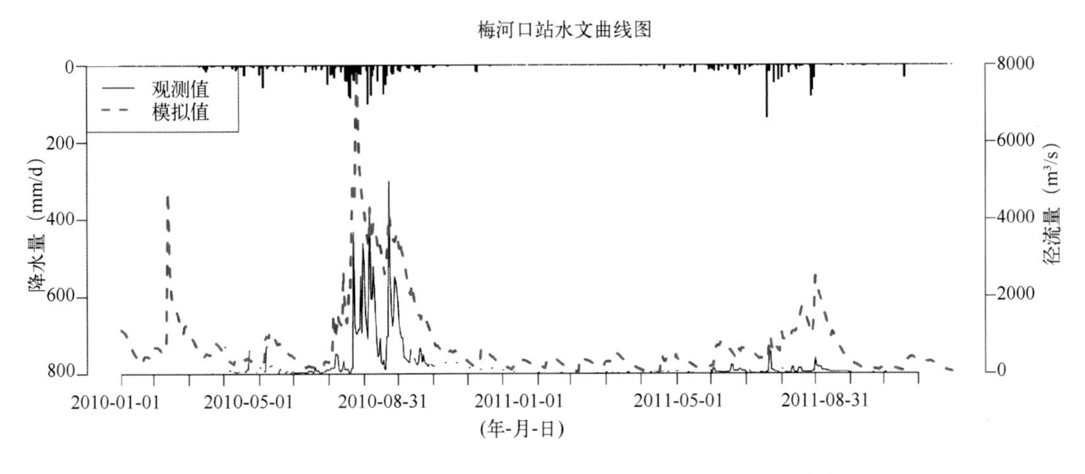


图 3.25　2010—2011 年吉林梅河口站水文过程线与日降水

表 3.2 是以上各水文站点总体信息的一个汇总，并计算了 2010—2011 年两年内 CREST 模型模拟的每日径流量与观测净流量之间的时间相关系数、NSCE (Nash-Sutcliffe Coefficient Efficientcy)、相对误差以及简单的线性订正以后的 NSCE 和相对误差。NSCE 值是水文模型评价中常用的一个指标量，用来描述水文模型模拟、预报结果好坏程度的，其取值范围为∞到 1，值越小说明模型模拟结果越差，理想的情况下为最大值 1，其计算见公式(3.3)

$$NSCE = 1 - \frac{\sum (Q_{i,o} - Q_{i,c})^2}{\sum (Q_{i,o} - Q_o)^2} \tag{3.3}$$

其中 $Qi,o$ 表示第 $i$ 个观测值，$Qi,c$ 为第 $i$ 个模拟值，$Qo$ 为观测值的平均。而相对误差的计算如公式(3.4)

$$Bias = \frac{\sum Q_{i,c} - \sum Q_{i,o}}{\sum Q_{i,o}} \times 100\% \tag{3.4}$$

表 3.2 中可见，上面选取的站点基本上从南到北、从东到西都有覆盖，而海拔变化幅度也较大，同时所处的地区气候也各不相同，而模型基本上都能较好地模拟这些站点的径流量年变化，虽然从量值上来看，有的地方偏差比较大，如屯溪站相对误差可以达到 1324.32%，而 NSCE 也低至－19.35，但是总体径流变

化情况还是能较好地再现，相关系数达到0.52，而且经过简单的线性修正以后NSCE可以提高到0.27，相对误差则可以降低到19.69%。而有的站点，如加积站、金溪站和马陇站等即使不经过修正结果也较好。通过比较还可以发现，对流域面积较大的站点或者处于较为下游的站点模型模拟值偏大，而上游地区以及流域面积较小的站点模拟值则好一些；对南方的站点一般说来结果要好一些，而对北方的站点结果则要差一些。

**表3.2 CREST模型模拟的几个站点的基本信息及其模拟径流量值与观测值的对比，其中CC为时间相关系数，NSCE为NashSutcliffe指数，而Bias则为相对误差**

| 站点 | 经度(E) | 纬度(N) | 海拔(m) | 修正前 | | | 修正后 | |
|---|---|---|---|---|---|---|---|---|
| | | | | CC | NSCE | Bias(%) | NSCE | Bias(%) |
| 加积 | 110°28′ | 19°14′ | 90.69 | 0.33 | 74.09 | 0.48 | −0.58 | |
| 金溪 | 106°21′ | 31°07′ | 315 | 0.48 | 0.2 | −8.11 | 0.23 | −8.11 |
| 三皇庙 | 104°29′ | 30°48′ | 445 | 0.59 | −0.02 | −72.2 | 0.35 | 15.96 |
| 马陇 | 108°23′ | 24°15′ | 157 | 0.74 | 0.5 | −15.89 | 0.54 | 21.33 |
| 西宁 | 101°47′ | 36°38′ | 2295 | 0.75 | −3.53 | 153.82 | 0.56 | 25.59 |
| 卡甫其海 | 82°30′ | 43°22′ | 878 | 0.72 | −2.66 | 691.72 | 0.52 | 179.33 |
| 屯溪 | 118°20′ | 29°43′ | 115 | 0.52 | −19.35 | 1257.65 | 0.27 | 19.69 |
| 武夷山 | 118°02′ | 27°45′ | 214 | 0.73 | −5.88 | 284.35 | 0.53 | 22.79 |
| 梅河口 | 125°41′ | 42°30′ | 324 | 0.72 | −2.85 | 455.87 | 0.51 | 11.99 |

以上从模型模拟不同地区、不同流域的站点径流量水文过程以及从全国实际蒸散发、土壤湿度、全国径流量分布等方面验证了CREST模型对不同地区水文过程的模拟能力，认为CREST模型能较好地模拟不同地区的水文过程，尤其是各基本变量的空间分布以及不同地区河流径流量的时间变化。以下将以地表自由水深为指标监测与预报洪涝灾害，并与实际洪涝灾害情况进行验证分析。

### 3.3.3 模型对洪涝灾害的监测和预报结果分析

如上所述，本节将使用高分辨率卫星遥感降水实时驱动的CREST模型输出的地表自由水深作为依据判断是否会有洪涝发生，其中降水主要由空间分辨率为8 km、时间间隔为半小时的CMORPH降水资料，同时辅以TRMM和PERSIANN两种降水资料，以弥补CMORPH资料的缺测等空白；研究时段为2008年1月1日至2011年12月31日。水文观测资料及报告主要来自水利部水文局(水利信息中心)的中国水文信息网的全国大江大河实时水雨情网(http://www.hydroinfo.gov.cn)及水雨情月报，其中既有我国主要江河水文站每日的流量、水位及降水信息，也有每个月主要的水文事件的总结报告；洪涝灾害受灾情况包括受灾面积、受灾人口以及造成的经济损失等，信息则来自由国家测绘地理信息局地理信息与地图司、民政部救灾救济司，中国测绘科学研究院和民政部国家减灾中心承办的全国灾情查询通报信息系统（http://zaiqing. casm. ac. cn），其中除了有洪涝灾害的相关信息，还有旱灾、低温冰冻、雪灾以及地震、山体滑坡等自然灾害的相关信息。

图 3.26 是 2008—2011 年观测以及 CMORPH 每日全国范围最大日降水值及 CMORPH 驱动的 CREST 模型输出全国每日最大地表自由水深的时间序列图，其中可以较清楚地看到降水和地表自由水深的季节变化，同时可以看到地表自由水深随降水的变化而起伏，事实上，地表自由水深日最大值与观测降水日最大值的时间相关系数为 0.55，与 CMORPH 降水的相关系数为 0.78，同时，CMORPH 降水和观测降水的时间相关系数为 0.53。可见，两种降水资料与地表自由水深的日最大值三者之间的相关程度很高，但是值得注意的是，在这 4 年中，观测日降水的全国最大值有几个特别大的极值，最大的甚至超过 1000 mm/d，还有两次超过 800 mm/d，两次超过 600 mm/d。然而在 CMORPH 降水中则没有这种极值，如前面 3.2.2 节所讨论的，CMORPH 降水对一些特别极端的大降水值估计有较大的偏差，低估比较严重，但对普通暴雨、大暴雨的估计还是比较准确的，且对极端降水的空间分布和时间演变还是比较准确的。

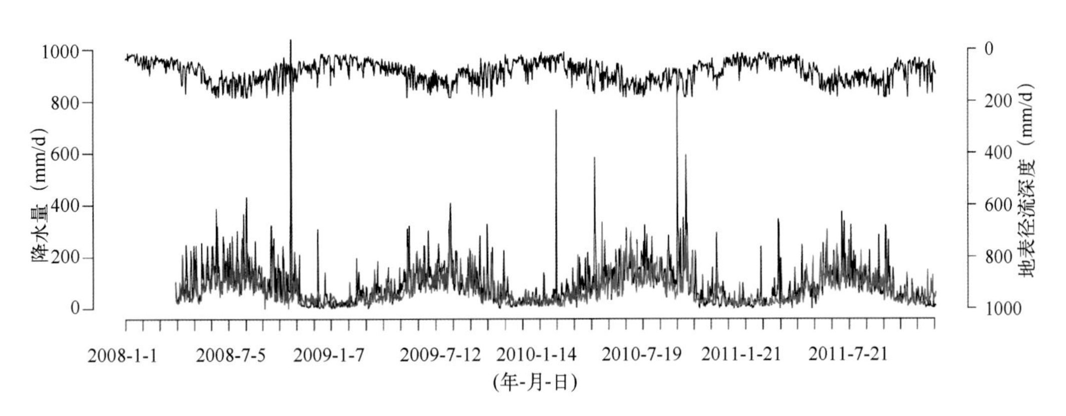


图 3.26　2008—2011 年全国最大日降水(mm/d)及其对应的最大地表自由水深(mm/d)，左边坐标对应的为降水数据，降水数据中黑色为观测值，蓝色为 CMORPH 遥感降水值，右边坐标对应的为最大地表径流深度

图 3.27 是 2008—2011 年全国日最大地表自由水深的直方图，由直方图可以看出，日最大地表自由水大致以 0 mm、30 mm、50 mm、85 mm、150 mm 以及 210 mm 等值为界分为 6 个区间，我们将这 6 个区间分别依次赋值为 0～5 作为

洪涝发生指数，来表示洪涝发生的可能性及其严重程度，其中值越小表示越不可能发生洪涝，而值越大表示越可能发生洪涝，且洪涝灾害越严重。

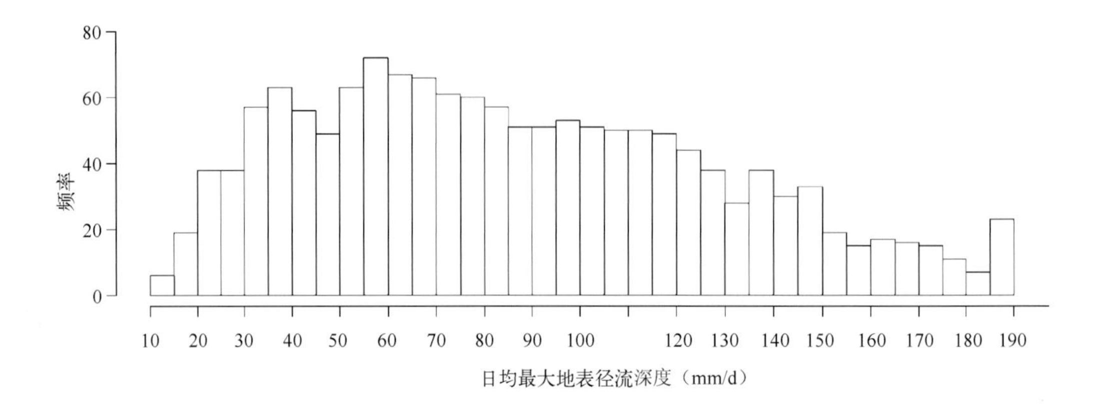


图 3.27　2008—2011 年全国最大地表径流深度(mm/d)直方图

(1)2008 年 4 月中旬两次洪涝灾害的分析

受较强西南暖湿气流的影响，北京时间 2008 年 4 月 18 日 8 时至 20 日 8 时（UTC2008 年 4 月 18 日 00 时至 20 日 00 时），淮河上游出现一次强降雨过程，淮北及大别山区普降大到暴雨，雨量为 50～150 mm，最大点雨量河南信阳王堂 177 mm。受降雨影响，淮河上游发生了 2008 年首次超警洪水。22 日 9 时 24 分，淮河干流 2008 年第 1 号洪峰通过王家坝水文站（安徽王家坝），洪峰水位 27.78 m，超过警戒水位(27.50 m)0.28 m，最大流量 3140 $m^3/s$(22 日 5 时)，为自 1964 年以来最大一次春汛，为 1952 年有实测记录以来历史同期第三位洪水。

图 3.28 是这次过程对应的观测累积降水量、CMORPH 卫星累积降水量分布以及 CREST 模型输出日平均径流分布和地表径流深度的空间分布。CMORPH 卫星遥感降水空间分布和观测降水的分布几乎是一致的，在湖北、安徽、江苏等地有一个明显的降水带，最大降水 150 mm 以上，但是 CMORPH 降水值明显比观测降水小，尤其是 40 mm 以上降水的面积比观测降水的小得多。而同时也能较明显地看到在河道之外有大片区域的地表径流超过 5 $m^3/s$，对应的地表径流深度可达 50 mm/d，最大可达 85 mm/d 以上，表明有较中等程度的洪涝发生。CREST 模型所输出王家坝站流量峰值出现在 23 日 0 时，比实际观测时间晚，且值要小一些，为 2949 $m^3/s$。虽然 CMORPH 降水总体较实际观测偏小，但是仍能较好地再现实际降水的空间分布，且由其驱动运行的 CREST 模型能较好地反映洪涝灾害的发生范围和程度。但由于降水的偏差以及水文模型本身的误差，模拟的径流量峰值有较大偏差，且峰值时间也有一定的偏差。

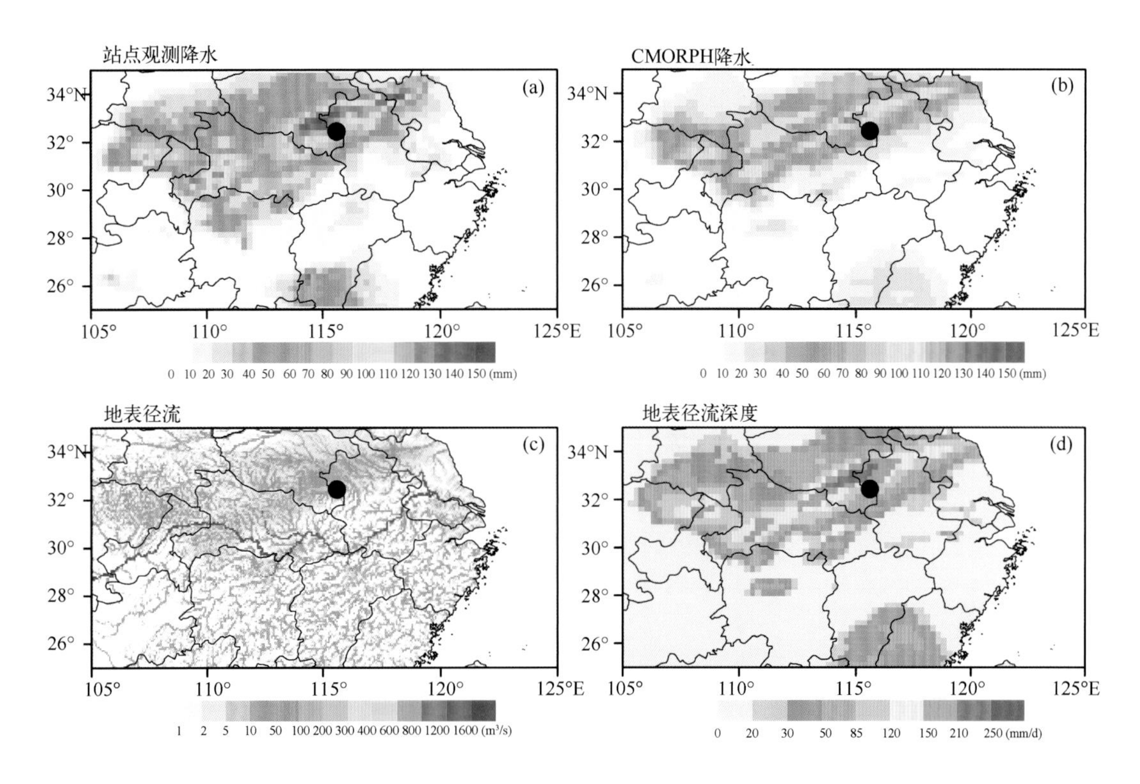


图 3.28　2008 年 4 月 18 日至 20 日淮河上游地区累积观测降水(a)、累积 CMORPH 降水(b)、日平均地表径流量(c)和日平均地表径流深度(d)，其中黑色圆点为安徽王家坝水文站[45]

受冷暖空气共同影响，4 月 11—13 日，广西东南部普降大到暴雨，局部出现短历时特大暴雨，最大日雨量达 222 mm，最大 2 小时雨量达 145 mm。受强降雨影响，玉林市区发生比较严重的内涝，部分街道水深超过半米。南流江、北流河发生明显涨水过程，其中南流江上游发生超警戒洪水，横江水文站 13 日 13 时洪峰水位 64.24 m，超过警戒水位 1.54 m，相应流量 742 $m^3/s$。图 3.29 是这次事件对应的累积降水、日平均径流量和径流深度，CMORPH 降水和观测降水有较大差异，比实际观测降水大，且大值的范围也有较大差异，尤其是在广西东部和广东省西南部，实际观测只有 50 mm 左右，但 CMORPH 降水达 140 mm 以上。横江水文站处于降水区的边缘，但是由于上游降水较大，因此发生超警戒洪水，观测洪峰流量出现在 13 日 13 时，而模型中洪峰出现在 13 日 12 时，时间对应的很好，但是由于 CMORPH 降水较实际降水偏大，因此模型中洪峰流量也偏大，达 1505 $m^3/s$。玉林市在横江东北部，正是降水最多的地区，其日平均径流量达 10 $m^3/s$ 以上，地表径流深度 30 mm/d 以上，为轻度洪涝。

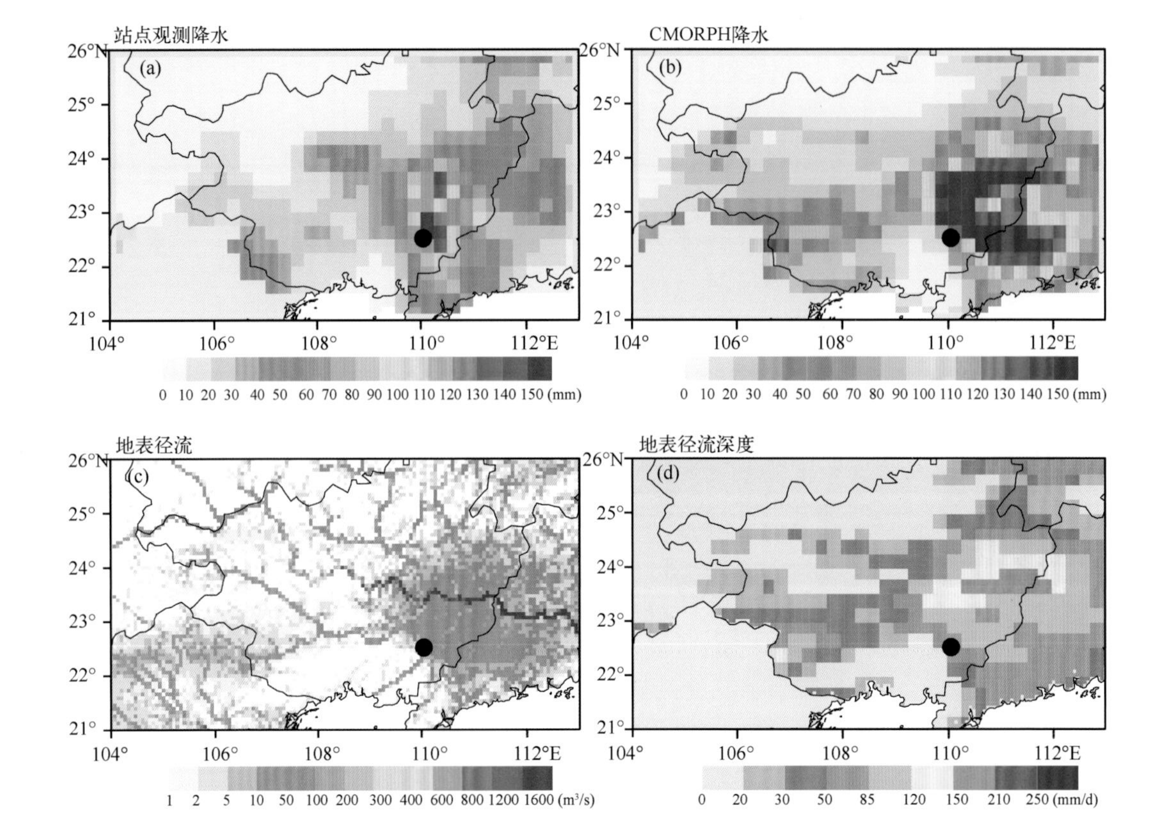


图 3.29　2008 年 4 月 11 日至 13 日广西东南部地区累积观测降水(a)、累积 CMORPH 降水(b)、日平均径流量(c)和日平均径流深度(d)，其中黑色圆点为横江水文站位置[45]

(2)2008 年珠江特大洪水的分析

受冷暖空气共同影响，6 月 7—17 日，珠江流域自西向东连续发生了三次强降雨过程，全流域 11 天累积面平均雨量为 253 mm，其中西江支流桂江、柳江、北江、东江、三角洲地区面平均雨量 300～360 mm，降雨笼罩面积 300 mm 以上 22 万 $km^2$，400 mm 以上 9.6 万 $km^2$，500 mm 以上 3.2 万 $km^2$，过程最大点雨量达 837 mm。多个站点水位超过警戒线，甚至超过有建站观测以来的最大记录。图 3.30 是这次过程中降水、径流和径流深度的分布图，CMORPH 降水在这几天总量比观测降水小很多，尤其是其中 300 mm 降水以上的区域面积比观测小了很多，只有大约 1.1 万 $km^2$，甚至比观测 500 mm 以上的面积还要小。但是 100 mm 以上的面积两者相当，相差不超过 10%，空间分布也极其相似。模型输出的河流径流量比实际观测小很多，如苍梧站洪峰时流量高达 14200 $m^3/s$，但模型模拟最大只有 6700 $m^3/s$，且洪峰出现时间也晚 20 小时左右；模型模拟的桂林、阳朔站等径流量也比观测值小。由于 CMORPH 降水资料比实际降水小很多，所以模型模拟径流深度大多只有30 mm/d，只有少数地方超过50 mm/d。由于降水资料与实际降水有较大偏差，所以模拟出来的径流量和径流深度与实际偏小。

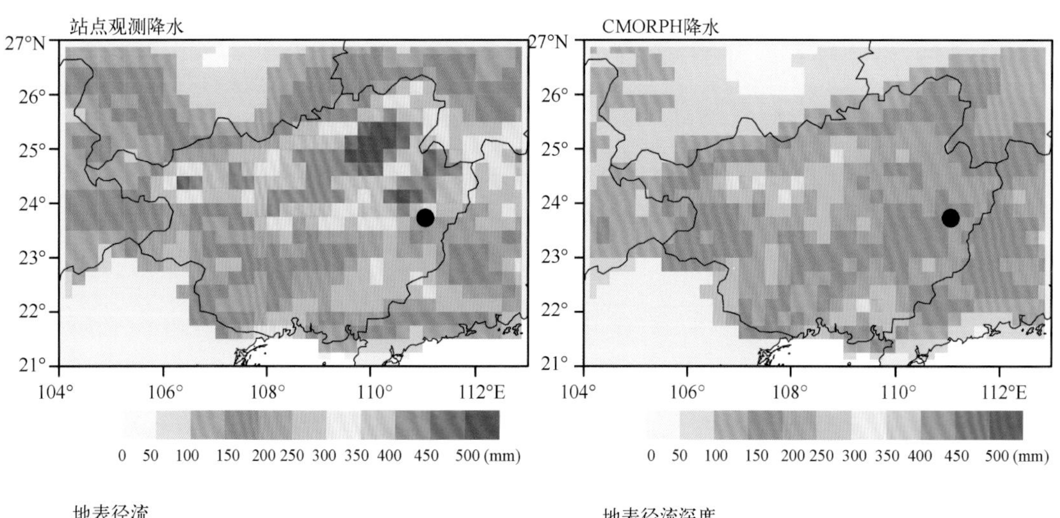


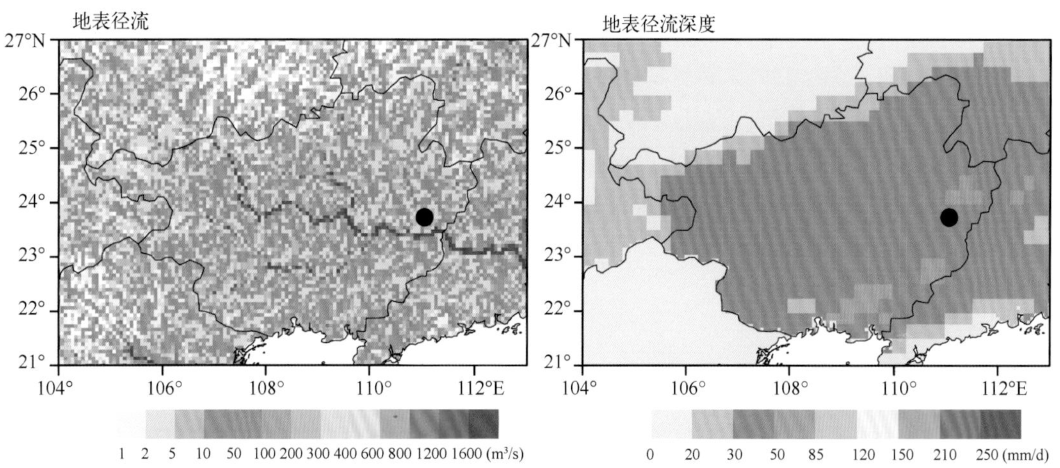


图3.30 2008年6月7日至17日珠江流域基本水文情况，其中黑色圆点为广西苍梧水文站位置

(3)2010年松辽流域洪涝灾害

7月份，全国七大流域均发生了不同程度的暴雨洪水，全国32个省(市、区)中的21个省(市、区)共有240多条河流发生了超警以上洪水。长江上游嘉陵江，汉江支流丹江和白河，黄河支流伊洛河，海河流域滦河上游，松花江支流第二松花江等40多条河流发生了超历史纪录的洪水，长江上游干流发生了1987年以来的最大洪水。

2010年7月19—22日松辽流域出现了强降雨过程。松花江干流和第二松花江、辽河中部东部一般为30～100 mm，其中辽河中部和第二松花江上游地区

100～300 mm，最大可达 441 mm，CMORPH 卫星降水与之对应得非常好，降水的大值中心以及总体的分布形态都非常类似，大值降水总体都呈东北—西南向的带状分布，而在主要降水区周围有一些零星降水。从细节上来看，CMORPH 降水最大与观测相比还是偏小，降水量整体也稍微偏小一些(图 3.31)。二道松花江支流古洞河大甸子水文站(吉林安图)7 月 28 日 13 时水位 7.05 m，相应流量 1160 $m^3/s$，水位、流量均列 1958 年建站以来第一位，模型模拟的最大流量出现在 28 日 21 时，时间上稍晚一些，而流量值也偏小一些，只有 720 $m^3/s$；另一支流富尔河大蒲柴河水文站(吉林敦化)28 日 20 时洪峰水位 10.42 m，相应流量 1580 $m^3/s$，水位、流量均列 1958 年建站以来第一位，而模型模拟的流量峰值为 816 $m^3/s$，出现在 29 日 12 时，也是有一些偏差的(历史最高水位 8.00 m，历史最大流量 842 $m^3/s$，1960 年 8 月)。根据径流量及其深度图来看，洪涝发生区域基本上与降水大值区对应，大部分为中度甚至重度洪涝。相比 CMORPH，WRF 模式预报降水更是偏小，但是分布形态基本对应得较好，由于降水的偏差，河流径流量相比观测也是偏小，而径流深度相比 CMORPH 的结果也小一些，同时面积也小一些。

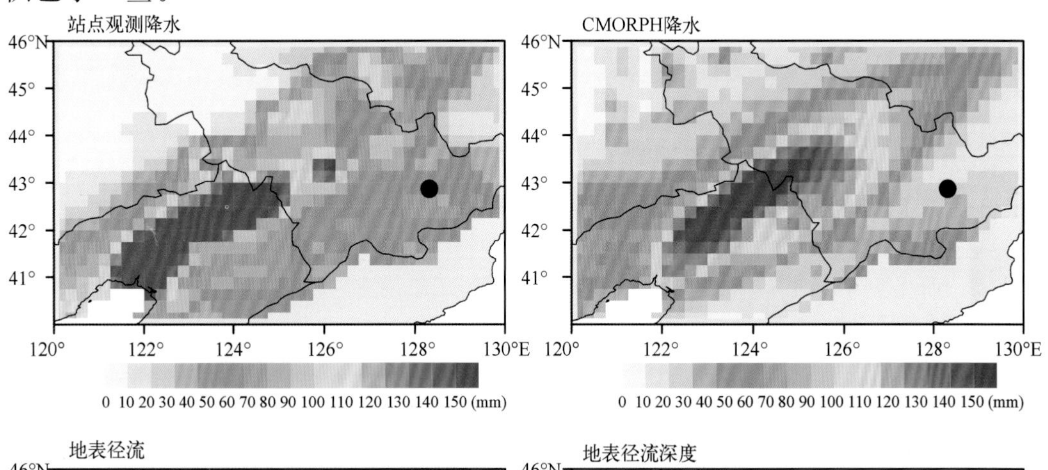


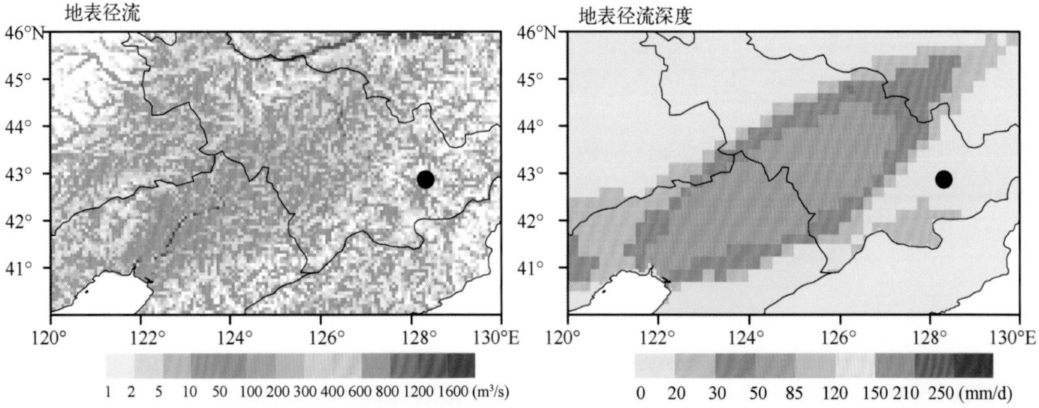


图 3.31　2010 年 7 月 19 日至 22 日松辽流域基本水文情况，其中黑色圆点为吉林安图大甸子水文站位置

## 3.4 小结

本章首先建立了基于甚高空间分辨率的卫星资料以及复合多尺度分布式水文模型的洪涝监测预报系统，使用基于卫星遥感的 DEM 数据及其衍生产品作为边界条件，以及时空分辨率为半小时、8 km 的 CMORPH 卫星降水资料、数值预报模式 WRF 预报降水和 FFWS-NET 计算潜在蒸散发资料作为驱动因子，驱动分布式水文模型 CREST 运行，以模拟和预报中国地区地表的实时水文状况和洪涝灾害情况。

系统模拟、预报的蒸散发、土壤湿度、河道径流量等水文学基本变量空间分布及时间演变基本合理，虽然在量值上和实际观测有一定的偏差，但是空间分布和观测相比是非常一致的，且如果将模型的结果通过简单的后处理，则结果与实际的量值相差也不大。通过不同地区的多个水文站点两年左右的水文过程线(流量过程线)来看，模型能较好地模拟这些站点的流量涨落，而在有的站点对流量的变化幅度模拟有较大偏差，但是对其变化的位相变化模拟还是比较准确的，表明模型的模拟效能总体还是比较好的。值得注意的是，由于模型的热力学过程处理比较简单，因此导致对蒸散发的模拟有一定的偏差，同时对由融雪、冰冻等热力学原因引起的水文过程无法正确地模拟、预报，因此对北方冬季河流径流量等的模拟和预报是有较大偏差的[45]。

通过对系统模型结果的分析，确定了洪涝灾害判定标准，同时对 2008 年至 2011 年的几次洪涝进行了验证分析，认为这个洪涝灾害监测、预报系统还是基本能正确地得到洪涝灾害的信息，能监测和预报洪涝发生的时间和波及的范围，有较大的实用价值。

### 参考文献

[1] Rockwood D. Application of Streamflow Synthesis and Reservoir Regulation-"SSARR"-program to the Lower Mekong River[M]. *US Army Corps of Engineers*, 1968.

[2] Schermerhorn V, Kuehl D, Center P, *et al*. Operational streamflow forecasting with the SSARR model [C]//*The Use of Analog and Digital Computers in Hydrology*, *Symposium*, *International Association of Scientific Hydrology*, UNESCO. 1968, 1.

[3] Speers D, Singh V, *et al*. SSARR model[J]. *Computer models of watershed hydrology*, 1995: 367-394.

[4] Crawford N, Linsley R. Digital simulation in hydrology'stanford watershed model 4[R]. 1966.

[5] Burnash R, Ferral R, Mcguire R. A generalized streamflow simulation system—Conceptual modeling for

digital computers, report, Joint Fed. and State River Forecast Cent[R]. *US Natl. Weather Serv.* /Calif. State Dept. of Water Resour. , Sacramento, Calif, 1973.

[6] Sugawara M. Automatic calibration of the tank model/L'étalonnage automatique d'un modèle à cisterne [J]. *Hydrological Sciences Journal*, 1979, **24**(3): 375-388.

[7] Sugawara M. TANK model[M]. *Computer models of watershed hydrology*, Water Resources Publications. LLC Company: Littleto, CO. USA. 1995: 165-214.

[8] Tingsanchai T, Gautam M. Application of TANK, NAM, ARMA and neural network models to flood forecasting[J]. *Hydrological Processes*, 2000, **14**(14): 2473-2487.

[9] Takahashi K, Ohnishi Y, 熊俊, 等. Tank 模型及其在边坡水位预测中的应用 [J]. 岩石力学与工程学报, 2008, **27**(12): 2501-2508.

[10] Zhao R J, Zhuang Y L, Fang L R, *et al*. *The Xinanjiang Model*[C]//Oxford Symposium IAHS129. , 1980: 351-381.

[11] 赵人俊. 流域水文模拟:新安江模型与陕北模型 [M]. 水利电力出版社, 1984.

[12] Zhao R. The Xinanjiang model applied in China[J]. *Journal of Hydrology*, 1992, **135**(1-4): 371-381.

[13] Lu M, Koike T, Hayakawa N. Distributed Xinanjiang model using radar measured rain-fall data[C]// *Water Resources & Environmental Research: Towards the 21st Century* (Proc. Int. Conf. ), 1996: 29-36.

[14] 芮孝芳. 流域水文模型研究中的若干问题[J]. 水科学进展, 1997, **8**(1): 94-98.

[15] Beven K, Kirkby M, Schofield N, *et al*. Testing a physically-based flood forecasting model (TOPMODEL) for three UK catchments[J]. *Journal of hydrology*, 1984, **69**(1): 119-143.

[16] Beven K, Lamb R, Quinn P, *et al*. Topmodel[M]. Water Resources Publications, 1995: 627-668.

[17] Beven K. Distributed Modelling in Hydrology: Applications of TOPMODEL[J]. *Chicester*: Wiley, 1997.

[18] Liang X, Lettenmaier D, Wood E, *et al*. A simple hydrologically based model of land surface water and energy fluxes for general circulation models[J]. *J. Geophys. Res.* , 1994, **99**: 14415-14428.

[19] Liang X, Wood E, Lettenmaier D. Surface soil moisture parameterization of the VIC-2L model: Evaluation and modification[J]. *Global and Planetary Change*, 1996, **13**(1): 195- 206.

[20] Beven K, Warren R, Zaoui J. SHE: towards a methodology for physically-based distributed forecasting in hydrology[J]. *IAHS Publ*, 1980, **129**: 133-137.

[21] Abbott M, Bathurst J, Cunge J, *et al*. An introduction to the European hydrological system-Systeme Hydrologique Europeen[J]. *Journal of hydrology*, 1986, **87**(1-2): 45-59.

[22] Todini E, Ciarapica L. The TOPKAPI model. *Mathematical Models of Large Watershed*. Hydrology, Chapter 12, edited by Singh, VP et al[M]. Water Resources Publications, Littleton, Colorado, 2001.

[23] Todini E, Ciarapica L, Singh V, *et al*. The TOPKAPI model[J]. *Mathematical models of large watershed hydrology*, 2002: 471-506.

[24] Liu, Martina M LV, Todini E. Flood forecasting using a fully distributed model: application of the TOPKAPI model to the Upper Xixian Catchment[J]. *Hydrology and Earth System Sciences*, 2005, **9**(4): 347-364.

[25] Li Z, Yao C, Wang Z. Development and application of grid-based Xinanjiang model[J]. *Journal of Hohai University (Natural Sciences)*, 2007, **35**(2): 131-134.

[26] Adler R, Huffman G, Chang A, *et al*. The version 2 global precipitation climatology project (GPCP) monthly precipitation analysis (1979-present)[J]. *Journal of Hydrometeorology*, 2003, **4**(6): 1147-1167.

[27] Joyce R, Janowiak J, Arkin P, *et al*. CMORPH: A method that produces global precipitation estimates from passive microwave and infrared data at high spatial and temporal resolution[J]. *Journal of Hydrometeorology*, 2004, **5**(3): 487-503.

[28] Huffman G, Bolvin D, Nelkin E, *et al*. The TRMM multisatellite precipitation analysis (TMPA): Quasi-global, multiyear, combined-sensor precipitation estimates at fine scales[J]. *Journal of Hydrometeorology*, 2007, **8**(1): 38-55.

[29] Hong Y, Adler R, Huffman G, *et al*. A conceptual framework for space-borne flood detection/monitoring system[C]//*AGU Spring Meeting Abstracts*, 2006, 1: 03.

[30] Hong Y, Adler R, Negri A, *et al*. Flood and landslide applications of near real-time satellite rainfall products[J]. *Natural Hazards*, 2007, **43**(2): 285-294.

[31] United States Department of Agriculture. Urban hydrology for small watersheds[R]. *Natural Resources Conservation Service*, Conservation Engineering Division, 1986.

[32] Burges S. Hydrological Effects of Land-use Change in a Zero-order Catciiment[J]. *Journal of Hydrologic Engineering*, 1998, **3**(2): 86-97.

[33] Wang J, Hong Y, Li L, *et al*. The coupled routing and excess storage (CREST) distributed hydrological model[J]. *Hydrological Sciences Journal*, 2011, **56**(1): 84-98.

[34] Priestley C, Taylor R. On the assessment of surface heat flux and evaporation using large-scale parameters[J]. *Monthly Weather Review*, 1972, **100**(2): 81-92.

[35] Hargreaves G, Samani Z. Estimating potential evapotranspiration[J]. *Journal of the Irrigation and Drainage Division*, 1982, **108**(3): 225-230.

[36] Zhao R. Watershed Hydrological Model: Xin'anjiang Model and Shanbei Model[M]. Beijing: China Water Power Press. (in Chinese), 1983.

[37] Naden P. A Routing Model for Continental-scale Hydrology[M]. *In Macroscale Modeling of Hydrosphere* 67-79. Wallingford: IAHS Press, IAHS, Publ.

[38] Vörösmarty C, Moore III B, Grace A, *et al*. Continental scale models of water balance and fluvial transport: an application to South America[J]. *Global Biogeochemical Cycles*, 1989, **3**(3): 241-265.

[39] Liston G, Sud Y, Wood E. Evaluating GCM land surface hydrology parameterizations by computing river discharges using a runoff routing model: Application to the Mississippi basin[J]. *Journal of Applied Meteorology*, 1994, **33**(3): 394-405.

[40] Brooks S. A discussion of random methods for seeking maxima[J]. *Operations Research*, 1958: **6**(2): 244-251.

[41] Brooks S. A comparison of maximum-seeking methods[J]. *Operations Research*, 1959, **7**(4): 430-457.

[42] Li L, Wang J, Hao Z. Parameter tolerance to forcing data, case study of Coupled Routing and Excess

STorage (CREST) hydrological model in Head region of Yellow River of China[C]//2010,**12**:6170, http://adsabs. harvard. edu/abs/ 2010EGUGA.. 12. 6170L.

[43] Wang J,Li L,Hao Z. Transferability of hydrological model parameters between basins and global run-off simulation[C]//2010,**12**:6171,http://adsabs. harvard. edu/abs/2010EGUGA.. 12. 6171W.

[44] Wu H,Adler R F,Hong Y,*et al*. Evaluation of Satellite-based Real-time Global Flood Detection and Prediction System with an Improved Hydrological Model[C]. *AGU Fall Meeting Abstracts*,2010,**33**: 02. http://adsabs. harvard. edu/abs/2010AGUFM. H33K.. 02W.

[45] 汪君,王会军,Hong Y. 一个新的高分辨率洪涝动力数值监测预报系统(已接收)[J]. 科学通报,2015, **60**:1-13. doi:10. 1360/N972015-00948.

[46] Werner M. Shuttle radar topography mission(SRTM) mission overview[J]. *Frequenz*,2001,**55**(3-4): 75-79.

[47] Friedl M,Mciver D,Hodges J,*et al*. Global land cover mapping from MODIS: algo-rithms and early results[J]. *Remote Sensing of Environment*,2002,**83**(1-2):287-302.

[48] Monteith J,*et al*. Evaporation and environment[C]//*Symp. Soc. Exp. Biol.*,1965,**19**:4.

[49] Mu Q,Heinsch F A,Zhao M,*et al*. Development of a global evapotranspiration algorithm based on MODIS and global meteorology data[J]. *Remote Sensing of Environment*,2007,**111**(4):519-536.

[50] Mu Q,Callow N,Smettem K,*et al*. Comparison study of MODIS evapotranspiration in Australia during 2000—2006[C]//2008,1:05.

[51] Mu Q,Zhao M,Running S W. Improvements to a MODIS global terrestrial evapotranspiration algo-rithm[J]. *Remote Sensing of Environment*,2011,**115**(8):1781-1800.

[52] Berrisford P,Dee D,Fielding K,*et al*. The ERA-Interim Archive[R]. *ERA report series*,2009,**1**(1).

[53] Dee D,Uppala S. Variational bias correction of satellite radiance data in the ERA-Interim reanalysis [J]. *Quarterly Journal of the Royal Meteorological Society*,2009,**135**(644):1830- 1841.

[54] Dee D P,Uppala S M,Simmons A J,*et al*. The ERA Interim reanalysis: configuration and performance of the data assimilation system[J]. *Quarterly Journal of the Royal Meteorological Society*,2011,**137** (656):553-597.

[55] 黄领梅,沈冰,莫淑红,等. 新疆和田河年径流量变化的定量估算 [J]. 西安理工大学学报,2005,**21**(3): 289-292.

[56] 伍荣生,王元等. 现代天气学原理[M]. 北京:高等教育出版社,1999.

[57] 丁一汇. 高等天气学[M]. 北京:气象出版社,2005.

# 第4章 滑坡模型与滑坡泥石流灾害的监测与预报

影响滑坡的因素众多,但大致可以归结为两类:准静态因素和动态因素[1],其中诸如地质状况(岩石组成结构、岩石类型单位)、地形地貌状况(如海拔高度、地形坡度、坡面形状、坡向、地表凹度等)、土壤状况(如土壤类型、土壤质地、土壤深度、土壤密度等)、土地覆被(如灌木、草地、裸土、水体、冰雪等)以及基本的水文状况如流向、河网密度等地表基本特征,因为这些因素一般在短时间内不会变化,因此称为准静态因素,也称基本因素[2];而降水、土壤湿度、融雪、地震、火山喷发以及人类活动(修路、砍伐森林、开荒、灌溉、开矿)等随时变化的内容且会影响及触发地表土壤和岩石移动的因素称为动态因素,也称触发因素。

地表基本特征即准静态因素(基本因素)决定了一个地方地表发生滑坡的容易程度,这些因素可以融合为一个表征某地滑坡发生的难易程度即滑坡敏感性(或滑坡易发程度,Landslide Susceptibility),滑坡敏感性如前所述与多种地表特征有关,但大量的研究表明,主要与六大因素有关,即:海拔高度、坡度、土壤类型、土壤质地、土地覆被以及河网密度[3,4]。

影响、触发滑坡的动态因素主要有降水、土壤湿度变化、土壤地下水位、地震及人类活动等,我国的滑坡和泥石流分布在时间和空间上与降雨尤其是暴雨分布的一致性非常好,表明我国滑坡、泥石流的主要触发因素是降雨[5]。不仅中国,在全世界范围内也是以降水触发的滑坡即降雨型滑坡为多,其分布最广、频率最高,带来的危害也最大,下面也将仅就降水型滑坡进行讨论。

将地表基本特征与触发因素两种因素结合起来考虑,可以较为有效地对滑坡进行监测与预警。实际上,目前主要有两种方法来综合考虑两种因素:其中一种方法主要是基于经验统计的方法,通过统计调查得出滑坡发生的降水阈值,并综合考虑滑坡发生的敏感程度,进而得到滑坡发生的预警信息;另一种方法则从滑坡发生的动力过程来考虑,通过考虑降水发生前后地下水位变化、土壤湿度变化以及相应的地下土壤应力的变化,用动力学的方法来预测滑坡的发生。

# 4.1 滑坡经验统计预警模型

滑坡的经验统计预报模型主要预先通过使用各种准静态影响因素计算区域滑坡易发程度，根据易发程度将区域进行划分，然后通过经验统计调查等方式得到区域内滑坡发生的降水阈值，将这个阈值作为滑坡发生的判据，当实际降水超过阈值并且在滑坡易发区内，则认为可能会发生滑坡。这方面的研究很多，但用于较大尺度的研究则相对较少，其中 Hong(2007)的方法是比较典型的一种[6]。以下我们将在 Hong 的基础上进行一些改进以建立中国地区全国范围的滑坡预警系统，以更好地适应中国的实际情况，从而更好地进行中国地区滑坡灾害的预警。

## 4.1.1 使用的数据

大量研究表明，滑坡易发程度与海拔高度、坡度、土壤类型、土壤质地、土地覆被以及河网密度关系最为密切，因此，以下将主要使用这六种数据。由于滑坡发生的尺度往往比较小，因此数据的分辨率一般越高越好，如果要获取高分辨率的实地调查数据则工作量非常大且成本非常高，而遥感、特别是卫星遥感的方法，不仅能够提供较高空间分辨率的数据资料，同时由于在空间实时运行，可以较高频率的扫描到同一个地点，因此时间间隔也较短，可以克服实地调查、地面观测等方法的缺点。以下使用的上述六种资料，则基本上来源于卫星遥感数据反演所得，同时使用了一些地面观测数据作为验证分析。

目前使用的海拔高度数据一般是 DEM，常用的 DEM 数据在前文已有较详细的介绍，本章主要使用 ASTER 30 m 水平分辨率数据、SRTM 130 m 水平分辨率数据、SRTM 390 m 水平分辨率数据、GTOPO 301 km 水平分辨率数据以及 HyDROSHEDS 处理过的相应的30 m、90 m、1 km 水平分辨率数据，从计算资源及降水、地面覆被数据的分辨率等各方面考虑，目前主要使用其中 1 km 分辨率的数据。从遥感得到的 DEM 数据可以计算很多其他变量，如坡度、坡向、凹度、坡面粗糙度、比降面积等量。本章将要使用的坡度，即是从对应的 DEM 数据计算而得。

图 4.1a 是由 1 km 分辨率 DEM 计算得到的全国地面坡度，坡度较大的地区主要集中在青藏高原的边缘包括川西横断山区，喜马拉雅山南麓、中国西部昆仑山、天山南脉以及二三级阶梯交界处等，另外在福建、广东及东北的山区也有较大坡度，其中最大坡度值为 61.6°，位于西南横断山区。图 4.1b 是所有坡度值

的直方图，大部分坡度值都分布在小于 10°的范围内，大约占了 94.37%，而大于 10°小于 20°的也有一部分，大约占全国格点数的 4.87%，而大于 20°的格点只占全国格点总数的 0.75%。

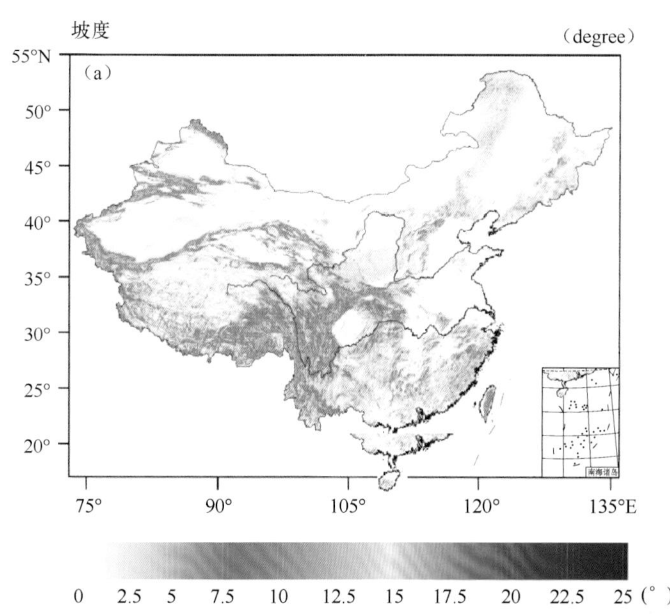


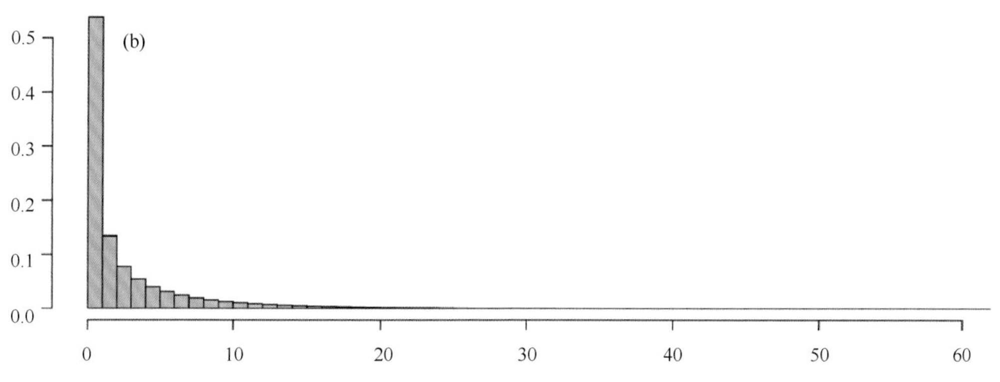


图 4.1　全国 1 km 水平空间分辨率坡度分布(a)及坡度的直方图(b)

MODIS(Moderate Resolution Imaging Spectradiometer，中分辨率成像光谱仪)是装载在 Terra 和 Aqua 卫星上的重要遥感仪器，一共有 36 个波段，传感器分辨率大约为 250 m，扫描路径大概每 1～2 天时间就可以覆盖整个地球表面，通过 36 个波段的传感器可以提供地球表面准实时的表面温度、初级生产率、陆地表面覆盖、云、气溶胶、水汽和火情等目标的图像。而 Friedl 等(2002)开发了一套从 MODIS 影像中提取 17 种 IGBP(International Geosphere Biospere Programme，国际地圈一生物圈计划)地表覆被的方法，提供水平空间分辨率高达 250 m 的地表覆被数据 MOD12，而数据更新时间间隔也分为 8 天平均、月平均以及年平均[7]。数据中将地球分为不同的格点，每个格点上分别计算出 17 种地表覆被所占格点面积的百分比，而从这个百分比数据中，又得到每个格点的主要覆被类型。本节所用的数据为 MOD12Q1，是每年年平均 1 km 分辨率的地表覆被数据。图 4.2 是 2008 年 17 种地表覆被类型在中国的具体分布，每个数字代表的类型见表 4.1。

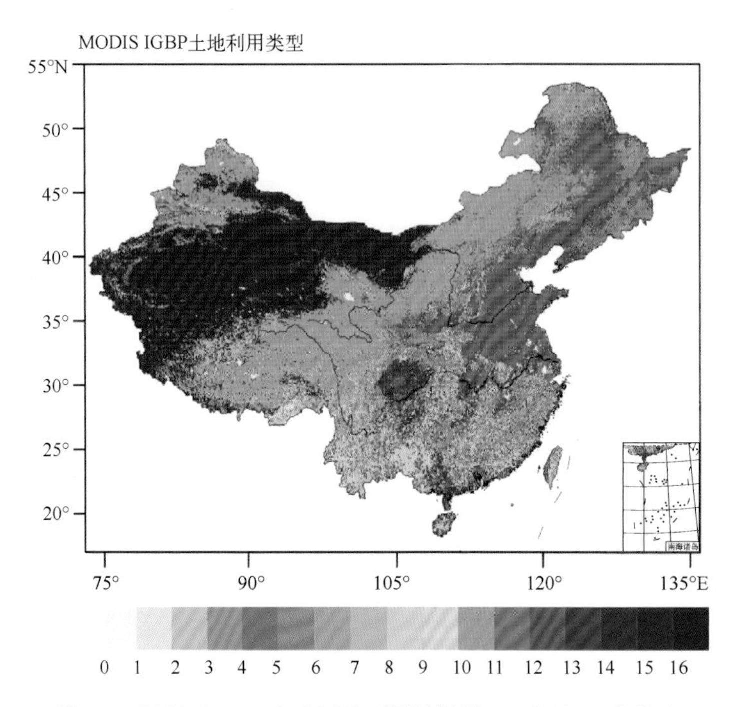


图 4.2 MODIS 2008 年中国地面覆被资料(17 种 IGBP 分类法)

**表 4.1 MODISIGBP 17 种地表覆被值对应中英文名称及其对应的滑坡敏感性赋值**

| MODIS 分类 | IGBP(类型 1) | 类型英文名 | 敏感性赋值 |
|---|---|---|---|
| 0 | 水 | Water bodies | 0 |
| 1 | 常绿针叶林 | Evergreen Needleleaf Forest | 0.1 |
| 2 | 常绿阔叶林 | Evergreen Broadleaf Forest | 0.1 |
| 3 | 落叶针叶林 | Deciduous Needleleaf Forest | 0.2 |
| 4 | 落叶阔叶林 | Deciduous Broadleaf Forest | 0.2 |
| 5 | 混交林 | Mixed Forests | 0.3 |
| 6 | 郁闭灌丛 | Closed Shrublands | 0.4 |
| 7 | 开放灌丛 | Open Shrublands | 0.4 |
| 8 | 多树的草原 | Woody Savannas | 0.5 |
| 9 | 稀树草原 | Savannas | 0.5 |

（续表）

| MODIS 分类 | IGBP(类型 1) | 类型英文名 | 敏感性赋值 |
|---|---|---|---|
| 10 | 草原 | Grasslands | 0.6 |
| 11 | 永久湿地 | Permanent Wetlands | 0.1 |
| 12 | 作物 | Croplands | 0.7 |
| 13 | 城市和建成区 | Urban Areas | 1.0 |
| 14 | 作物和自然植被 | Cropland-Natural Vegetation | 0.8 |
| 15 | 雪、冰 | Snow and Ice | 0 |
| 16 | 裸地或低植被覆盖地 | Barren or Sparsely Vegetated | 0.9 |

因为滑坡大部发生在土壤层中，因此土壤资料特别是土壤类型和土壤质地也是尤为重要的，土壤类型和质地表示了大小直径不同的土壤颗粒的组合状况，不仅代表了土壤颗粒大小的成分，也是影响土壤水、肥、气、热状况、物质迁移转化及土壤退化过程研究的重要影响因素。在 Hong(2007)的研究中，实际上土壤类型指的是根据土壤颗粒粗糙程度所做的粗略分类，其实也是土壤质地的一种。土壤质地准确地说是各种不同粒级在土壤中所占的相对比例或质量分数，也称为土壤的机械组成。组成土壤颗粒的矿物质直径大小不同，则其理化性质也会不同，将相似理化性质和相近粒子大小的颗粒分为一级，是谓粒级。目前世界上关于粒级的分类有不同的方法，因此导致土壤质地的分类也有多种分类法，在实际研究及应用中，较为流行的是美国制分类标准。Hong(2007)的土壤质地数据使用的是 ISLSCP(International Satellite Land Surface Climatology Project，国际地表气候卫星探测计划)以及 FAO(Food and Agriculture Organization，联合国粮农组织)的 DSMW(Digital Soil Map of the World，世界土壤数字地图)数据，数据的水平空间分辨率只有 0.25°经度×0.25°纬度，与其高分辨率的 DEM 数据、地表覆被数据等的分辨率相差甚远。而本节中则要使用由 FAO、IIASA(International Institute for Applied Systems Analysis，国际应用系统与分析研究所)、ISRIC(International Soil Reference and Information Centre，国际土壤信息中心)、ISSCAS(Institute of Soil Science，Chinese Academy of Sciences，中国科学院南京土壤研究所)及 JRC(Joint Research Centre-JRC-European Commission，欧盟联合研究中心)共同整合推出的全球约 1 km(30″)水平空间分辨率土壤数据库 HWSD1.2(Harmonized World Soil Database version 1.2，世界土壤协调数据库)[8]，这个数据实际上是现有土壤数据的一个集大成，质量较高，分辨率较高，且更多高质量的土壤数据正在不断添加中，其中

中国部分的数据主要由中国科学院南京土壤研究所提供。数据库中包含超过16000多种不同的土壤性质，包括土壤深度、有机质含量、pH值、储水能力、盐度、质地分类等等。本节中要使用的是表层（深0～30 cm）及次表层（30～100 cm）的土壤质地，土壤质地分类采用美国分类制，其具体分布见图4.3，每个数字代表的具体质地类型见表4.2。

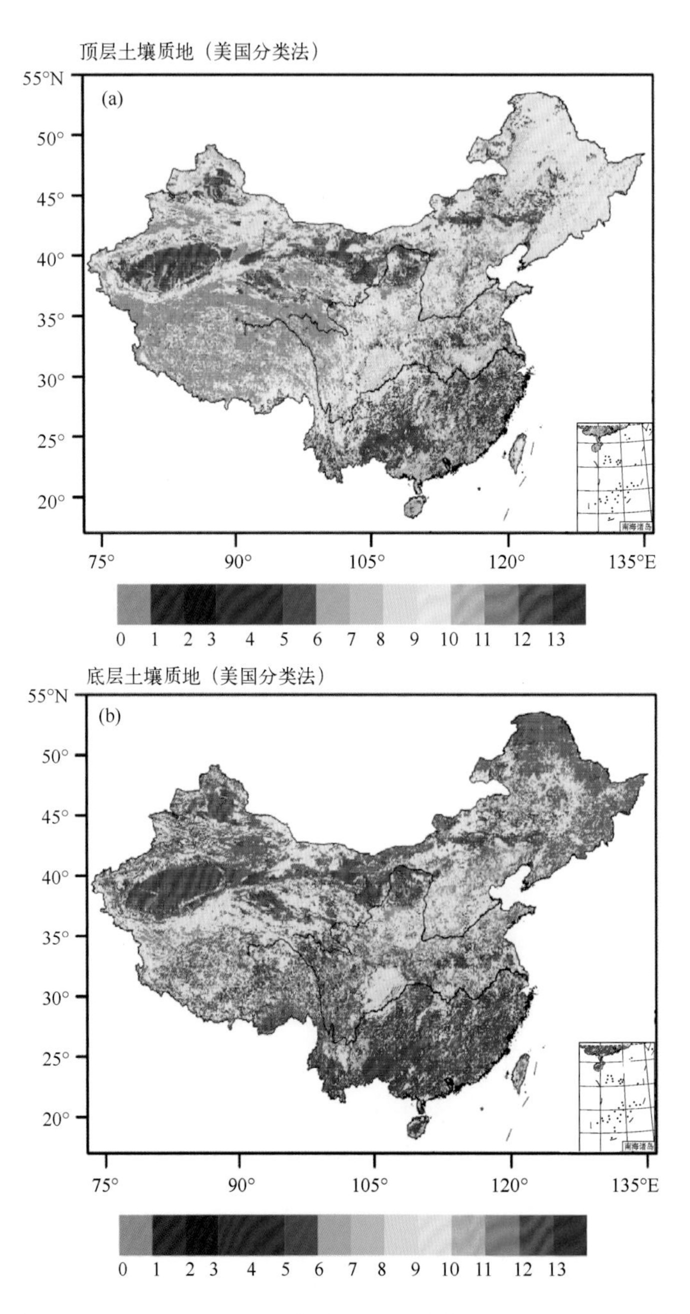


图4.3　中国地区地表(0～30 cm)土壤质地(a)和次表层(30～100 cm)土壤质地(b)，土壤质地采用美国制分类法

**表 4.2　美国农业部(USDA)13 种土壤质地代码及其对应的中英文名称**

| USDA 土壤质地代码 | 土壤质地英文名 | 土壤质地中文名 |
|---|---|---|
| 1 | clay(heavy) | 黏土 |
| 2 | siltyclay | 粉黏土 |
| 3 | clay(light) | 轻黏土 |
| 4 | silty clay loam | 粉黏壤土 |
| 5 | clay loam | 黏壤土 |
| 6 | silt | 粉土 |
| 7 | silt loam | 粉壤土 |
| 8 | sandy clay | 砂黏土 |
| 9 | loam | 壤土 |
| 10 | sandy clay loam | 砂黏壤土 |
| 11 | sandy loam | 砂壤土 |
| 12 | loamy sand | 壤砂土 |
| 13 | sand | 砂土 |

河网密度是单位面积上河流的长度，是地表的一个基本的自然状态，是当地气候、地貌、地质及地下水等共同作用的结果，尤其是可以间接表征一个地区地表水文以及地下水活动状况，而这与滑坡活动有直接的关系[9]。本文中使用的河网密度数据是使用前文所提取出来的河网计算出来的，如图 4.4 所示。由此可见，长三角地区、珠三角地区、川东大巴山区、海河平原、长白山及其以西的地区、川藏横断山到岷山一带等地区河网密度较大。

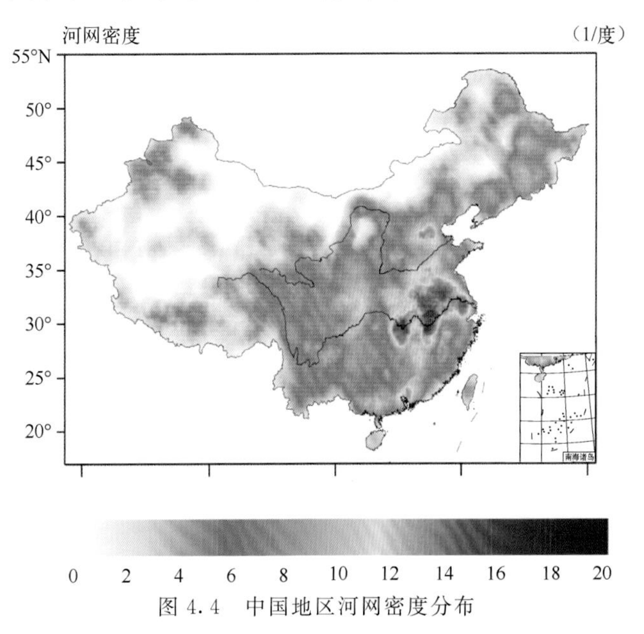


图 4.4　中国地区河网密度分布

以上是本章主要用到的数据，其中大多是卫星遥感采集到的数据，或者是卫星遥感数据加工而成的，也只有在卫星遥感技术大力发展的基础上才能有覆盖范围如此大且分辨率如此高的数据。除了这些基础数据，本章还用到了中国地质环境监测院的灾害通报信息系统等提供的滑坡灾害数据集、日报、月报等资料（http://zaiqing. casm. ac. cn/）以及民政部救灾减灾司与中国测绘科学院联合推出的自然灾害信息通报系统（http://www. cigem. gov. cn/），以作为滑坡灾害的观测验证数据。

### 4.1.2 滑坡易发程度计算及分级结果

使用上节所得到或计算的全国 DEM、坡度、表层与次表层土壤质地、地面覆被与河网密度等资料来计算滑坡易发程度有几种较为常用的方法，基本都是基于经验统计的办法，即假定过去和现在容易导致滑坡的因素也是将来容易导致滑坡的因素，因此经验的方法基本都是根据过去、现在滑坡分布与环境因素的关系的统计分析来确定每个因子的权重[10]；常用的方法有多种，其一是采用基于多元统计的方法，是滑坡研究中的一种经典方法，了解每种变量对滑坡的贡献，然后为每种变量赋予一定的权重，然后综合各种变量的权重信息计算出综合的滑坡敏感性[11]；也有几种常用的非线性方法包括人工神经网络[12,13]、模糊 Gamma 算法[14,15]以及分形丛集的办法，但是这些非线性的方法并不成熟，得出的结果差别也较大[5]。

由于多元线性回归的方法计算简单，而且较为适用于较大范围的区域，因此，本文将使用改进版的多元线性回归的方法[6,16]，首先将每个变量分类编组，并设定 0 到 1 的值，然后为每种变量确定一个权重，以求得所有变量的加权平均（取值范围也是 0 到 1）作为综合的滑坡敏感性指标，在这个加权平均的综合敏感性指数基础上进行分类，以确定最终的滑坡易发程度。

大量的研究表明，地面坡度是影响滑坡的一个很重要因素，一般说来，坡度越大，则越容易发生滑坡，但根据中国学者的研究，中国的滑坡一般最容易发生在大小为 30°～45°的坡度上[5,17～19]，因此我们将坡度值分为两个部分，每个部分分别线性赋值到 0 到 1 的区间，小于 30°时，坡度越大赋值越大；而当坡度值小于 30°时，坡度值越大赋值越小。附着在坡面上的土壤对滑坡来说也有较为重要的作用，一般说来，土壤颗粒越大，土壤质地越疏松，则越容易发生滑坡，因此将表层和次表层土壤质地中颗粒大小和之间空隙的大小给土壤质地依次线性地赋值，赋值范围也是 0 到 1，土壤质地越粗糙、颗粒越大，值越大[20]。

根据大量的研究，地面上植被越多，一般说来发生滑坡的可能性就越小，而如果地表裸露的越多或者人类开发的越多，则越可能发生滑坡灾害[21,22]。根据 Larsen 和 Torres 等(1998)的研究[23]，给每种不同的地表覆被赋予不同的值，其具体信息见表 4.1。而一般说来，海拔高度也会对滑坡有影响，韩国、中国香港以及意大利等很多地区的研究表明，海拔越高、则越容易发生滑坡灾害[4]，但这是基于较小范围、较小区域且海拔高程相差不大的结果，而中国地域辽阔、海拔高程相差极大，并不是海拔越高就越容易发生滑坡的。事实上，我国的滑坡泥石流多发生在海拔高度 1000～4000 m 的海拔上，因此，我们将 DEM 值对应的滑坡敏感值也分为两段，小于 2000 m 时 DEM 值越大滑坡敏感值越大，大于 2000 时则正好相反。Sarkar 等[9]研究了河网密度对滑坡的影响，认为河网密度大小和滑坡相关性很大，河网密度越大，则越容易发生滑坡[9]，反之亦然；因此将河网密度的值也线性地赋值 0 到 1，河网密度越大，值越大。

由此，我们得到六种变量对应的滑坡敏感度分布，为每个变量赋予一定的权重并将六种变量综合起来，得到综合滑坡易发程度指数 $Z$。其计算公式如下：

$$Z = \sum_{i=1}^{6} w_i \cdot z_i \tag{4.1}$$

式中，$w_i$ 为变量 $i$ 对应的权重($i=1,2,\cdots,6$)，$z_i$ 为变量 $i$ 对应的滑坡敏感度。

图 4.5a 是最终得到的滑坡易发程度指数 $Z$，最终取值范围理论上应该是 0 到 1，但实际计算最大值为 0.84。大值区基本分布在青藏高原的东侧、西南云南一东北一线海拔落差较大的地区，包括云贵高原的部分地区、四川、重庆、陕西的大部分地区直到内蒙古东部和华北北部地区，以及东南沿海丘陵地带、台湾省等也有较大值。根据这个滑坡易发程度综合指数的直方图分布(图 4.5b)及其变化趋势，进行简单的聚类分析[24]，可以粗略地将这些值分为六个等级，每个等级对应的区间及其意义见表 4.3。

**表 4.3　滑坡易发程度等级及其对应的易发程度综合指数取值区间**

| 易发程度等级 | 1 | 2 | 3 | 4 | 5 | 6 |
|---|---|---|---|---|---|---|
| 等级名称 | 不太可能 | 可能 | 中等 | 较容易 | 容易 | 非常容易 |
| 易发程度指数值 | 0～0.2 | 0.2～0.31 | 0.31～0.4 | 0.4～0.46 | 0.46～0.56 | 0.56～ |

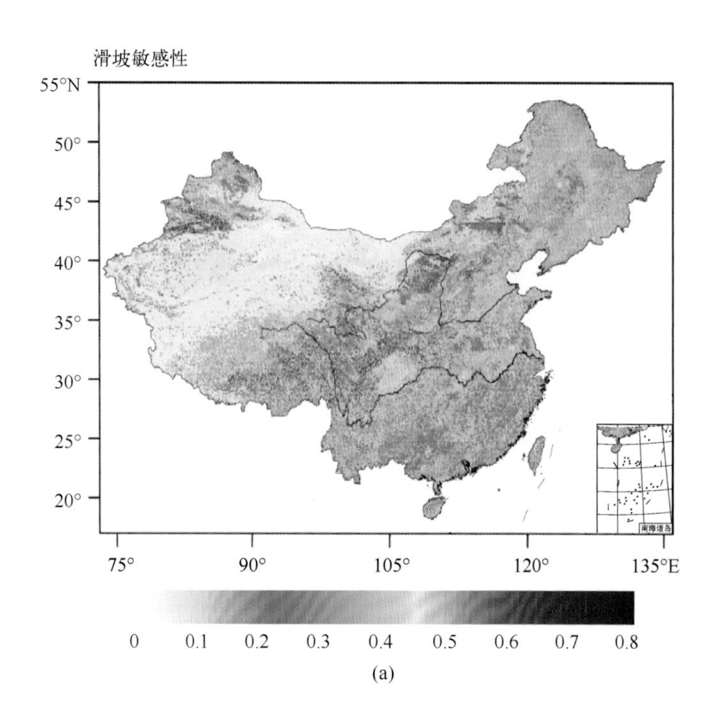

(a)

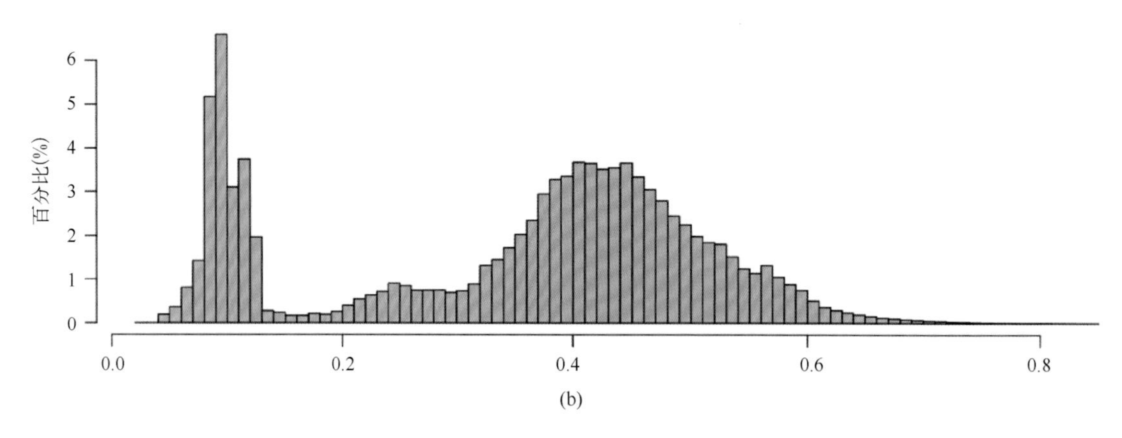

(b)

图 4.5 全国 1 km 水平空间分辨率滑坡易发程度综合指数分布(a)及其直方图(b)

根据表 4.3 的信息给图 4.5a 中易发程度指数分级，最终得到全国滑坡易发程度等级图(4.6)。据图 4.6，全国有较多的地方都是容易发生滑坡灾害的，最大的一片范围就是西部高原地带向东部平原、丘陵过渡的地带，亦即青藏高原的东南部地区以及全国地形二级阶梯上的大部分地区；而在东部和东南部丘陵地带以及山东丘陵地区等也容易或者较容易发生滑坡灾害。另外，在台湾省的大部分地区、新疆天山以北的地区也较容易发生滑坡。与 Hong(2007、2008)的结果相比，本节的结果在青藏高原西部和北部的易发程度指数或者等级要低一些，这是因为与之采用了不同的海拔与坡度的赋值策略；另外，在东部中等容易发生滑坡的地区中，本节的结果更详细一些，这与本节采用更高分辨率的土壤资料有很大关系。与已有观测相比[5]，本节的结果比较接近实际观测。但在湖北、江西的部分地区可能有些低估，在浙江、福建的部分地区可能也有一些低估，这些地区海拔高度不高，但是相对高差较大；土壤颗粒较细、含壤土和黏土较多，因此可能计算的易发程度值要稍小一些，但是这些地区年降水量大、地处东亚季风区且时有台风等影响，导致暴雨频发，因此实际发生滑坡、泥石流灾害较多；在内蒙古东部、新疆北部和青海东部的少数地区则有些高估，因为这些地区海拔较高，坡度较陡，且土壤质地较粗糙，计算出的易发程度指数值较大，但是这些地区降水少、暴雨、大暴雨等较强的降水也较少发生，因此实际发生的滑坡、泥石流等灾害较少。而除此之外的其他地区几乎与实际观测到滑坡泥石流灾害发生的频次一致，说明本节的算法能比较好的抓住滑坡发生的主要影响因素及其对应的特征，可以用在滑坡泥石流灾害的监测、预警预报中。

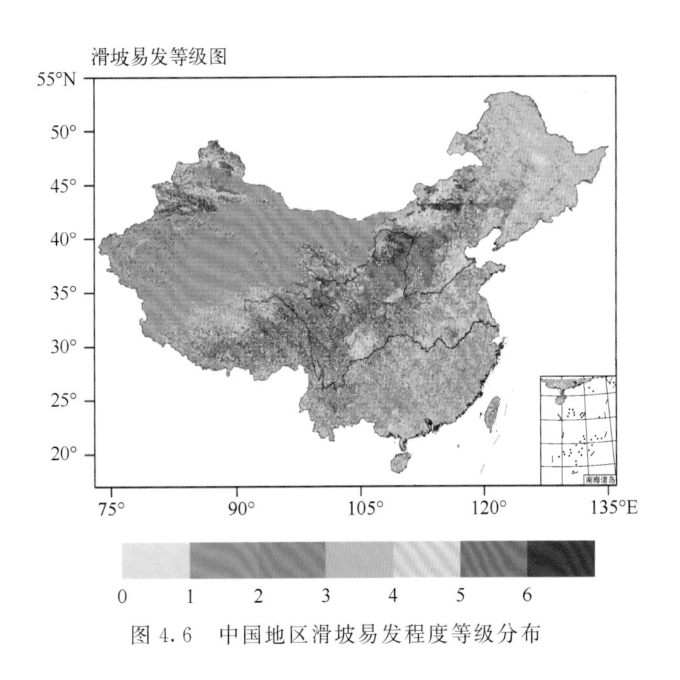


图 4.6　中国地区滑坡易发程度等级分布

### 4.1.3　滑坡监测预报模型及其结果分析

滑坡易发程度分级综合考虑了影响滑坡发生的多种静态因素，如果加上触发滑坡的动态因素如降水信息，那么就可以根据一定的信息判定特定的时间和地点会不会发生滑坡，从而预报出滑坡发生的时间和地点等信息。对滑坡灾害的预报来说，准确的降水信息是十分关键的，但是由于地面观测站的分布一般说来较为稀疏，且多分布在平原等地形较为平坦的地区，在山坡等容易发生滑坡灾害的地方反而较少，因此本文使用前文所述 CMORPH 8 km 水平分辨率的准实时降水。

降水对滑坡灾害的触发作用主要表现在两个方面：其一，增大下滑力，如增加坡体重量等；其二，减小坡体的抗滑力，如增大净水压力和动水压力以及在滑动面上起润滑作用等。突发的大暴雨等强降水主要表现在减小坡体抗滑力的作用上，长时间连绵的降雨则会逐渐增加坡体的重量、增大孔隙水压力等，从而引发滑坡的发生。由此，在考虑降水对滑坡的触发作用时，不仅要考虑降水的强度，还要考虑降水持续的时间。同时考虑降水这两方面的作用，可以通过强度—历时（持续时间）阈值的方法来实现。简单来讲，如果某地某个时间段里平均降水超过一个阈值，则认为此时此刻此地的降水可能会触发滑坡发生，如果此地的滑坡易发程度较高即比较容易发生滑坡，那么则认为此时此刻此地非常有可能发生滑坡。

关于降水强度—历时阈值的取值，目前有很多研究，其中还有很多研究试图得到全球较为普适的阈值，如 Caine[25] 及 Hong[26] 等，其中 Caine 使用观测降水建立的关系式：

$$I = 14.82 \times D^{-0.39} (\mathrm{mm/h}, 0.167 < D < 500) \tag{4.2}$$

而 Hong[26] 则使用 TRMM 卫星遥感降水得到了一个 TRMM 卫星降水的强度—历时阈值关系（式 4.3）

$$I = 12.45 \times D^{-0.42} (\mathrm{mm/h}, 3 < D < 240) \tag{4.3}$$

其中 $I$ 为阈值降水强度（单位：mm/h），$D$ 为持续时间（单位：h），当时间为 $D$ 小时内实际降水强度 $R_d$（mm/h）大于阈值降水强度 $I$ 的时候，我们认为降水值达到触发滑坡的条件，若同时考虑当地滑坡易发程度 $S$，则可以判定滑坡发生的可能性大小，即：

$$P_S = \frac{R_d}{I} \cdot S \tag{4.4}$$

式(4.4)中，$S$ 即滑坡易发程度分级，$P_S$ 为实际发生滑坡的可能性指数（当 $P_S > 6$，极其有可能发生滑坡；而当 $5 \leqslant P_S < 6$，非常有可能；$4 \leqslant P_S < 5$，有可能；$P_S < 4$，不太可能）。

Caine[25] 及 Hong 等[26] 试图建立对全球普遍适用的降水强度—历时阈值关系（式(4.2)和式(4.3)），但实际上，由于全球不同地方地表状况、水文状况等因素的不同，不同地方的降水阈值也是不一样的，事实上这两种关系式在持续时间相对较短的降水引发的滑坡预警应用中效果并不好[6,27]，如对持续一小时的降水，Caine 关系式认为只需要 14.82 mm 的降水就可能引发滑坡，但这在全球大多数地方都是不合适的。为了克服这两种“普适”关系式的不足，我们同时引进了几种东亚地区常用的降水强度—历时阈值关系式，如适合中国香港及周边地区的（简称 HK 公式）：

$$I = 41.83 \times D^{-0.58} (1 < D < 12)$$ [28]，

适合日本大部分地区的（简称 JP 公式）：

$$I = 1.35 + 55 \times D^{-1} (24 < D < 300)$$ [29]，

以及适用于中国台湾及其周边地区的（简称 TW 公式）：

$$I = 115.47 \times D^{-0.8} (1 < D < 400)$$ [30]

我们使用以上降水强度—历时阈值公式，并采用 CMORPH 高分辨率卫星降水资料对 2008—2011 年中国大陆地区主要的特大滑坡泥石流灾害活动做了验证分析（表 4.4），结果证明，采用以上的降水强度—历时阈值关系式的方法可以较好地对滑坡泥石流灾害进行预警，在这 37 次滑坡泥石流灾害中，只有 5 次没有较好地预警，其余 32 次都能较好地预警，证明以上方法虽然还有不足之处，但是实际效能还是较好的（所谓特大地质灾害是指因灾死亡 30 人以上，或者直接经济损失 1000 万元以上的地质灾害）。

根据表 4.4，2008 年到 2011 年四年间的特大滑坡、泥石流灾害主要发生在四川（10 次）、云南（7 次）、甘肃（5 次）、陕西（4 次）等，且可以发现，发生在四川的 10 次灾害也是基本分布在四川西部山区，而在四川盆地内部的则非常少，这和图 4.6 的滑坡灾害易发程度的结果分布几乎一致；发生的时间也基本集中在 7、8 月份，而这也正好是大部分地区的雨季，降水量较大，且降水强度一般较大。

**表 4.4 2008—2011 年中国大陆主要特大滑坡、泥石流灾害的基本信息以及滑坡监测预报系统的效能（Y 表示能成功的预警，N 表示没能成功预警）**

| 时间 | 省份 | 地点 | 经度（°E） | 纬度（°N） | 海拔（m） | 类型 | 死亡（人） | 失踪（人） | 经济损失（万元） | 原因 | 效能 |
|---|---|---|---|---|---|---|---|---|---|---|---|
| 2008 年 | | | | | | | | | | | |
| 8 月 9 日 | 云南 | 文山州马关县都龙花石头矿区 | 104.52 | 22.92 | 1267 | 滑坡 | 9 | 2 | | | Y |
| 9 月 24 日 | 四川 | 绵阳市北川县曲山镇任家坪村 | 104.47 | 31.82 | 1270 | 泥石流 | 1 | 16 | | | Y |
| 11 月 2 日 | 云南 | 楚雄彝族自治州 | 101.52 | 25.03 | 1785 | 泥石流 | 36 | 31 | 97188 | | Y |
| 2009 年 | | | | | | | | | | | |
| 4 月 26 日 | 云南 | 昭通市威信县扎西镇小坝村 | 105.05 | 27.83 | 1182 | 滑坡 | 20 | | 1000 | | N |
| 5 月 16 日 | 甘肃 | 兰州市城关区九州石峡口小区 | 103.82 | 36.06 | 1556 | 滑坡 | 7 | | 2060 | | N |
| 6 月 8 日 | 贵州 | 黎平县九潮镇民罗村 | 108.75 | 26.07 | 823 | 滑坡 | | | 3430 | | Y |

续表

| 时间 | 省份 | 地点 | 经度(°E) | 纬度(°N) | 海拔(m) | 类型 | 死亡(人) | 失踪(人) | 经济损失(万元) | 原因 | 效能 |
|---|---|---|---|---|---|---|---|---|---|---|---|
| 6月10日 | 贵州 | 黎平县九潮镇三团村 | 108.77 | 26.08 | 679 | 滑坡 | | | 3400 | | Y |
| 7月12日 | 四川 | 宣汉县樊哙镇大风滩古凤村 | 108.23 | 31.62 | 559 | 滑坡 | | | 1120 | | Y |
| 7月17日 | 四川 | 小金县汗牛乡足木村热希沟 | 102.22 | 30.78 | 2872 | 泥石流 | 4 | 1 | 1686 | | Y |
| 8月15日 | 浙江 | 嵊州市三界镇姚岙村 | 120.83 | 29.75 | 14 | 滑坡 | 2 | | 2000 | | Y |
| 8月16日 | 浙江 | 衢州市柯城区七里乡均良村 | 118.75 | 29.12 | 775 | 泥石流 | | | 2000 | | Y |
| 8月17日 | 四川 | 攀枝花市盐边县温泉乡 | 101.27 | 27.02 | 1558 | 泥石流 | | | 1150 | | Y |
| 9月12日 | 四川 | 甘孜州泸定县得妥乡发旺村 | 102.23 | 29.48 | 1978 | 泥石流 | 3 | | 3547 | | Y |
| 2010年 | | | | | | | | | | | |
| 5月23日 | 江西 | 东乡县孝岗镇何坊村沪昆铁路 | 116.47 | 28.08 | 47 | 滑坡 | | 19 | | 强降雨 | Y |
| 6月2日 | 广西 | 玉林市容县六王镇陈村 | 110.78 | 22.83 | 165 | 滑坡 | 12 | | | 降雨 | Y |
| 6月14日 | 四川 | 康定县捧塔乡双基沟 | 101.95 | 30.05 | 4399 | 滑坡 | 23 | | | 降雨 | Y |
| 6月14日 | 福建 | 南平市延平区县道延塔线 | 118.17 | 26.63 | 459 | 滑坡 | 24 | | | 强降雨 | Y |
| 6月28日 | 贵州 | 安顺市关岭县岗乌镇大寨村 | 105.27 | 25.97 | 1081 | 滑坡 | 99 | | | 降雨 | Y |
| 7月18日 | 陕西 | 安康市岚皋县四季乡木竹村 | 108.88 | 32.18 | 1158 | 滑坡 | 20 | | | 强降雨 | Y |
| 7月20日 | 四川 | 凉山州冕宁县棉沙湾乡许家坪村 | 101.9 | 28.5 | 1817 | 滑坡 | 13 | | | 降雨 | Y |
| 7月24日 | 陕西 | 山阳县高坝镇桥耳沟村五组 | 110.05 | 33.48 | 769 | 滑坡 | 24 | | | 强降雨 | Y |
| 7月24日 | 甘肃 | 华亭县东华镇前岭社区殿沟村 | 106.63 | 35.2 | 1455 | 崩塌 | 13 | | | 强降雨 | Y |
| 7月26日 | 云南 | 怒江州贡山县普拉底乡咪各村 | 98.77 | 27.58 | 1399 | 泥石流 | 11 | | | 降雨 | Y |
| 7月27日 | 四川 | 雅安市汉源县万工乡双合村一组 | 102.73 | 29.32 | 1395 | 滑坡 | 20 | | | 强降雨 | Y |
| 7月29日 | 甘肃 | 肃南县祁丰乡关山村观山脑 | 99.6 | 38.83 | 2897 | 泥石流 | 10 | | | 降雨 | Y |
| 8月8日 | 甘肃 | 甘肃舟曲县 | 104.37 | 33.78 | 2026 | 泥石流 | 1765 | | | 强降雨 | Y |
| 8月13日 | 四川 | 绵竹市清平乡盐井村6组文家沟 | 104.12 | 31.55 | 988 | 泥石流 | 12 | | | 降雨 | Y |
| 8月18日 | 云南 | 贡山县普拉底乡东月谷村 | 98.77 | 27.58 | 1399 | 泥石流 | 92 | | | 降雨 | Y |
| 9月1日 | 云南 | 保山市隆阳区瓦马乡河东村 | 98.92 | 25.57 | 1679 | 滑坡 | 48 | | | 降雨 | N |
| 9月21日 | 广东 | 高州市和信宜市 | 110.85 | 21.92 | 60 | 滑坡 | 33 | | | 强降水 | Y |
| 2011年 | | | | | | | | | | | |
| 3月2日 | 甘肃 | 临夏州东乡县县城撒尔塔 | 103.32 | 35.65 | 2054 | 滑坡 | | | 44300 | | Y |
| 5月9日 | 广西 | 桂林市全州县咸水乡洛家村 | 110.78 | 25.8 | 191 | 滑坡 | 22 | | 350 | | Y |
| 7月2日 | 云南 | 迪庆州香格里拉县金江镇兴隆村 | 99.78 | 27.18 | 2288 | 泥石流 | | | 10010 | | Y |
| 7月3日 | 四川 | 阿坝州茂县南新镇绵簇村 | 103.73 | 31.57 | 1647 | 泥石 | | 8 | 28104 | | Y |
| 7月5日 | 陕西 | 汉中市略阳县柳树坝 | 106.22 | 33.23 | 1079 | 崩塌 | 18 | | 1000 | | Y |
| 9月17日 | 陕西 | 西安市灞桥区石家道村白鹿塬 | 109.1 | 34.27 | 413 | 滑坡 | 32 | | 5200 | | N |
| 9月18日 | 河南 | 三门峡西陇海线观音堂至庙沟下 | 109.07 | 34.33 | 389 | 滑坡 | | | 10000 | | N |

2008 年 10 月 24 日至 11 月 2 日，云南省楚雄州出现了历史罕见的秋季连续强降雨过程，全州平均过程降雨量 138 mm，11 月 1 日 8 时至 2 日 11 时，楚雄州楚雄市境内雨量达91.7 mm，在楚雄市诱发了大量的滑坡泥石流灾害，共造成 36 人死亡、31 人失踪、20 人受伤，直接经济损失 97188 万元(表 4.4)。楚雄市位于云南省北部高原上，周边海拔 1700 m 以上，坡度基本在 0°到 5°之间，表层土壤质地以粉壤土和壤土为主，次表层以壤土为主，地表覆被则以多数的草原、作物以及作物和自然植被的混合区域等为主，河网密度相对较大，大部分地区的滑坡易发等级为 5，为容易发生滑坡的地区。

图 4.7 是楚雄这次滑坡、泥石流事件过程中实际降水与不同算法的降水强度一历时阈值比值的时间序列，由于楚雄市的滑坡易发程度为容易，因此认为这个比值 $Rd/I$ 大于 1 时则表示容易发生滑坡泥石流灾害。图中在 11 月 2 日附近一共有 5 条曲线的值超过 1，分别为 Caine001、Caine003、Hong003、Hong024 和 JP024，表明这次灾害的发生主要是短时强降水而造成的，而且这是发生在秋季，整体来说相比夏季降水比较少，因此像阈值较高的 TW 算法和 HK 算法就不太适用。

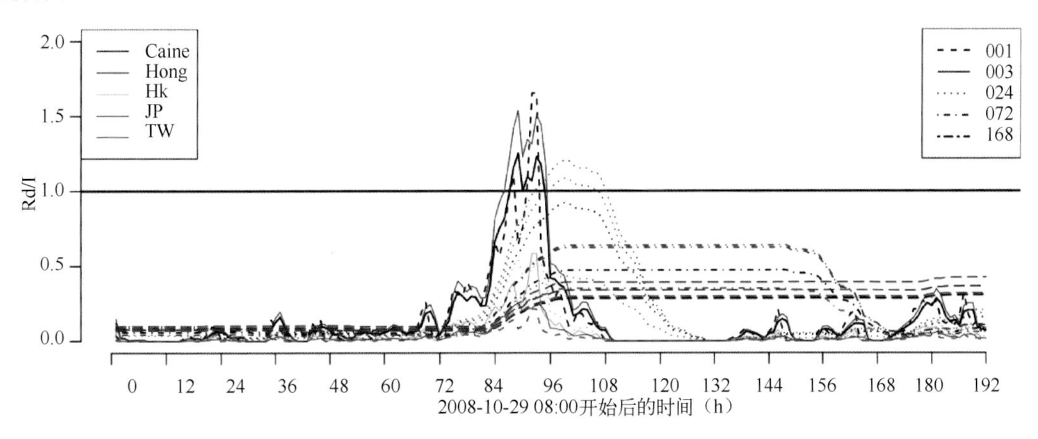


图 4.7　2008 年 10 月 29 日楚雄滑坡、泥石流事件过程中实际降水与不同算法的降水强度一历时阈值比值的时间序列，其中 Caine、Hong 等表明分别采用 Caine、Hong 等的阈值计算公式，而 001、003 等数字表示取持续时间值为 1 小时、3 小时等

兰州市九州石峡口小区山体滑坡 2009 年 5 月 16 日 18 时—21 时 05 分，甘肃兰州市九州石峡口小区西侧发生山体滑坡，造成 7 人死亡、1 人受伤，直接经济损失达 2060 万元。滑坡体长 160 m，面积约 7500 $m^2$，平均厚 4.0 m，总体积约 3 万 $m^3$，该滑坡属黄土滑坡。此地周边海拔约 1500～2072 m，在 1 km 的分辨率数据中坡度为 20°左右，实际坡度 35°左右，正是处于最易发生滑坡的坡度范围。表层和次表层土壤多为疏松的黄土，其质地多为壤土和砂土，下部为前寒武系变

质片岩，结构破碎，力学强度较低，易变形滑动；土地覆被主要为城市建筑和部分草地，滑坡易发等级为容易和非常容易发生。在这次滑坡发生前，有数次对草坪的灌溉，也有几次降雨，但降水强度不大，至滑坡发生前24小时累积降水不过4.5 mm，7日(168小时)累积降水也只有26 mm(图4.8)。

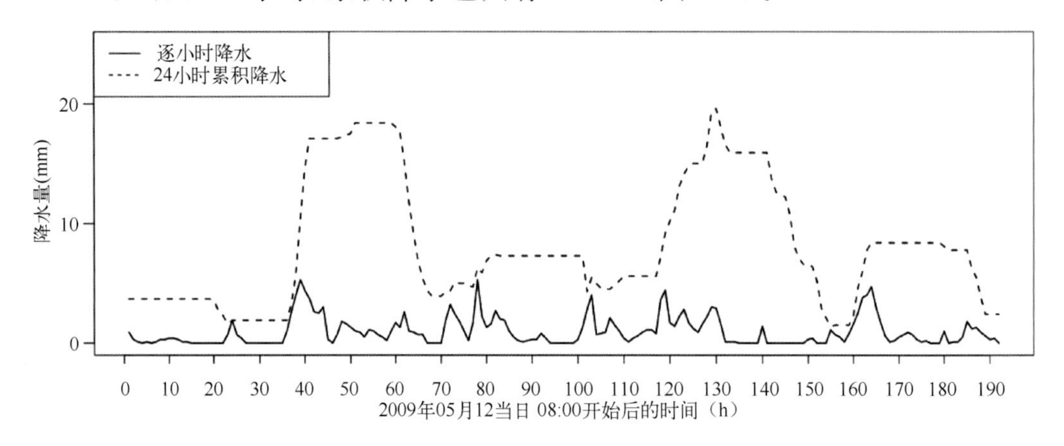


图4.8 2009年5月16日甘肃兰州滑坡事件前后降水时间序列，包括每小时降水和24小时累积降水

2010年6月28日14时左右，受持续强降雨影响，贵州省安顺市关岭县岗乌镇大寨村发生特大山体滑坡，导致42人死亡、57人失踪。贵州省关岭县岗乌镇滑坡这起特大地质灾害的形成，主要有以下几个方面的原因：一是当地地质结构比较特殊，山顶是比较坚硬的灰岩和白云岩，灰岩和白云岩虽然比较坚硬，但透水性好，容易形成溶洞；山体下部地势比较平缓，地层岩性为易形成富水带的泥岩和砂岩，土壤质地以轻黏土为主，这种“上硬下软”的地质结构，非常容易形成滑坡；二是周边地面覆被以作物、多数的草原等为主，土地人为开发的较为严重；三是当地地形特殊，平均海拔在1100 m左右，但是地形相对高差较大，达400 m至500 m，因此坡度较大，为20°左右，是易于发生滑坡的地形及坡度，综合滑坡易发程度为4，是比较容易发生滑坡的地表特征；四是2009年贵州省遭遇历史上罕见的夏秋冬春四季连旱，因旱情严重，地表形成许多裂缝，强降雨更容易快速渗入山体下部的泥岩和砂岩中；而这次灾害发生前，当地经历了罕见的强降雨，仅6月27日和28日两天，降雨量就达310 mm，其中27日晚20时至28日11时的15个小时，降雨量就高达237 mm，超过此前当地的历史气象记录，图4.9a是6月24日8时起当地每小时累计降水量和24小时累计降水量的CMORPH降水逐时序列，可见每小时最大降水可达50 mm左右，而24小时累积降水也达到了245 mm，和观测到的降水极值差不多，每小时最大降水出现在2010年6月28日凌晨，最大

降水发生之后约 6 小时以后才发生滑坡，滑坡发生的时间与 24 小时累计降水的最大值对应的比较好。图 4.9b 则是对应的降水强度及各种阈值的比值的时间序列。降水强度比值超过 1 发生过几次，特别采用是 1 小时降水和 3 小时累积降水阈值的算法，其中 Caine 和 Hong 的算法由于对短时降水的阈值取值较小，因此比值超过 1.0 的次数较多，而采用历时 24 小时累计降水阈值的算法则较好，只在滑坡发生前几个小时才开始大于 1，且几乎在滑坡发生的当时达到最大值。

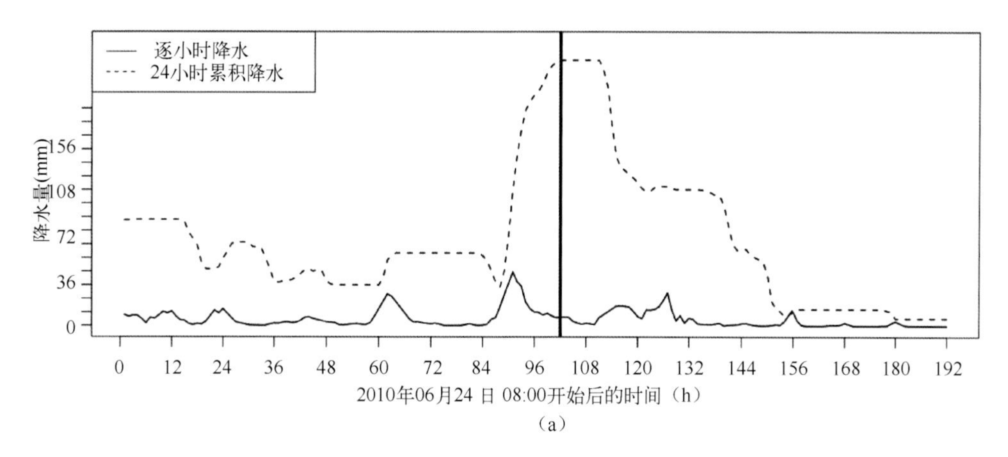

(a)

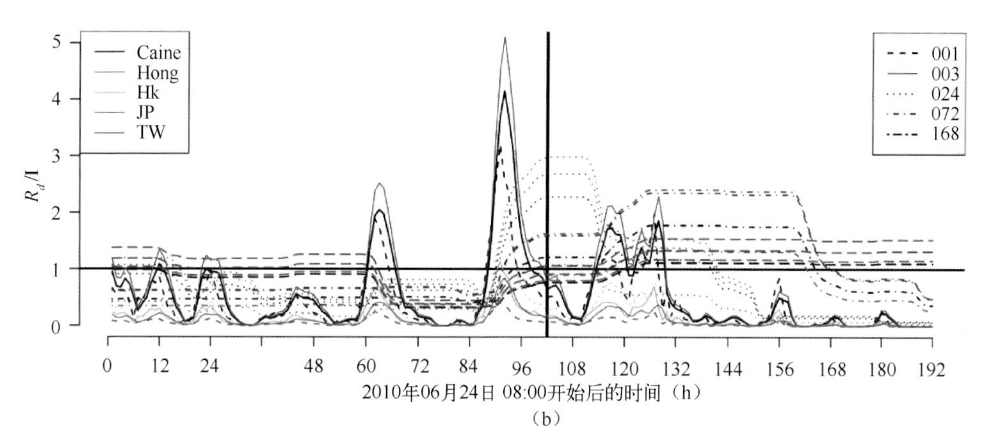

(b)

图 4.9　2010 年贵州安顺滑坡事件前后 CMORPH 降水时间序列，包括每小时降水和每小时的 24 小时累积降水(a)及实际 CMORPH 降水与不同算法的降水强度—历时阈值的比值的时间序列(b)，其中竖直线所在为滑坡发生的时间

和图 4.9 不同，图 4.10 中比值使用 WRF 预报降水来计算，可以看到，在滑坡事件发生前后主要有两次较大的降水，事件发生后的降水比之前的要大；而实际情况与 CMORPH 卫星降水(图 4.9a)恰恰相反，在滑坡灾害发生前发生了两次较大的降水，其中事件发生前 12 小时之内降水较大，最大每小时超过了 50 mm，而灾害发生后也有降水，但是降水量明显小于发生前。由于 WRF 降水

的这个偏差,导致模型在灾前未能较好地预报灾害的发生,反而滞后了 6 个小时,如果需要更精确地预报发生时间,那么更精确的降水预报是必不可少的。

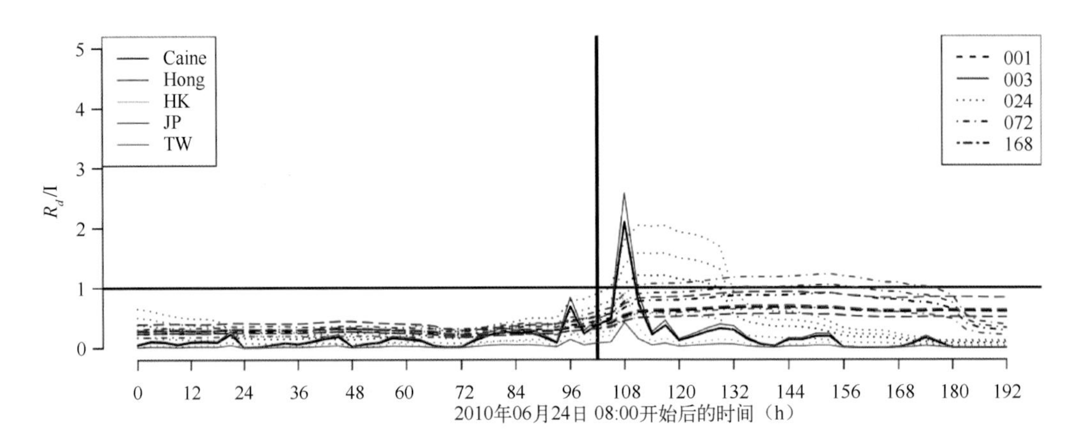


图 4.10　2010 年贵州安顺滑坡过程 WRF 预报降水与不同算法的降水强度一历时阈值的比值，其中竖直线所在为滑坡发生的时间

2010 年 8 月 8 日 0 时 12 分,甘肃省舟曲县城区及上游村庄遭受特大山洪泥石流灾害,造成 1501 人死亡、264 人失踪。这次泥石流的暴发主要是由于强降水引起的,2010 年 8 月 7 日 23—24 时,舟曲县城北部山区三眼峪、罗家峪流域突降暴雨,1 小时降水量达 96.77 mm,半小时瞬时降水量达 77.3 mm。短时超强暴雨在三眼峪、罗家峪两个流域分别汇聚成巨大山洪,沿着狭窄的山谷快速向下游冲击,沿途携带、铲刮和推移沟内堆积的大量土石,冲出山口后形成特大规模山洪泥石流。随后淹埋大量村庄和农田并进入白龙江,形成堰塞湖,淹没大片地区,造成严重的人员伤亡和经济损失。这次降水的过程在前文已经有较详细的描述。由于舟曲周边海拔较高,平均在 1700 m 左右,且相对高差较大,坡度较陡,最大可达 28°左右(1 km 水平分辨率),岩石类型为板岩、泥岩、泥灰质岩等软岩,较易受到风化而变破碎、松软,土壤质地以颗粒较大且黏性较差的壤土和砂黏壤土为主,且地面覆被也多以草原和作物为主,综合各个因素都是较易引发滑坡和泥石流灾害的,事实上,其周边滑坡易发程度分级为 6,为特别容易发生滑坡和泥石流等灾害的地区。加上前期大地震的影响,突降的暴雨就引发了此次特大泥石流事件。图 4.11 是这次事件前后各种算法的降水强度比值时间序列,可见 Caine、Hong 3 小时累积降水强度算法与 Hong、JP 24 小时阈值算法都能较好地监测或预警此次泥石流事件,但预警时间不长,约为 1 小时左右。同时,在 8 月 11 日也有一次强降水过程,其对应的 3 小时平均降水强度与阈值的比值及 24 小时的比值也远远超过 1.0,表示可能发生滑坡或者泥石流灾害,实际并无滑坡

或者泥石流等灾害发生。

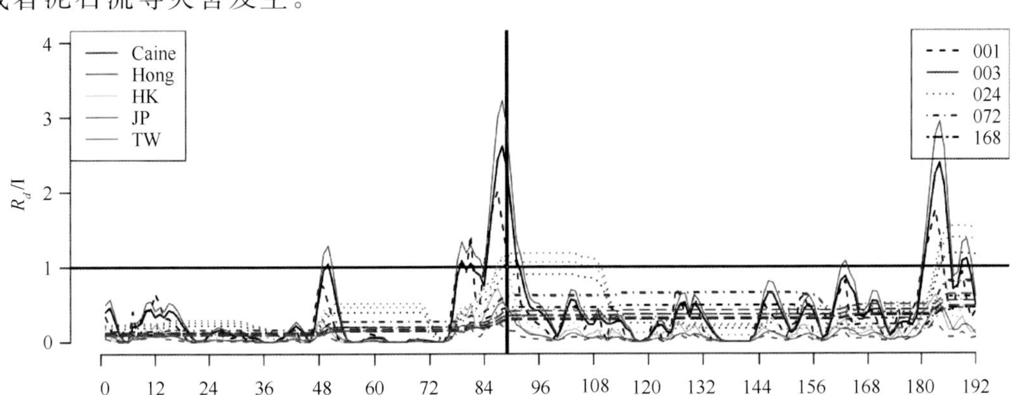


图 4.11　同图 4.7，不过为 2010 年甘肃舟曲泥石流事件，竖线所在为发生时间

2010 年 7 月 27 日凌晨 5 时许，位于四川省雅安市汉源县万工乡双合村一组万工集镇发生山体滑坡，滑坡现场斜坡长 1.6 km，高度 620 m，垮塌土石方量约 120 万立方米。灾难造成部分居民房屋垮塌，部分房屋被掩埋并造成 20 人失踪，91 户（涉及 391 人）房屋倒塌。这个地方海拔 1400 m 左右，周边海拔从 700 m 到 1800 m，变化较大，坡度也较陡，最大可达 21°，处于较容易引发滑坡的角度范围；土壤质地以轻黏土为主，有少量壤土存在，土壤颗粒总体较细密和紧实，不太利于水分的下渗；地面覆被情况较为复杂，主要由混交林、草地以及作物等组成。滑坡易发程度分级主要为 3 和 4，属于中等容易发生滑坡的程度。从图 4.12 即这次滑坡时间过程前后的降水强度一阈值比值曲线来看，滑坡事件发生前 24 小时以内并无较大降水，但是在 50 小时以前（7 月 24 日）有强降水，且此后一直有较小的降水发生；实际上，在 7 月 17 日也有一次强降水的发生，正是这两次强度较大的降水以及之后不断的小雨导致了这次滑坡事件的发生，只是发生的时间较强降水的时间延迟较明显。在这次事件中，除了 3 小时的阈值算法外，JP024、Caine024、Hong024 以及 JP072 等算法得到的降水强度比值能较好地起到预警作用。

2010 年 9 月 1 日 22 时 20 分，云南省保山市隆阳区瓦马乡河东村大石房小组突发一起滑坡灾害，造成 29 人死亡、19 人失踪、8 人受伤。滑坡体所在的斜坡平均高度约为 1700 m，相对高差较大，坡度较陡，最大可达 28°；且表层为颗粒较粗的砂黏壤土、次表层为较为细腻的黏壤土，这种上下层土质的差别造成表层结构松散，加上地表植被多为固定能力较差的浅草和作物，因此比较适合滑坡的发生，其滑坡易发程度等级为 5，容易发生滑坡。但是从图 4.13 即此次滑坡过程前后降水强度一阈值比值时间序列来看，这次滑坡事件发生前后并无强降水发生，

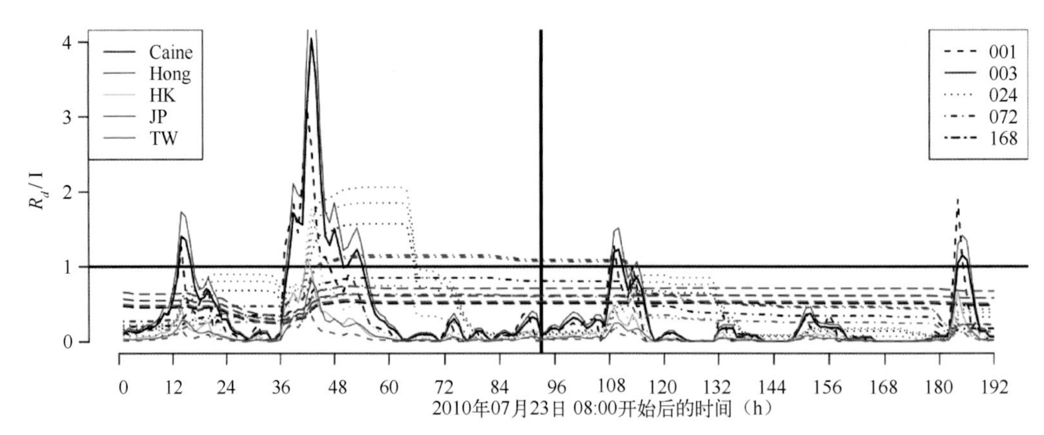


图 4.12　同图 4.7，不过为 2010 年四川雅安滑坡事件，竖线所在为发生时间

只是不断有一些较小的降雨，事实上，没有任何一种阈值的算法能够较好地预警此次滑坡灾害。事实上，经过分析，发现当地在这些持续的降雨发生前，经历了先旱后涝的过程，长期大旱造成当地大部分土地产生裂缝，结合其土壤质地的上下层结构，使表面更易形成产生破碎的堆积物；前期大旱形成的裂缝使雨水更易下渗，因此引发滑坡灾害的发生；另外，在滑坡的后援有一条乡村公路穿过，更加增大了边坡的不稳定性；而这些，是不能在简单的降水强度一历时阈值算法这样的方法里面表示出来的，因此，此算法没能较好地预报此次滑坡的发生。

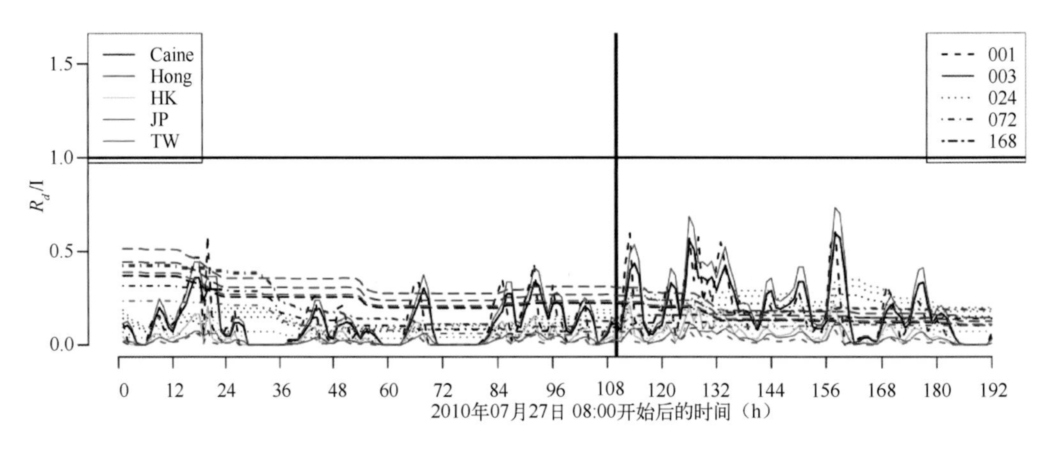


图 4.13　同图 4.7，不过为 2010 年云南保山滑坡事件，竖线所在为发生时间

对以上三次事件，由于使用的 WRF 模式分辨率较粗，预报的降水值偏小，且降水中心位置有些偏移，因此基本都未能较好地预报滑坡灾害的发生，若要较好地预报出 24 小时甚至更长时间尺度可能的滑坡灾害，则需要精确的定量定点降水预报，这在当前的研究和应用中还是一个难点，目前较多采用的是同化、多模式集合等方法[31,32]。

2010 年 9 月 21 日 00—10 时，受台风“凡亚比”带来的局地强降雨影响，广东省高州市和信宜市交界地区的马贵、古丁、大坡、深镇、平塘五镇共引发群发性崩塌、滑坡和泥石流地质灾害 109 起，共造成 21 人死亡、12 人失踪，5 人受伤。高州市马贵、古丁、深镇、大坡镇和信宜市平塘镇属中、低山地形地貌，海拔标高 250～1700 m，人群普遍居住在 250～500 m 高度地段。区内地质构造较为简单，地层岩性以元古界混合岩为主，占据全区域面积的 90%以上。山体边坡陡，地形高差较大，土层厚度小，土质黏结度较差，多数村庄后山有多级不规则状台阶（种植果树或梯田等），岩性为混合岩风化形成坡、残积黏性土、砂质黏性土，虽然区内断裂构造并不发育，但土体下的基岩存在三组不同方向和不同角度的节理、裂隙结构面，无论山体的临空面处于哪一方向，其易滑结构面均有一组为顺向坡，在强降雨等因素诱发下极易发生崩塌、滑坡，事实上，其滑坡易发程度等级为 3 和 4，容易或者较为容易发生滑坡灾害。上述五镇所在地区于 2010 年 9 月 21 日凌晨开始强降雨，至上午 10 时，马贵镇累计降雨达 651.1 mm，超过当地历史记录。降雨强度从 9 月 21 日 00 时的 2.4 mm/h 到 9 时达到 105.5 mm/h。据调查，地质灾害基本上在 21 日的 9 时前后大规模发生。图 4.14 是此次事件前后的降水强度－阈值比值时间序列，可以看出，由于此次降水强度较强，因此几乎所有的算法都能较好地对滑坡事件进行预警，但是由于 CMORPH 资料对强度特别大的特大暴雨等降水量存在较为严重的低估现象，因此阈值较高的 TW001、TW003 两种算法仍然不能较好地进行预警。

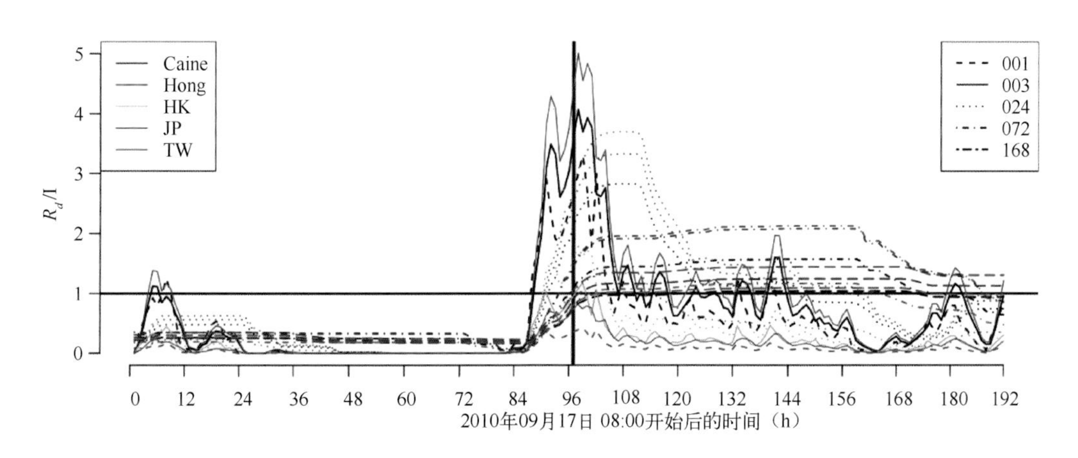


图 4.14　同图 4.7，不过为 2010 年广东高州滑坡事件，竖线所在为滑坡开始发生时间

2011 年 9 月 17 日 14 时 10 分，陕西省西安市灞桥区席王街办石家道村白鹿塬北坡发生特大黄土滑坡灾害，9 月 18 日上午 10 时至 11 时，再次连续发生 3 次

滑坡，灾害规模达$2.4\times10^5$ m$^3$，共造成 32 人死亡、5 人受伤，直接经济损失 5200 万元。滑坡体主堆积区长180 m、宽 230 m，平均厚度 6 m，最大厚度 10 m，方量约 $2.5\times10^5$ m$^3$。滑坡体滑动 320 m，冲毁奇安雁塔陶瓷公司部分厂房与宿舍，造成重大损失。这次滑坡主要是由 9 月 4 日以来的持续降雨导致的，降水强度较小，但是持续时间较长。事实上，滑坡发生地坡度比较大，约为 10°左右；土壤质地以表层粉壤土、下层壤土为主，为较典型的黄土，结构较松散；土地覆被主要为作物，导致土地结构更为不结实；以上种种因素都有利于滑坡灾害的发生，其滑坡易发程度等级为 5 或 4，是容易发生滑坡的等级。几种算法都没有较好地对此次滑坡事件预警（图 4.15），这是因为降水强度总体较小，但是持续时间特别长的缘故。

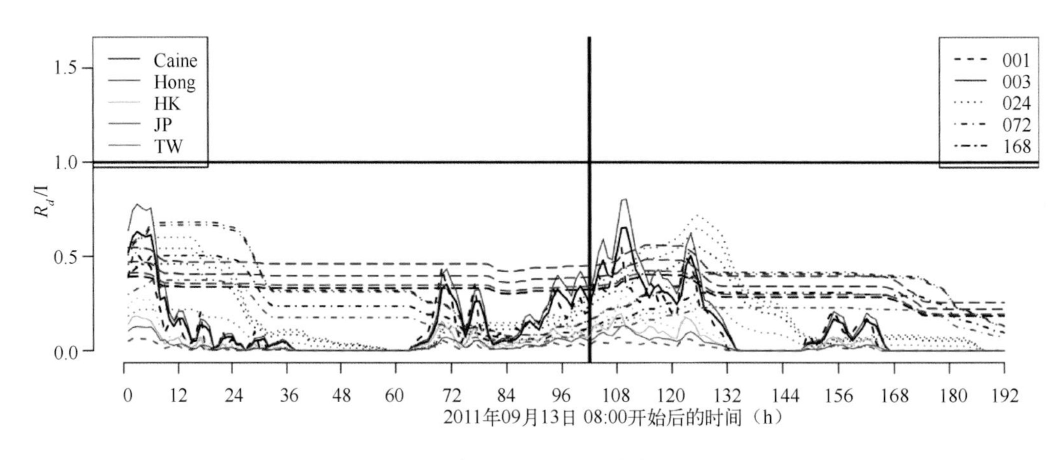


图 4.15　同图 4.7，不过为 2011 年陕西西安市滑坡事件，竖线所在为滑坡开始发生时间

以上简单分析了基于卫星遥感降水及降水强度—历时阈值方法的滑坡监测预报模型，模型能预警大多数滑坡泥石流灾害，但是由于不同地区不同时间地表状况的不同，经验关系不可能对所有的地区完全适用，如，对甘肃兰州和陕西西安的两次黄土滑坡事件模型就没能较好地预警。因此，研制一种更有物理意义、更加普遍适用的模型是非常有必要的。

## 4.2　动力滑坡预报物理模型

由于降水阈值的方法有上述的一些缺点，因此，很多人研发了其他很多的方法来克服这些缺点，如针对降水阈值的方法无法考虑在暴雨之前坡面的水文状况对滑坡的影响，因此提出土壤前期含水量模型（Antecedent Soil Water

Status Model，ASWSM），甚至更进一步地提出复杂的水文模型来详细考虑前期水文过程对滑坡的影响[33,34]，但是无论是土壤前期含水量模型还是各类滑坡预测的水文学模型大都没有经过详细的检验，都没有广泛地应用起来。而目前有实际物理意义的动力斜坡稳定性模型，特别是无限斜坡模型开始大量地被研究，不断完善，并广泛用于评价浅层岩土斜坡的稳定性，如 Fredlund[35~37]，Casadei[38]，Montrasio[39]等。目前最著名的动力模型是美国地质调查局（United States Geological Survey，USGS）开发的 TRIGRS（a Fortran program for Transient Rainfall Infiltration and Grid-based Regional Slope-stability analysis）[40,41]，已有的研究表明，TRIGRS 模型对降雨造成的浅层滑坡有一定的预报能力[42,43]。

### 4.2.1　SLIDE 模型介绍

在 Fredlund 和 Montrasio 研究中，最终滑坡安全系数与降水之间的关系可以通过公式（4.5）来表示

$$F_s = \frac{\cot\beta \cdot \tan\phi' \left[\Gamma + m \cdot (n_w - 1)\right] + C' \cdot \Omega}{\Gamma + m \cdot n_w} \tag{4.5}$$

$$\Gamma = G_s \cdot (1 - n) + n \cdot S_r \tag{4.6}$$

$$n_w = n \cdot (1 - S_r) \tag{4.7}$$

$$\Omega = \frac{2}{\sin 2\beta \cdot H \cdot \gamma_w} \tag{4.8}$$

安全系数 $F_s$ 定义为滑动面阻力和滑动力之比（公式（4.5）），当 $F_s<1$，即阻力小于滑动力的时候，则坡面不再稳定即斜坡失稳发生滑坡。公式中，$G_s$ 是泥土比重，$n$ 为孔隙度，$\beta$ 是地面坡度，$\phi'$ 为泥土内摩擦角，$H$ 为泥土深度，$\gamma_w$ 为水的比重，$S_r$ 是土壤水饱和度，$C'$ 是总的内聚力，其表达式为：

$$C' = [c' + C\phi] \cdot \Delta s = [c' + A \cdot (1 - \lambda m^{\alpha})] \cdot \Delta s \tag{4.9}$$

$c'$ 是有效内摩擦力，$A$ 为取决于土壤类型等变量的参数，$\lambda$ 为与土壤类型有关的强度系数，$m$ 为水的无量纲深度，其取值与降水、水流等水平衡以及水文运动有关，其取值主要依据来源于降水输入。由于降水值一般为非连续的（如观测降水、卫星遥感降水），因此以上计算往往采用一定的步长分步进行。

由于 $F_s$ 计算中其他变量基本不变，有变化的变量基本与 $m$ 有关，因此 $m$ 的计算至关重要，其计算可以通过复杂的水文模型来进行，也可以用简单的水平衡方程来计算，为减少计算量，此处采用了简单的水平衡方程来分步计算：

$$\begin{cases} m_1 = m_1 \\ O_t = K_t \cdot \sin\beta \cdot m_t \cdot H \cdot \cos\beta \cdot \Delta t \\ \Delta m_t = \dfrac{I_t - O_t}{n \cdot H \cdot (1 - S_r)} \\ m_{t+1} = m_t + \Delta m_t \end{cases} \tag{4.10}$$

其中，$\Delta t$ 为时间步长，$m_1$ 为 $m$ 的初始值，$m_t$ 为 $t$ 时刻的 $m$ 值，$I_t$ 为 $t$ 时刻的降水强度，$O_t$ 为某个格点上 $t$ 时刻沿坡面流出的水，而 $K_t$ 为土层最大容水量，以上各变量具体含义及其单位可参见[39,44]。

根据上述原理，美国俄克拉何马大学（University of Oklahoma）的 Liao、Hong 和 Wang 等开发了基于卫星遥感基础数据和基于 TRMM 卫星遥感降水输入的动力滑坡预报模型原型 SLIDE（Slope-Infiltration-Distributed Equauilibrium），并在中美洲和印度尼西亚等地对模型的实际效能进行了详尽的测试，证明这个模型虽然限于某些基础数据的缺失（如详细的地质地貌、基岩、泥土层深度等信息）、一些简化处理的假设（如考虑土壤是均一化的，没有考虑有机质的作用）以及某些重要物理过程的缺失（如，几乎没有考虑径流和蒸散发的影响），导致模型有一些误差，如存在误报等，但是总体上基本能较好地预报降雨型浅层滑坡发生的时间和地点信息，从而为滑坡的监测和预警提供较为可信的依据。其中误差来源大致有如上所述的一些原因，同时也有降水资料分辨率不足、空间分布分析不够精细带来的误差[42,44~46]。

### 4.2.2 SLIDE 模型对印度尼西亚一次滑坡的后报分析

2007 年 12 月 26 日，印度尼西亚的爪哇岛上由台风降雨引发两起滑坡灾害，造成 65 人死亡[47]。本节使用 TRMM 3B42RT 以及 WRF 模式预报降水驱动 SLIDE 模型运行，来模拟后报这两次滑坡事件。WRF 模式使用 NCEP 的 GFS 资料，起报时间为 2007 年 12 月 26 日 0000UTC，水平空间分辨率为 4 km；使用地形数据为 ASTER 水平空间分辨率 30 m 的 DEM，土壤资料则采用联合国粮农组织（Food and Agriculture Organization of the United Nations，FAO）发布的土壤类型以及土壤质地等数据（http://www.fao.org/AG/agl/agll/dsmw.htm），地面植被类型为前文提到的 MODIS 8 km 分辨率数据。

图 4.16 是研究区域——爪哇岛在印度尼西亚中所处位置示意图，图中填色图为海拔高度，红色三角形所在为主要城市所在地，而紫色五角星所在为 2003 年和 2007 年两年间发生的滑坡事件[48]，可以看到，两年间仅爪哇岛上就发生不

下 10 起的滑坡灾害，而滑坡灾害主要发生在山区，尤其是地形起伏比较大的地区。从长期的降水平均来看(图略)，整个爪哇地区经常遭遇台风、暴雨等事件[44]，因此突降的暴雨是引发这个地区滑坡灾害的主要因素。

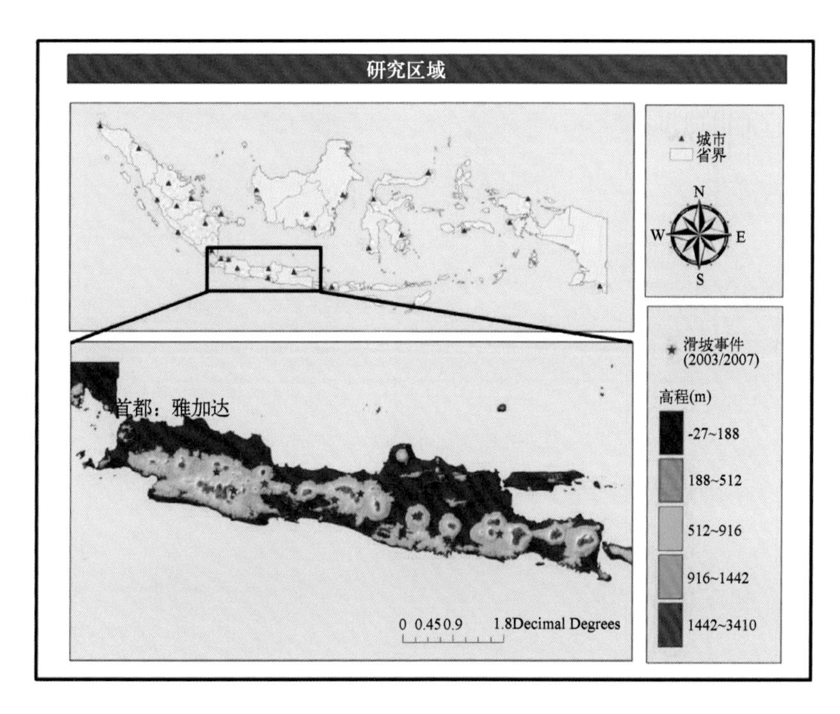


图 4.16　爪哇岛滑坡灾害研究区域示意图

其中等值线填色图为地表海拔高度，五角星所示点为 2003 年和 2007 年发生的滑坡[44]

使用前文提到的方法和数据来计算爪哇岛的滑坡易发程度分布，得到图 4.17。图 4.17 结合前文地形图 4.16 可以发现，爪哇岛山区大多属于较易发生滑坡灾害的地区，而 2003 年和 2007 年两年间实际发生的滑坡事件也几乎都是在易发程度图中极易发生滑坡灾害的地区(易发程度为 5)。红色方框中的两次滑坡为 2007 年 12 月 26 日一次降水引发的，其发生的区域也为较易发生滑坡灾害的地区。本节就将讨论 SLIDE 模型对这两次滑坡灾害的后报情况，模型运行区域为图 4.17b 所示。

使用 TRMM 3B42RT 降水驱动 SLIDE 模型运行，计算出整个研究区域的安全系数(图 4.18)，其中安全系数小于 1 则表示预测会发生滑坡，值越小表示越容易发生。从图来看，共有七个滑坡易发热点(模型预测容易发生滑坡的地区)，根据当地新闻和文献[48]报道，其中两个热点(五角星所在位置)为实际发生滑坡的位置，而另外 5 个则并无新闻和文献报道滑坡灾害发生。安全系数低于 1.2 的地区占所有地区面积的 25%，而结合易发程度图来看，安全系数小于 1.2 的地区基本对应的是易发程度大于3(不包含3)的地区,也就是较易发生和极易发生滑坡灾害的地区。计算滑坡事件预测命中率POD为100%,但是误报率FAR也很高。

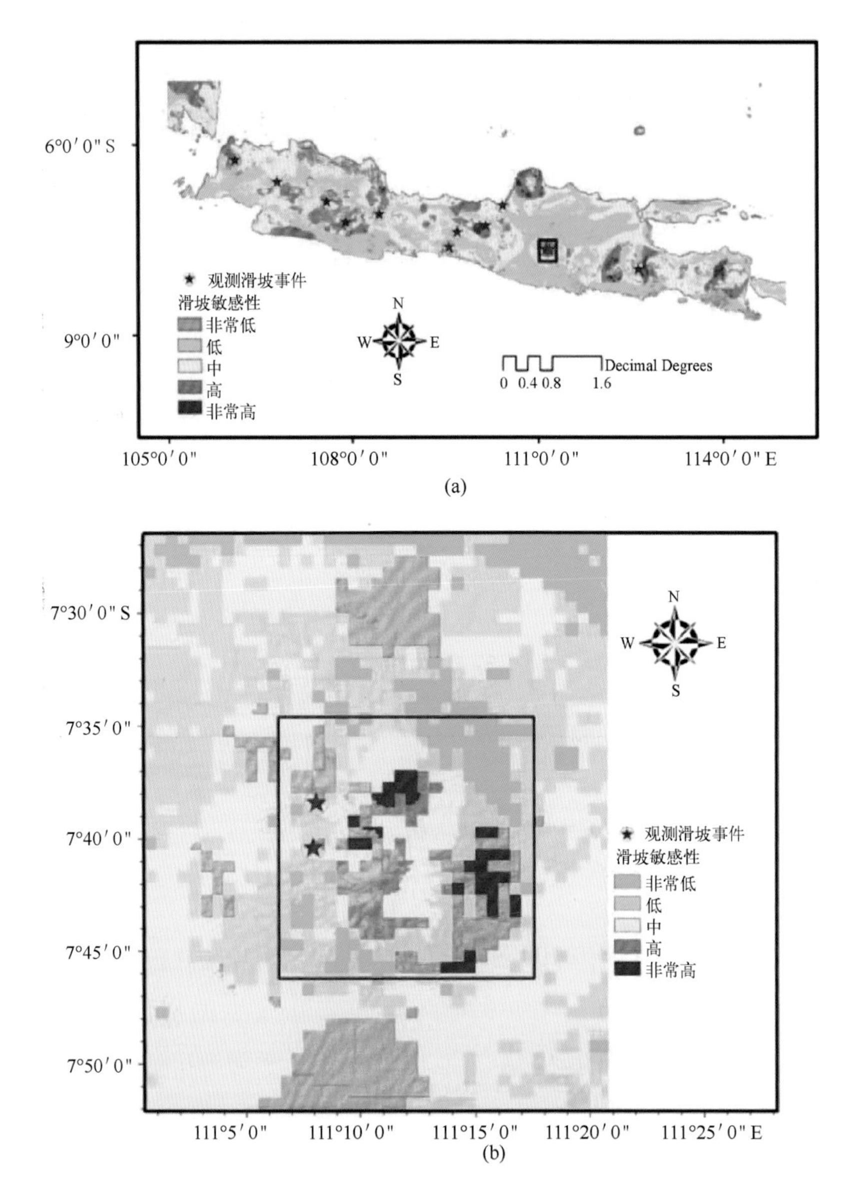


图4.17 爪哇岛滑坡易发程度示意图(a)以及本次研究的两次滑坡事件位置(b)

(a)中五角星所示点为2003年和2007年发生的滑坡,

红色方框标识为本次研究的两次滑坡事件所在区域[44]

图4.19a是图4.18中B点在整个降水事件过程中的SLIDE模型使用TRMM降水资料计算出来的安全系数时间序列。其中降雨最大的时候达到了50 mm/3h,而整个降雨事件在B点的累积降水达到了150 mm。SLIDE模型在降雨达到最大值的时候(即第23个时间点)预测安全系数达到最小,且小于1,根

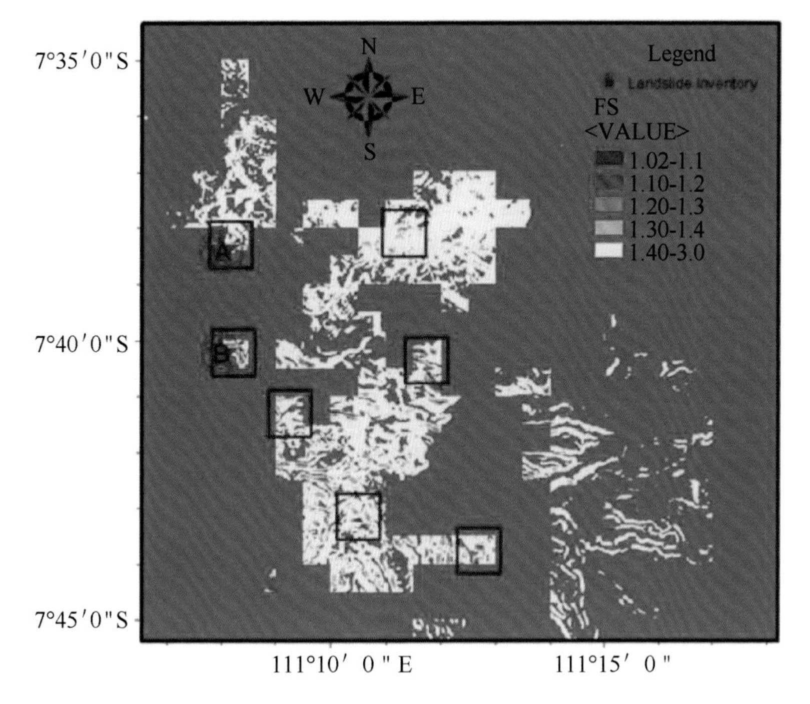


图 4.18 模型后报的安全系数分布图

其中红色方框为安全系数小于 1 的区域,五角星为两次滑坡事件发生位置[44]

据当地新闻报道,这个时间比实际发生的时间稍晚了 3 小时。而使用 WRF 模式预报降水来驱动 SLIDE 模型运行,B 点所在的安全系数时间序列如图 4.19b 所示,对比图 4.19a 可以看到,WRF 模式预报降水的降水量比 TRMM 卫星降水要小,降水极值只有 20 mm/3h,且出现时间比 TRMM 卫星降水晚了 15 小时左右,但累积降水同样也达到了 150 mm 左右。相应地,使用 WRF 模式降水驱动的 SLIDE 模型得到安全系数还是有一个滑坡灾害的预测,预测的滑坡也是发生在降水最大的时刻,预测时间比实际发生时间(以及 TRMM 降水驱动模型预测的时间)晚了 15 小时左右。然而由于 WRF 降水是预报降水,预报时间比实际发生时间还是提前了 40 小时左右,因此也算是一次成功的预测了。

由上面的分析可知,SLIDE 模型不管是使用 TRMM 准时间卫星降水还是 WRF 模式预报降水,几乎都能后报出实际发生的滑坡灾害,虽然由于模型本身的限制以及现有观测资料的限制,还存在着一些误报;而且滑坡发生时间点的精确预报也还有着一些误差,但是如果降水资料足够准确而且降水资料能使用预报降水的话,模型还是有较大的实际预测能力的。

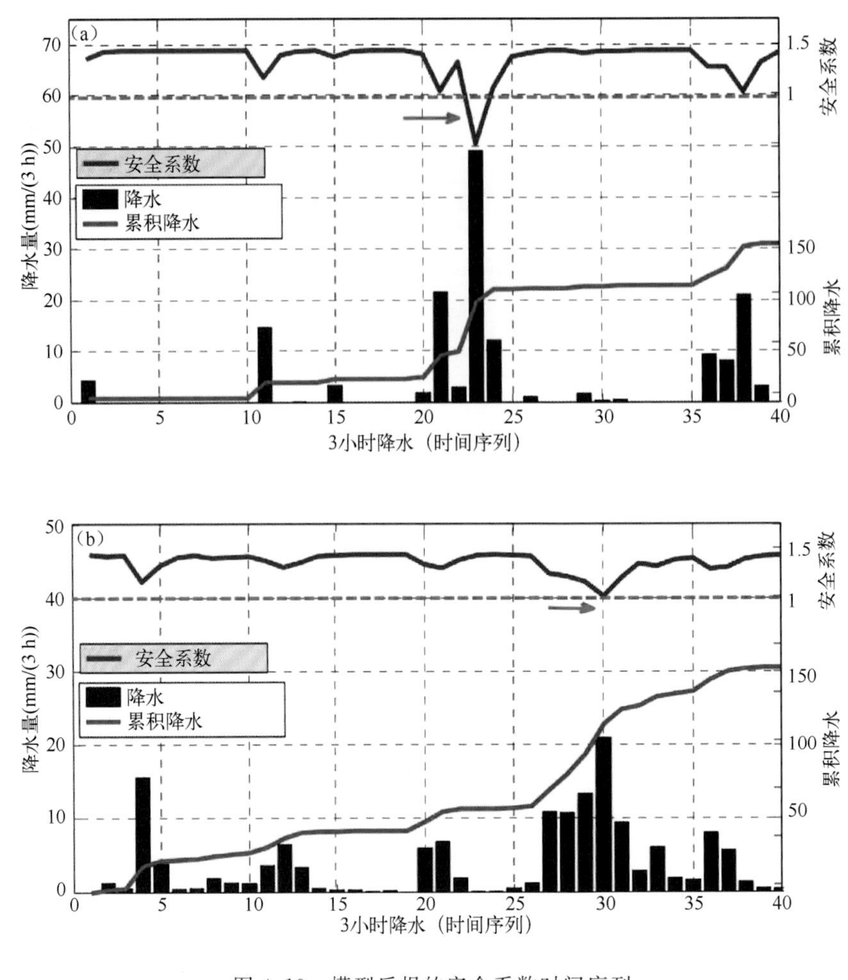


图 4.19 模型后报的安全系数时间序列

(a)TRMM 降水计算所得，(b)WRF 降水计算。其中条形图为每小时降水量(mm)，绿色曲线为累积降水量(mm)，红色曲线则为安全系数时间序列[44]

### 4.2.3 SLIDE 模型对甘肃舟曲泥石流的后报分析

2010 年 8 月 7 日晚至 8 日凌晨在甘肃舟曲发生的特大滑坡泥石流事件前面已有多次描述，这次泥石流事件主要是突降的暴雨引发的，采用降水阈值的方法可以较好地预报此次泥石流事件，但此方法主观性较强，且有较大可能误报。下面将简单地论述采用较为客观的动力滑坡模型 SLIDE 的结果。本节将使用 SLIDE 模型，并使用的高分辨率土壤数据(1 km 水平分辨率)，土壤数据由中国科学院南京土壤所调查汇编而成；且将其使用的更新时间为 3 小时水平空间分辨率为 0.25°(100 km 左右)的 TRMM 卫星降水数据改为更新时间为半小时且水平空间分辨率为 8 km 左右的 CMORPH 降水数据，从而提高模型的预报精度。

图 4.20 是国家测绘局(http://www.sbsm.gov.cn)公布的泥石流发生前后高清真彩遥感图像对比，由图可以清晰地看到泥石流发生的位置，主要有两个地方，最严重的地方在三眼峪一带，而罗家峪地区也有一条小的泥石流带。由图还可以看出，泥石流携带大量的物质淹没大量农田和房屋，然后进入白龙江，造成白龙江水位上升，且颜色也发生较大变化。发生泥石流的地区在发生前主要是绿色植被，而发生后则为黄色土壤，有较大的颜色反差。由于国家测绘局公布的数据没有坐标信息，因此为了能和模型计算结果相对比，我们下载了 Landsat7 的 30 m 水平空间分辨率 ETM 数据(http://landsat.gsfc.nasa.gov 和 http://landsat.usgs.gov)。关于从 Landsat 卫星遥感数据提取滑坡泥石流信息，可以参见参考文献[49～51]。

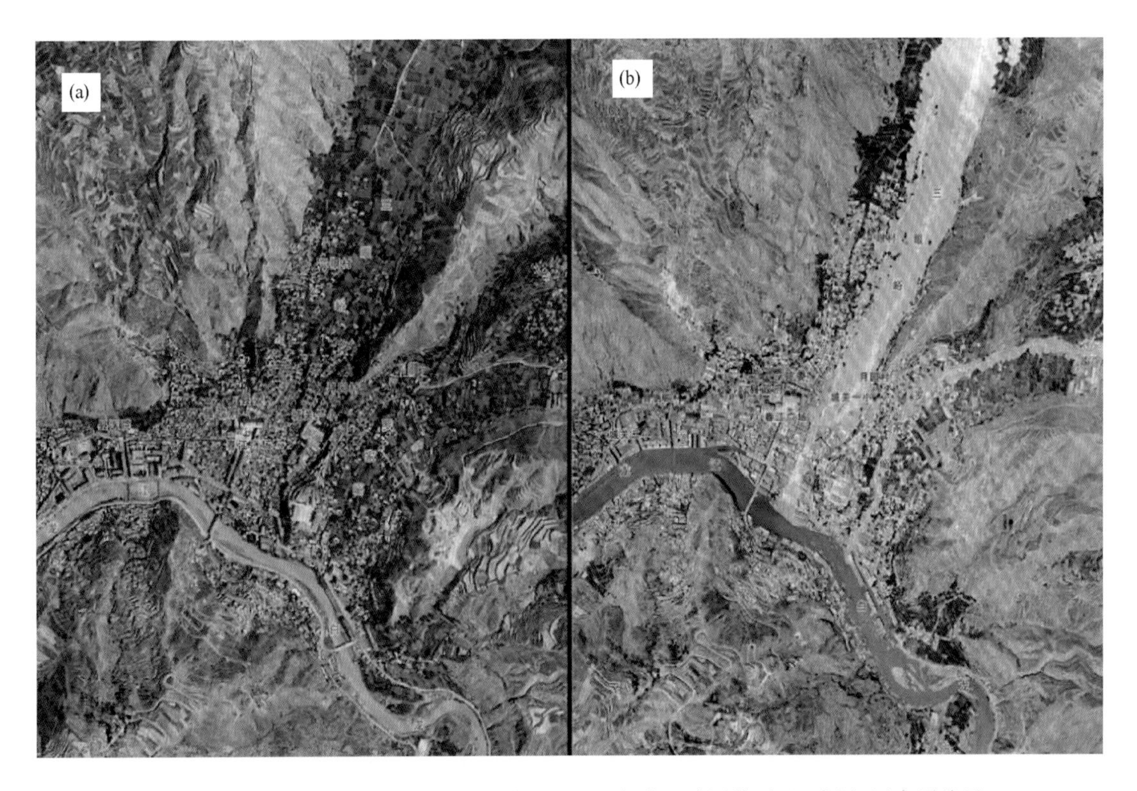


图 4.20　甘肃舟曲县城泥石流发生前(a)后(b)高清遥感图像对比(来源:国家测绘局)

图 4.21 是发生泥石流灾害的舟曲县城周边 10 km 左右内的 DEM、坡度、土壤质地、滑坡易发程度等级以及发生滑坡前 24 小时累计降水、滑坡安全系数。在发生泥石流的地方周边，尤其是其上游地区海拔高度落差非常大，取值范围从 1000 m 至 3400 m 左右，因此坡度较陡，最大坡度可达 60°及以上，因此在突降暴雨时水流较急、冲刷作用较明显。而且周边土质大多为壤土和砂黏壤土，黏性较

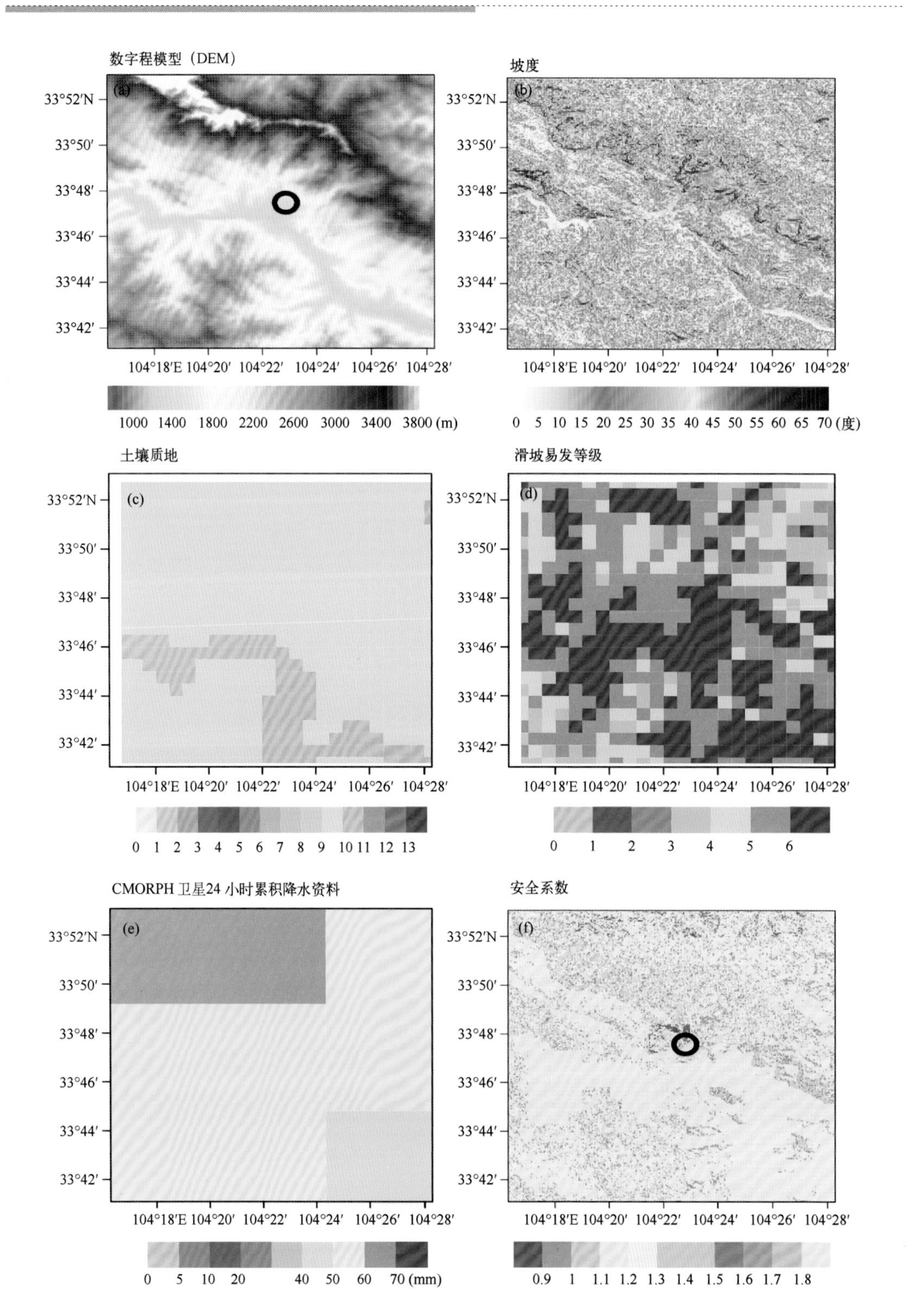


图 4.21　甘肃舟曲县城周边 30 m 水平空间分辨率 DEM(a)、坡度(b)，1 km 水平空间分辨率的土壤质地(c)、滑坡易发程度等级(d)，截至 2010 年 8 月 7 日 23 时 8 km 水平空间分辨率的 CMORPH 卫星 24 小时累积降水(e)以及 30 m 水平空间分辨率的安全系数分布(f)(其中黑色圆圈为泥石流发生处)

差，土壤颗粒较大，颗粒间的缝隙较大，内聚力较小，渗透性较强，极其利于形成滑坡、泥石流等灾害的发生，其滑坡易发程度等级为 6 或 5；舟曲地处秦岭西部的褶皱带，山体分化、破碎严重，松散的堆积物较多，加上 2008 年前后大地震的影响导致山体松动，因此在强降水的诱发下，导致了此次泥石流灾害的发生。事件发生时 CMORPH 的 24 小时累积降水高达 50 mm 以上，自动站实际观测到的降水高达 70 mm 以上。从图 4.21 来看，灾害发生时舟曲县城周边尤其是北边山区的安全系数小于 1，且小于 1 的位置基本在实际发生泥石流区域周边，表明 SLIDE 模型能够较好地模拟此次泥石流事件的发生位置。

详细的位置我们用 Landsat 数据提取的泥石流信息来对比。首先挑选了泥石流发生前后且较少云遮挡的两帧 Landsat7ETM 数据，分别为 2010 年 8 月 1 日和 2010 年 9 月 2 日。图 4.22 是这两个日期分别对应的两张 Landsat7 伪彩遥感图像，水平空间分辨率为 30 m×30 m，图中舟曲县城发生泥石流的地区附近没有云雾的遮挡，能较为清晰地看到颜色变化，但是由于舟曲地区 9 月已处于秋季，地表植被颜色也会发生一些变化，因此从这两张伪彩色图片对比不能明确地表征实际发生泥石流的地区。为此，我们选择了 band3 的数据（红色通道，http://landsat.usgs.gov/best_spectral_bands_to_use.php）来进一步处理。

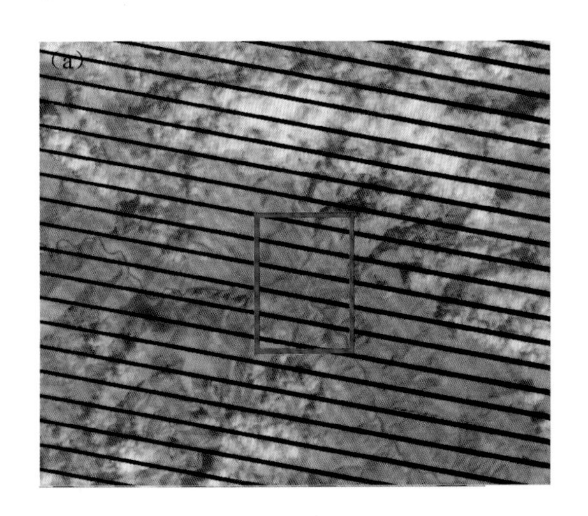


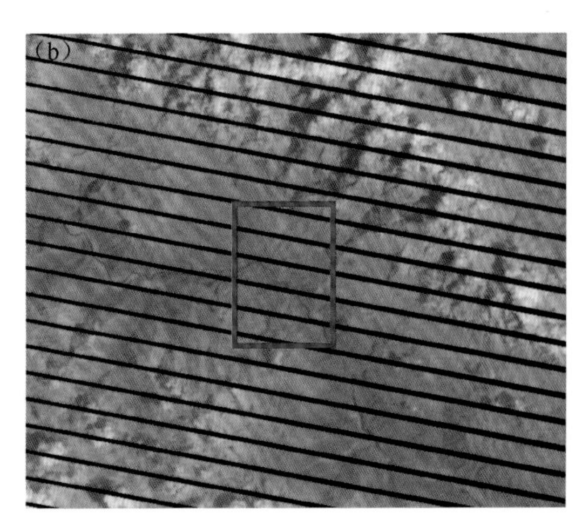


图 4.22　甘肃舟曲县城泥石流发生前(a)后(b)Landsat7 遥感伪彩色图像对比
其中黑色条纹为缺测值，红色方框为发生泥石流的大致范围

图 4.23 是泥石流灾害发生前后 Landsat7 红色通道图像对比，由图可以很清晰地看到三眼峪和罗家峪地区明显的变化，泥石流发生以后这两个地区出现了非常明显的低灰度，同时还能比较清楚地看到白龙江的一些变化，即白龙江的

灰度也变低了。将两张图像的灰度相减，且将其中差值相差20%以上者提取出来[49~51]，叠加到前述伪彩色图像上，得到图4.24。从图中来看，Landsat遥感图像提取的泥石流信息基本和实地观测到的结果一致，反映了两个泥石流条带的实际位置和面积，而且还表述了白龙江中由于堵塞造成的堰塞湖的部分特征。而SLIDE模型计算的安全系数小于1的范围明显比实际发生泥石流的区域要大，其中包含了三眼峪泥石流的绝大部分范围，但是罗家峪泥石流在SLIDE模型结果中没有看到。SLIDE模型预测在三眼峪西边还应该有一片面积较大的滑坡泥石流可能发生，但实际并没有发生。这可能是由于我们使用的地表土壤和植被等资料只有1 km空间分辨率以及降水资料只有8 km分辨率有关，而且模型的一些物理过程毕竟还比较简单。总体说来，Landsat资料提取的泥石流信息基本反映了实际泥石流灾害发生的位置、范围和路径，具有很大的参考价值；而SLIDE模型预测的泥石流位置也基本能对应上，除了有一些误报和较小范围的漏报，但基于我们使用的数据分辨率，这样的误差是可以理解和接受的。

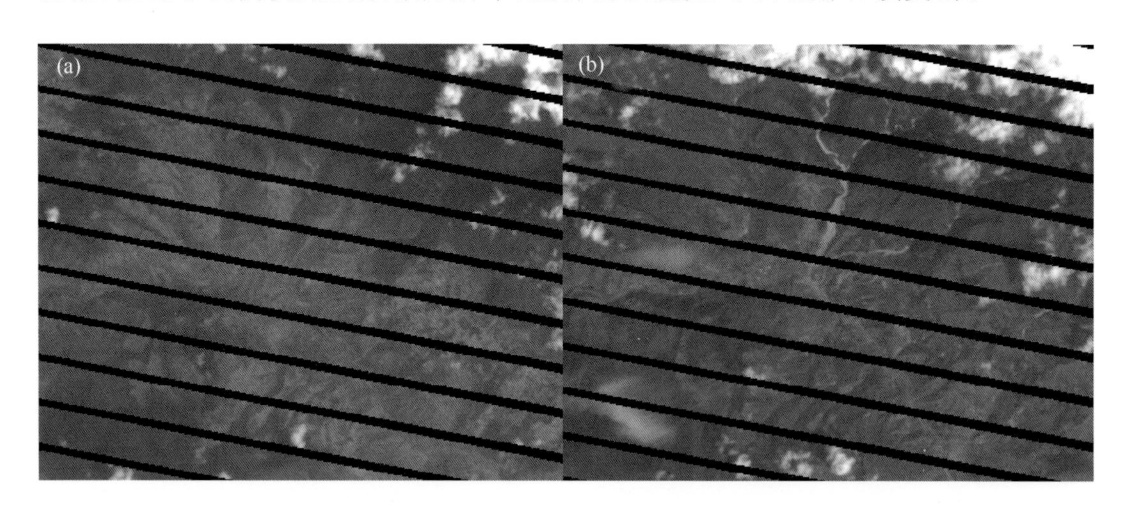


图4.23 甘肃舟曲县城泥石流发生前(a)后(b)Landsat7遥感band3(红色通道)图像对比
其中黑色条纹为缺测值

当然，如果需要更详细的泥石流发生位置、路径等信息，除了实地调查和航空遥感以外，我们还可以使用分辨率比Landsat分辨率更高的InSAR(Interferometric Synthetic Aperture Radar，干涉合成孔径雷达)等资料来提取更高分辨率、更详细的信息[52,53]。

图4.25是舟曲泥石流发生前后(2010年8月2日8时至8月10日8时)的CMORPH逐小时降水、累积降水以及模型计算出的安全系数(FS)，在泥石流发生前两小时开始有降水，当累积降水超过25 mm时(发生前1小时)安全系

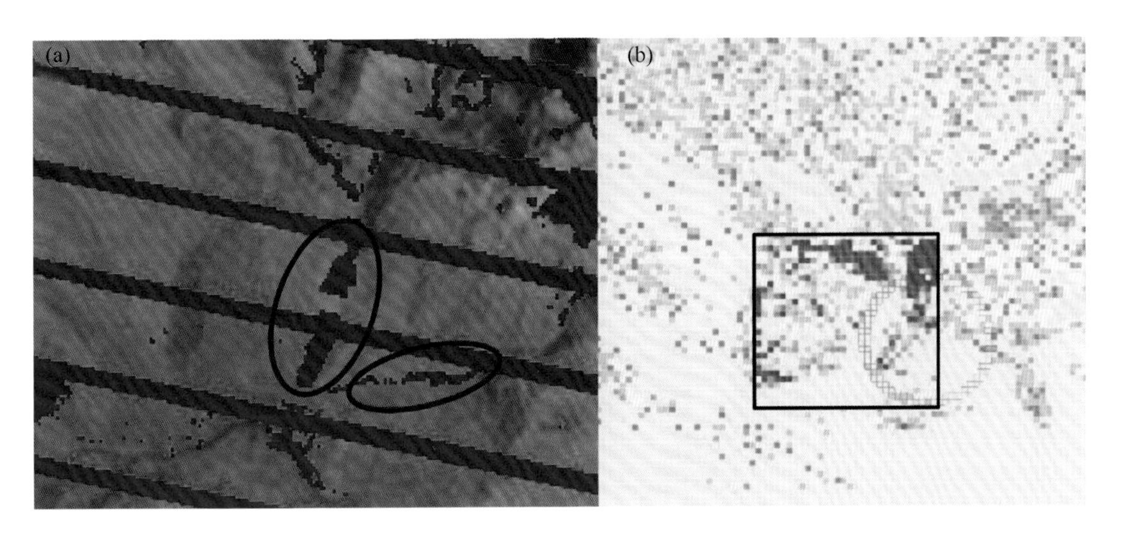


图 4.24　Landsat 提取泥石流信息(a)与 SLIDE 模型预测结果(b)对比，其中(a)中椭圆形圈住范围为发生泥石流的两处位置，而(b)中方形所在为 SLIDE 模型预测安全系数小于 1 的地区

数逐渐降低到 1 以下，随后降水达到最大、安全系数达到最小 0.7 左右并实际发生泥石流灾害，由此可见对这次事件，SLIDE 模型对灾害发生的时间模拟得也是较好的。而 WRF 模型预报降水驱动的 SLIDE 模型由于降水预报精度的问题没能较好地预报出这次边坡失稳从而引发地面土壤滑动进而形成泥石流的过程。

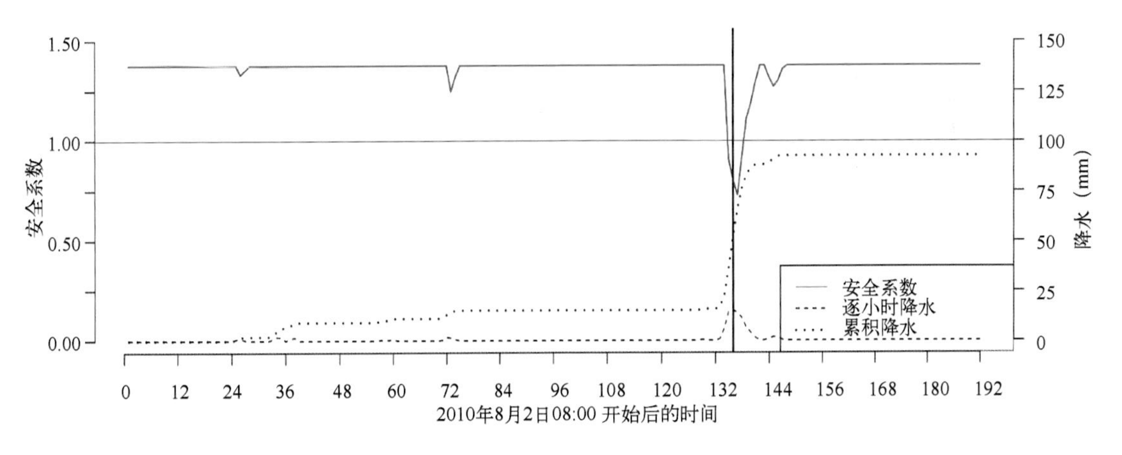


图 4.25　甘肃舟曲泥石流发生前后逐小时降水、累计降水与安全系数时间序列

综上所述，舟曲地区周边地形、土质等决定了此地较易发生滑坡泥石流等灾害，而突降暴雨直接引发了此次特大泥石流事件；结合高分辨率的 CMORPH 卫星降水，SLIDE 模型能够较好地模拟后报出泥石流灾害发生的时间和地点。

### 4.2.4 SLIDE 模型对云南保山滑坡的模拟分析

2010 年 9 月 1 日发生在云南保山市瓦马乡河东村的特大滑坡灾害造成 48 人死亡，也是由于降水引起的，但是由于降水量较小，使用降水阈值的方法没能较好地预报此次滑坡，那么基于物理过程的动力滑坡模型 SLIDE 的结果又如何呢，这是下面要讨论的。

图 4.26 是云南省保山市瓦马乡河东村滑坡事件发生的周边环境，主要为 DEM、坡度、土壤质地、滑坡易发程度等级、24 小时 CMORPH 累积降水和 SLIDE 模型计算所得滑坡发生时的安全系数。可见，滑坡发生地周边的地形坡度也较大，DEM 高度范围取值在 1000 m 至 3000 m 左右，坡度也较大，基本在 25°至 60°之间，而土壤质地多为壤土和砂壤土，含有部分轻黏土，总体为较易发生滑坡的条件，滑坡易发程度多为 4、5 或 6。在滑坡发生前 24 小时之内有少量降雨，降雨量不大，使用 CMORPH 降水驱动的 SLIDE 模型计算的安全系数总体较大，即边坡总体来说是较稳定的，在西边有少量地区安全系数小于 1，及边坡失稳，预计会发生滑坡；但实际发生滑坡的地方及其周边 1 km 以内的安全系数较大，没有模拟（预报）出此次滑坡灾害的发生。

这在安全系数的时间序列图 4.27 也能比较明显地看出，滑坡事故的整个过程中，事故地点的安全系数始终远远大于 1，偶有变化但变化不大；其对应时刻也几乎没有降水的发生，5 天累积降水量不超过 50 mm，因此，对这次滑坡事件，SLIDE 模型没能较好地模拟其发生的时间和地点。

综合前面三次事件的安全系数时间序列变化曲线（图 4.19、图 4.25 和图 4.27），SLIDE 模型计算的安全系数变化幅度较大，且对降水的响应较快，几乎对降水的响应是瞬变的，这与模型对水文过程的简化处理有关。模型中，几乎没有考虑蒸发、径流等过程，而水的渗透过程考虑得也较简单，因此地下水水位的升降、土壤含水量的变化以及相应的应力变化几乎都是随降水的变化而瞬变，因此比较适合由瞬时强降水引发的滑坡泥石流灾害或者一段时间连续降水引起的灾害；而由于多次较小降雨引发的慢滑坡过程，模型基本没有模拟能力。另外，由于基本没有考虑植被与人类活动的影响，因此对由于植被变化或者修路等人类活动引起的滑坡等灾害也是没有模拟和预报能力的。

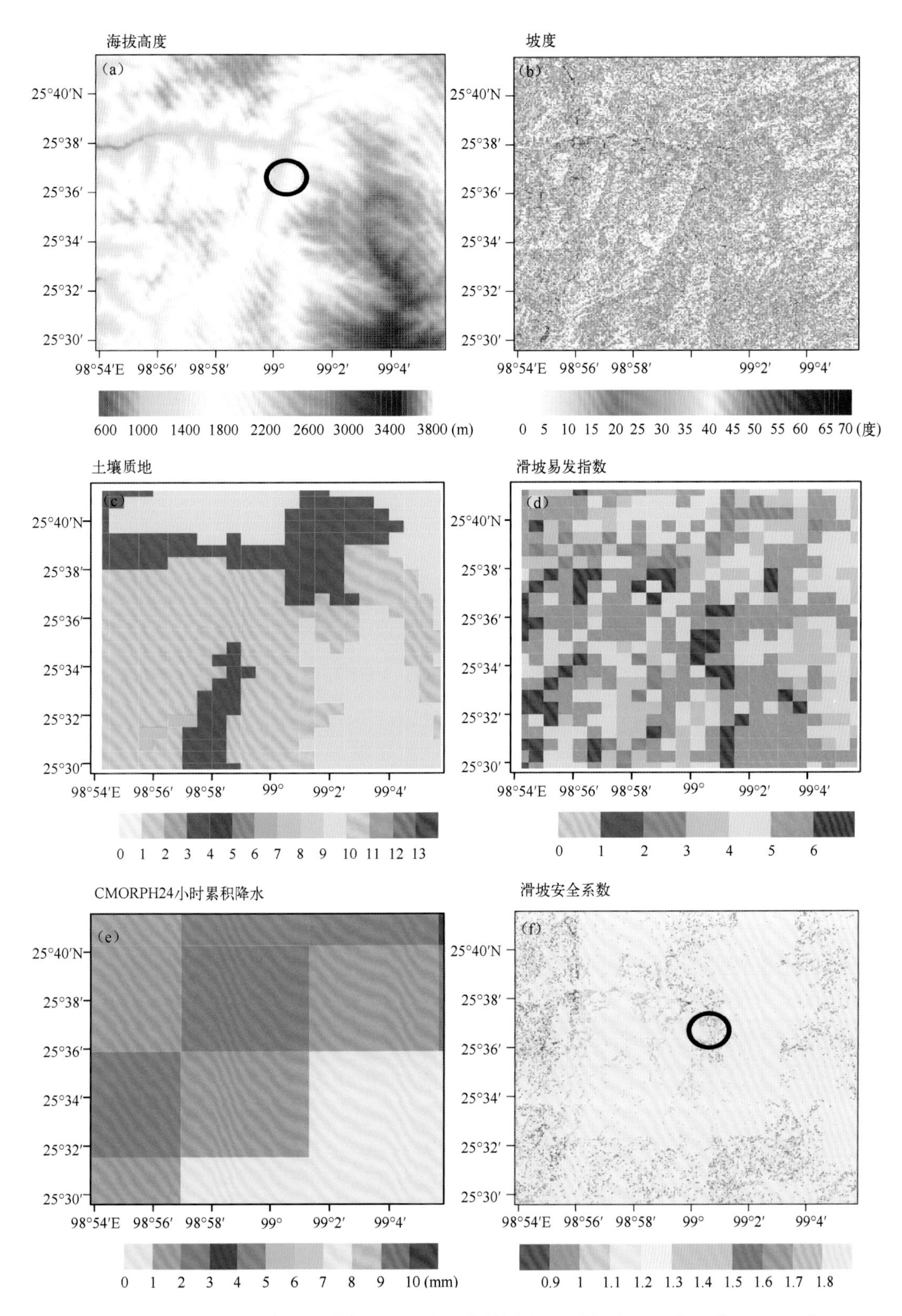


图 4.26　同图 4.21，但为云南保山瓦马乡河东村周边，且时间为 2010 年 9 月 1 日 22 时

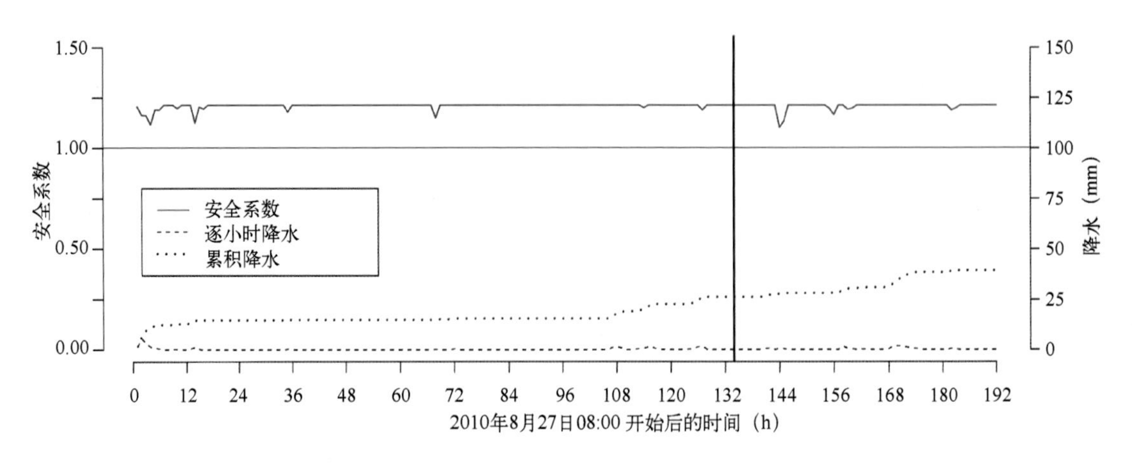


图 4.27　甘肃舟曲泥石流发生前后逐小时降水、累计降水与安全系数时间序列

## 4.3　小结

通过使用多种高分辨率卫星遥感数据及部分地面调查数据，综合考虑地面海拔、地表坡度、地表土壤质地、次表层土壤质地、土地覆被类型以及河网密度等因素的影响，建立了 1 km 水平空间分辨率的全中国地区滑坡易发程度等级图，较为定量地展示中国地区内各地发生滑坡灾害的容易程度。与已有的滑坡事件统计等资料对比表明，这和实际发生滑坡灾害的数量多少对应得比较好，表明这种根据遥感地表资料提取滑坡易发程度的方法是比较有效的，同时表明这个方法提取的滑坡易发程度资料是比较合理的。

在滑坡易发程度等级的基础上，结合降水—历时阈值的经验统计方法，可以比较定量地评估和预报滑坡灾害发生的可能性。目前有多种降水—历时阈值公式，本文用多个实例验证分析了东亚地区常用的几种降水—历时阈值公式使用 CMORPH 卫星遥感降水和 WRF 预报降水在中国不同地区的适用性，发现阈值较高的公式如 JP、TW 和 HK 对多次事件都会漏报，而阈值较小的 Caine 和 Hong 公式则比较容易空报误报，因此在实际应用中可以结合几种方法进行集合预报。

同时介绍了一个基于简单物理过程的动力滑坡模型原型——SLIDE，并用高分辨率的土壤资料(1 km)替换其中的原有 0.25°水平分辨率的土壤资料，并用高分辨率的 CMORPH 降水资料驱动 SLIDE 模型模拟后报了 2007 年印度尼西亚爪哇岛上的滑坡灾害和 2010 年分别发生在甘肃舟曲的泥石流和云南保山的滑坡灾害，模型可以较好地模拟由短时强降水引起滑坡泥石流等过程，但是对由较长时间尺度的小雨引发的慢滑坡过程的模拟则比较欠缺，这也是由于其中物理过程的过度简化所决定的。

不管是基于经验的统计方法还是基于物理过程的动力方法，对滑坡灾害尤其是对强降水引发的快速滑坡的监测和预报，其结果的准确程度是严重依赖于降水资料的精确程度的，因此，如果要精确地对滑坡灾害进行更长时间尺度的预报，那么则需要比较精确的降水预报。

## 参考文献


[1] Daif F C, Lee C F. Landslide characteristics and slope instability modeling using GIS, Lantau Island, Hong Kong[J]. *Geomorphology*, 2002, **42**(3): 213-228.

[2] Sidle R, Ochiai H, Wash D A G U. Landslides: processes, prediction, and land use[M]. *American Geophysical Union*, 2006.

[3] Fabbri A, Chung C, Cendrero A, *et al*. Is prediction of future landslides possible with a GIS? [J]. *Natural Hazards*, 2003, **30**(3): 487-503.

[4] Coe J, Godt J, Baum R, *et al*. Landslide susceptibility from topography in Guatemala[J]. *Landslides: evaluation and stabilization*, 2004, **1**: 69-78.

[5] 李长江，麻土华，朱兴盛. 降雨型滑坡预报的理论、方法及应用[M]. 北京：地质出版社，2008.

[6] Hongy, Adler R, Huffman G. Use of satellite remote sensing data in the mapping of global landslide susceptibility[J]. *Natural Hazards*, 2007, **43**(2): 245-256.

[7] Friedl M, Mciver D, Hodges J, *et al*. Global land cover mapping from MODIS: algorithms and early results[J]. *Remote Sensing of Environment*, 2002, **83**(1-2): 287-302.

[8] Nachtergaelef, Van Velthuizen H, Verelst L, *et al*. Harmonized World Soil Database[C]//*Proceedings of the 19th World Congress of Soil Science: Soil solutions for a changing world*, Brisbane, Australia, 1—6 August 2010. 2010: 34-37.

[9] Sarkar S, Kanungo D. An Integrated Approach for Landslide Susceptibility Mapping Using Remote Sensing and GIS[J]. *Photogrammetric Engineering and Remote Sensing*, 2004, **70**(5): 617-626.

[10] Rice R, Pillsbury N. Predicting Landslides in clearcut patches[C]//*Proceedings, Exeter Symposium*, July. 1982: 303-311.

[11] Carrara A, Cardinali M, Detti R, *et al*. GIS techniques and statistical models in evaluating landslide hazard[J]. *Earth Surface Processes and Landforms*, 1991, **16**(5): 427-445.

[12] Lee C, Ye H, Yeung M, *et al*. AIGIS-based methodology for natural terrain landslide susceptibility mapping in Hong Kong[J]. *Episodes*, 2001, **24**(3): 150-159.

[13] Lee S, Choi J. Landslide susceptibility mapping using GIS and the weight of evidence model[J]. *International Journal of Geographical Information Science*, 2004, **18**(8): 789-814.

[14] Trevor J, Keller C. Modelling uncertainty in natural resource analysis using fuzzy sets and Monte Carlo simulation: slope stability prediction [J]. *International Journal of Geographical Information Science*, 1997, **11**(5): 409-434.

[15] Lee S. Application and verification of fuzzy algebraic operators to landslide susceptibility mapping[J].

*Environmental Geology*, 2007, **52**(4): 615-623.

[16] Hong Y, Adler R, Huffman G. An experimental global prediction system for rainfall-triggered landslides using satellite remote sensing and geospatial datasets[J]. *Geoscience and Remote Sensing, IEEE Transactions on*, 2007, **45**(6): 1671-1680.

[17] 陈剑，杨志法，刘衡秋. 滑坡的易滑度分区及其概率预报模式[J]. 岩石力学与工程学报, 2005, **24**(13): 2392-2396.

[18] 成永刚. 近二十年来国内滑坡研究的现状及动态[J]. 地质灾害与环境保护, 2003, **14**(004): 1-5.

[19] 罗先启，葛修润. 滑坡模型试验理论及其应用[M]. 北京：中国水利水电出版社, 2008.

[20] Dai F, Lee C, Ngai Y. Landslide risk assessment and management: an overview[J]. *Engineering Geology*, 2002, **64**(1): 65-87.

[21] 魏丽，单九生，朱星球. 植被覆盖对暴雨型滑坡影响的初步分析[J]. 气象, 2006, **29**(1).

[22] 杨永红，王成华，刘淑珍，等. 不同植被类型根系提高浅层滑坡土体抗剪强度的试验研究[J]. 水土保持研究, 2007, **14**(2): 233-235.

[23] Larsen M, Torres-Sánchez A. The frequency and distribution of recent landslides in three montane tropical regions of Puerto Rico[J]. *Geomorphology*, 1998, **24**(4): 309-331.

[24] Davis J, Sampson R. *Statistics and Data Analysis in Geology*[M]. 646. Wiley, New York, 1986.

[25] Caine N. The rainfall intensity: duration control of shallow landslides and debris flows[J]. *Geografiska Annaler. Series A. Physical Geography*, 1980: 23-27.

[26] Hong Y, Adler R, Huffmag G. Evaluation of the potential of NASA multi-satellite precipitation analysis in global landslide hazard assessment[J]. *Geophysical Research Letters*, 2006, **33**(22).

[27] Hong Y, Adler R F, Huffmag G J. Satellite remote sensing for global landslide monitoring[J]. *Eos*, 2007, **88**(37).

[28] Jibson R. Debris flows in southern Puerto Rico[J]. *Geological Society of America Special Paper*, 1989, **236**: 29-55.

[29] Hong Y, Hiura H, Shino K, *et al*. The influence of intense rainfall on the activity of large-scale crystalline schist landslides in Shikoku Island, Japan[J]. *Landslides*, 2005, **2**(2): 97-105.

[30] Chien-Yuan C, Tine-Chien C, Fan-Chiehy, *et al*. Rainfall duration and debris-flow initiated studies for real-time monitoring[J]. *Environmental Geology*, 2005, **47**(5): 715-724.

[31] 王晓君，马浩. 新一代中尺度预报模式 WRF 国内应用进展 [J]. 地球科学进展, 2011, **26**(11).

[32] 章国材. 美国 WRF 模式的进展和应用前景 [J]. 气象, 2004, **30**(012): 27-31.

[33] Crozier M. Prediction of rainfall-triggered landslides: a test of the Antecedent Water Status Model[J]. *Earth Surface Processes and Landforms*, 1999, **24**(9): 825-833.

[34] Gladet, Croziet M, Smith P. Applying probability determination to refine landslide-triggering rainfall thresholds using an empirical "antecedent daily rainfall model"[J]. *Pure and Applied Geophysics*, 2000, **157**(6-8): 1059-1079.

[35] Fredlund D G, Vanapalli S K, Xing A, *et al*. *Predicting the shear strength function for unsaturated soils using the soil-water characteristic curve*[C]//1995, 6.

[36] Fredlund D G, Rahardjo H. *Soil mechanics for unsaturated soils*[M]. Wiley-Interscience, 1993.

[37] Fredlund D G, Xing A, Fredlund M D, *et al*. The relationship of the unsaturated soil shear strength

function to the soil water characteristic curve[J]. *Canadian Geotechnical Journal*, 1995, **32**: 440-448.

[38] Casadei M, Dietrichw, Miller N. Testing a model for predicting the timing and location of shallow landslide initiation in soil-mantled landscapes[J]. *Earth Surface Processes and Landforms*, 2003, **28**(9): 925-950.

[39] Montrasio L, Valentino R. A model for triggering mechanisms of shallow land-slides[J]. *Natural Hazards and Earth System Sciences*, 2008, **8**(5): 1149-1159.

[40] Baum R L, Savage W Z, Godt J W, *et al*. TRIGRS—a Fortran program for transient rainfall infiltration and grid-based regional slope-stability analysis[J]. *US Geological Survey Open-File Report*, 2002, **424**: 38.

[41] Baum R, Savage W, Godt J. TRIGRS—a Fortran program for transient rainfall infil-tration and grid-based regional slope-stability analysis, version 2. 0. *USGS Open File Report* 08-1159[M]. , 2008.

[42] Liao Z, Hongy, Kirschbaum D, *et al*. Evaluation of TRIGRS (transient rainfall in-filtration and grid-based regional slope-stability analysis)'s predictive skill for hurricane-triggered landslides: a case study in Macon County, North Carolina[J]. *Natural Hazards*, 2010, **58**(1): 325-339.

[43] Park D, Nikhil N, Lee S. Landslide and debris flow susceptibility zonation using TRIGRS for the 2011 Seoul landslide event[J]. *Natural Hazards and Earth System Sciences*, 2013, **13**(11): 2833.

[44] Liao Z, Hong Y, Wang J, *et al*. Prototyping an experimental early warning system for rainfall-induced landslides in Indonesia using satellite remote sensing and geospatial datasets[J]. *Landslides*, 2010, **7**(3): 317-324.

[45] Liao Z, Hong Y, Fukuok A H, *et al*. Evaluation of Physically-based Model's Predictive Skill for Hurricane-triggered Landslides: Case Study in North Carolina and Indonesia[C]//2009, **1**: 03.

[46] Liao Z, Hong Y, Kirschbaum D, *et al*. Assessment of shallow landslides from Hurricane Mitch in central America using a physically based model[J]. *Environmental Earth Sciences*, 2011.

[47] Kirschbaum D, Adler R, Hong Y, *et al*. Evaluation of a preliminary satellite-based landslide hazard algorithm using global landslide inventories[J]. *Natural Hazards and Earth System Sciences*, 2009, **9**: 673-686.

[48] Christanto N, Hadmoko D, Westen C, *et al*. Characteristic and behavior of rain-fall induced landslides in Java Island, Indonesia: an overview[C]//*EGU General Assembly Conference Abstracts*, 2009, **11**: 4069.

[49] Sauchyn D, Trench N. Landsat applied to landslide mapping[J]. *Photogrammetric Engineering and Remote Sensing*, 1978, **44**(6): 735-741.

[50] Singhroy V, Mattar K, Gray A. Landslide characterisation in Canada using inter-ferometric SAR and combined SAR and TM images[J]. *Advances in Space Research*, 1998, **21**(3): 465-476.

[51] Barlow J, Martin Y, Franklin S. Detecting translational landslide scars using segmentation of Landsat ETM+ and DEM data in the northern Cascade Mountains, British Columbia[J]. *Canadian Journal of Remote Sensing*, 2003, **29**(4): 510-517.

[52] Singhroy V, Alasset P J, Couture R, *et al*. In SAR monitoring of landslides in Canada[C]//IGARSS 2008—2008 *IEEE International Geoscience and Remote Sensing Sympo-sium*. 2008.

[53] Yin Y, Zheng W, Liu Y, *et al*. Integration of GPS with InSAR to monitoring of the Jiaju landslide in Sichuan, China[J]. *Landslides*, 2010, **7**(3): 359-365.

# 第5章　洪涝和滑坡泥石流灾害监测和预警系统

以上几章的研究分别介绍和验证了几种常用的准实时卫星降水产品及其在中国地区的适用性，认为基于高分辨率的CMORPH降水能较好地抓住中国地区降水的空间分布和时间演变，因此能较好地使用到水文模型和滑坡泥石流灾害预报模型中；而TRMM-RT降水的质量和CMORPH类似，但是分辨率略低一些；PERSIANN降水质量则稍差一些，但是可以作为以上两种降水的有益补充。

WRF模式经过多年的发展完善，现在已经能够较好地用于实际的降水预报工作中，虽然存在一定的误差，但基本能够较好地预报0至72小时降水的空间分布及时间演变。

使用以CMORPH为主的降水驱动CREST分布式水文模型，能够较好地模拟地表径流、河道汇流等水文过程，从而较好地监测、预报洪水，估算洪涝发生的面积及严重程度，加上WRF模式的预报降水，在一定程度上能预报洪涝灾害的发生发展。

在评估多种降水一历时阈值公式的对多次滑坡泥石流事件的适用性基础上提出多算法集成的概念，并结合高分辨率卫星遥感资料基础上发展的滑坡易发程度指数，评估CMORPH卫星遥感降水对滑坡泥石流事件的预警效能，以及WRF模式预报降水的适用性；同时简单验证了基于边坡失稳物理过程的动力滑坡试验模型SLIDE对三次典型滑坡事件的模拟，认为动力滑坡模型SLIDE能较好地模拟大降水导致的浅层滑坡过程。

在以上研究工作的基础上，建立了一个基于卫星遥感及数值模型的洪涝和滑坡泥石流灾害监测、预报系统。

## 5.1　系统的基本组成

灾害预测系统主要由输入、模型和输出三大部分组成（图5.1）。其中输入部分又主要分为两个部分，其一为地表参数，可以认为是静态的，主要使用包括

ASTER、MODIS等高分辨率遥感资料，包括地表海拔高度、土地利用类型、土壤类型、土壤质地、地表坡度等短时间内几乎不变的变量，也是洪涝和滑坡泥石流灾害发生的基础，另一部分输入数据主要就是降水数据，主要包括台站观测降水、CMORPH、TRMM、PERSIANN等卫星遥感降水、部分雷达反演降水以及数值模式WRF预报降水等，它们随时间实时动态变化，是洪涝、滑坡泥石流灾害的诱发因素。

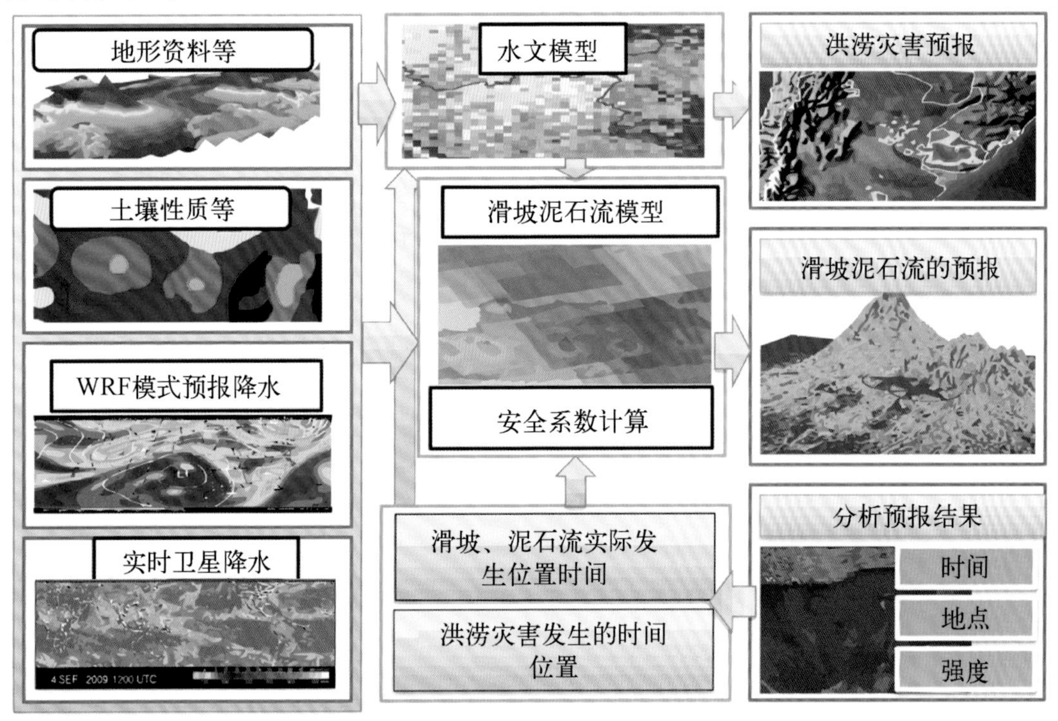


图5.1 中国地区洪涝和滑坡泥石流灾害监测和预警系统的基本结构

核心的模型部分主要由CREST分布式水文模型、滑坡泥石流灾害统计预报模型以及动力滑坡模型SLIDE三部分组成，模型具体内容前文已有详细的介绍。值得注意的是，由于动力滑坡模型要求空间分辨率较高(30 m)，如果全国尺度运行的话计算量较大，因此本研究设计了一个动态嵌套的计算过程，即在统计模型计算结果的基础上，认为有可能发生滑坡泥石流灾害的地区，嵌套运行更高分辨率的动力滑坡模型SLIDE，从而得到更精确的预警信息。

输出结果主要分两类，其一为模型输出的原始结果和初步解译后的灾害预警信息，包括水文模型输出的地表径流量、地表径流深度、滑坡发生可能性指数、滑坡安全系数等信息；其二则是为进一步方便对结果的理解而将其与在线地图等地理信息系统结合后的结果，包括发生灾害的时间、地点、严重程度以及进一步的灾害影响的区域、面积、人口等。

## 5.2 系统的结果输出及灾害的预警

预报系统的核心部分是水文模型和滑坡泥石流模型，输出的结果为水文变量以及滑坡灾害发生的安全系数等专业性较强的信息，要能在实际防灾减灾中实际应用，还需要对结果进一步的解译，通过和地理信息系统等的整合，得到更为实用并通俗的信息。

Google Maps(http://maps.google.com)和 Google Earth(http://earth.google.com)是 Google 公司较早推出的多平台在线地理信息服务，在众多的在线地理信息服务中，它们使用和开发都较简单、直观，而且除了提供在线地理位置查询服务之外，还提供卫星影像、地形数据、道路交通信息、测距等多种类型的服务，是目前应用最广泛的在线地理信息服务。当然，国内还有高德地图和百度地图等众多地图厂商也提供免费的地图类 API，也可以将灾害预警系统的结果整合到它们的在线地图服务中去。

图 5.2 是将可能发生滑坡灾害的时间地点信息整合到 Google 在线地图的示例，通过整合到在线地图，可以充分利用在线地图上的有效信息，从而让我们清楚地了解到灾害可能发生的地点、行政区域、地形、周边地理环境等信息；同时还可以根据地形地势预计滑坡或者泥石流物质的流向、路径，以及路径上的村落、公路等，从而更好地进行分析、预警；当然，如果我们有每一格点的人口数据等，还可以分析出灾害可能影响的人数；还可以根据灾害可能发生区域的建筑、设备等信息，初步分析出需要提前做好的防灾减灾的措施等。

而图 5.3 是将 CMORPH 降水信息整合到 Google Earth 中，从而可以更清晰地了解到降水发生地的地形以及周边的地理及人文环境。同样地，可以将洪涝的预警信息整合到 Google Earth 或者 Google Maps 上，以进一步分析。另外，还可以结合 MODIS 地表覆被资料等信息，计算淹没农作物、建筑物面积，估算大致的经济损失等。

而且，由于有了较好的高分辨率实时降水资料，因此还可以通过计算 SPI (Standardized Precipitation Index) 指数来监测地表的旱涝情况[1,2]。由于 CREST 水文模型能计算输出实际蒸散发与土壤湿度，加上实时卫星遥感降水，因此还可以用 Palmer 干旱指数 PDSI(Palmer Drought Severity Index)来监测干地表旱涝的程度[3,4]。另外，使用 WRF 预报的风速以及结合这些实时的干旱情况，还可以预报林火风险等。

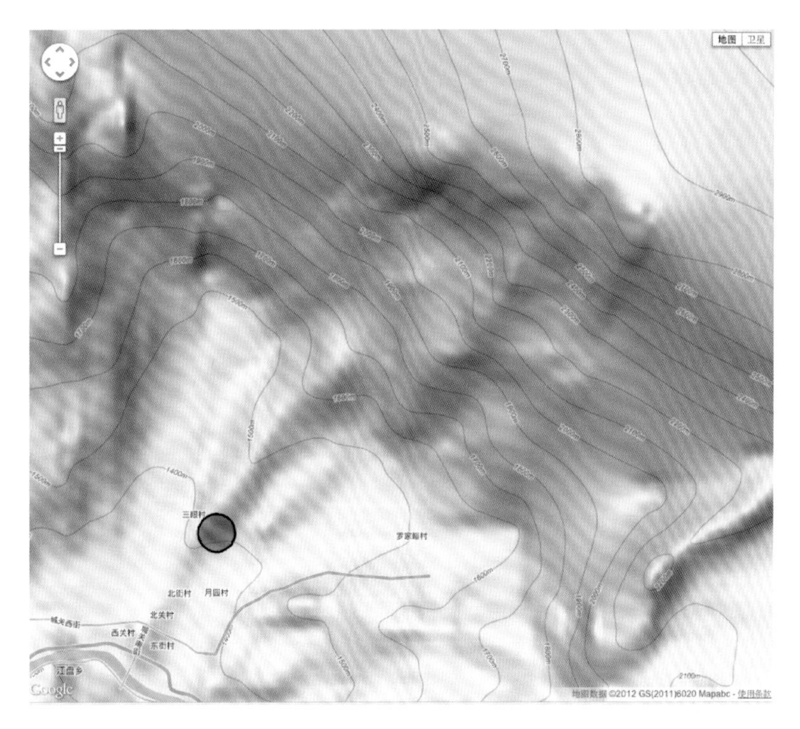


图 5.2　系统输出监测、预报结果与在线地图结合，红点为预报可能发生滑坡的地点

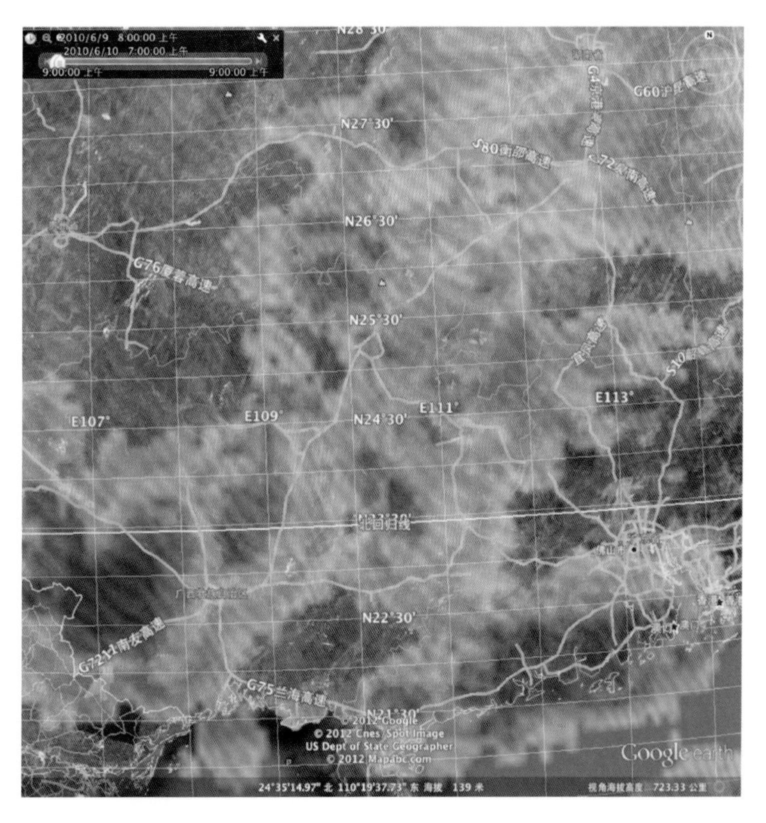


图 5.3　系统输出监测、预报结果与 Google Earth

综上所述，最终更详细的灾害预测系统结构图如图 5.4 所示，其中核心部分仍然是水文和滑坡模型，而基础则仍然是高分辨率的卫星遥感资料和数值模式预报降水，结果的输出方式有很多种，可以结合具体需求整合到地理信息系统中去，同时随时可以根据实际观测资料以及卫星遥感解译资料来不断修正和改进模型。

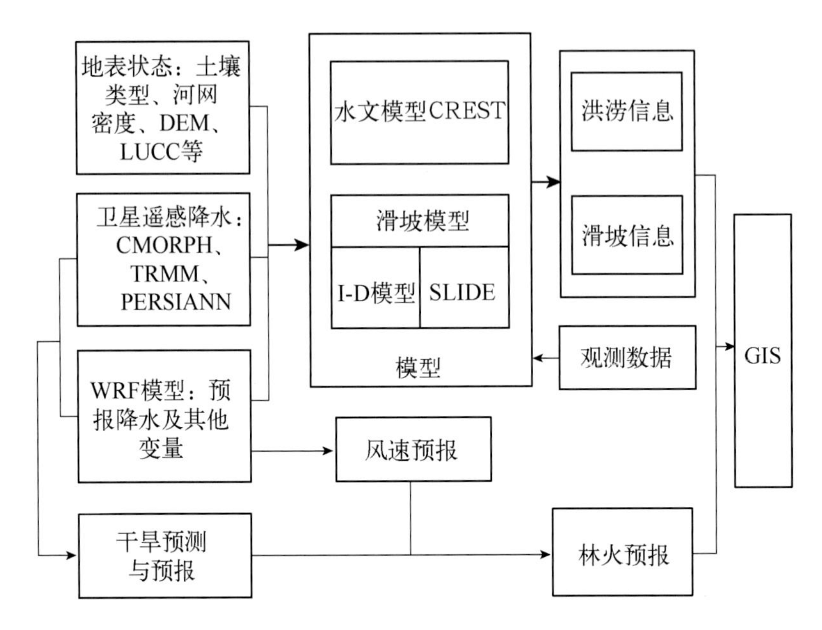


图 5.4　洪涝和滑坡泥石流灾害监测和预警系统的扩展结构

## 参考文献

[1] Mckee T, Doesken N, Kleist J. Drought monitoring with multiple time scales[C]//*Ninth Conference on Applied Climatology*. American Meteorological Society, Boston., 1995.

[2] Agnew C T. Using the SPI to Identify Drought[J]. *Drought Network News*, 2000, **12**(1): 6-12.

[3] Palmer W C, Bureau E U W. *Meteorological drought*[M]. US Department of Commerce, Weather Bureau, 1965.

[4] Alley W. The Palmer drought severity index: limitations and assumptions[J]. *Journal of Climate and Applied Meteorology*, 1984, **23**(7): 1100-1109.

# 第6章　总结与展望

## 6.1　本书总结

本书首先较为系统地分析、验证了国际上有代表性且常用的几种高时空分辨率卫星CMORPH、PERSIANN和TRMM遥感降水资料在中国地区的表现情况。研究表明，三种时空分辨率和原理各不相同的卫星降水资料总体说来都能较好地反演中国地区的实际降水情况，但是不同降水、不同地区、不同季节其表现不一样。综合各种因素来看，三种降水资料中，主要基于被动微波遥感的CMORPH卫星降水资料质量较高、偏差较小，而且时空分辨率较高；而PERSIANN卫星降水资料虽然时空分辨率也很高，但是由于其降水资料估计主要是基于精度较差的红外遥感资料，因此降水质量要差一些、误差要大一些；卫星TRMM降水资料质量也比较好，偏差也较小，但是其时空分辨率要低一些。总体说来，三种降水资料相比实际降水资料都要稍偏小一些，通过对舟曲的一次暴雨过程以及台湾“莫拉克”台风引起的特大暴雨过程的分析更是证明三种降水资料对极端降水的估计要比实际降水量小很多；但对普通降雨的降水量及其空间分布和时间演变还是能很好地反演出来。三种卫星降水资料对中国大部分地区，尤其是广大的东部地区和北方大部分地区的降水估计还是比较准确的，但是在高海拔的青藏高原上则误差较大，当然，高原上观测资料也较少，因此需要更多的站点观测资料来验证分析。

本书同时建立了一个基于NCEP GFS驱动WRF的实时降水预报系统，通过比较、验证、分析发现，WRF模式总体来说可以较好地预报中国地区的降水，尤其是降水的总体分布形态以及降水的时间演变等信息。但是总体说来WRF预报降水相对观测降水仍是偏小。同时发现分辨率提高对WRF模式预报效能有一定程度的提高，特别是对地形较为复杂的地区，但是分辨率提高可能会导致物理参数化方案的不适用，从而可能带来额外的误差。

在以上高分辨率卫星遥感降水、高分辨率卫星遥感DEM等数据以及WRF预报降水的基础上，使用适用于复合多尺度的分布式水文模型CREST为核心首次在国内建立基于卫星遥感和分布式水文模型的洪涝灾害监测、预报系统。经过多种观测资料以及遥感反演资料的验证分析，认为本系统能较好地模拟、预报中国地区的基本水文过程，能够较好地模拟预报实际蒸散发、土壤湿度、地表径流量等基本水文量；同时经过多个水文站点观测数据的验证，认为本系统能够较好地模拟、预报河道径流量涨落，具有较好的实用价值。通过几次洪涝过程的验证分析，本系统能够较好地监测、预报洪涝发生的时间与洪涝影响的区域，从而为防灾减灾等决策提供参考依据。

在多种高分辨卫星遥感数据如 SRTM 或者 ASTER DEM 数据、MODIS 地表覆被数据等的基础上，发展并评估了中国地区滑坡易发程度等级，这种高分辨率的滑坡易发程度等级是评估不同地方发生滑坡灾害的难易程度的一种度量，经过与实际发生滑坡灾害的总数与频率等统计资料的对比分析，发现本研究计算的滑坡易发程度与实际发生滑坡灾害的频次对应比较好。本研究同时利用上述计算的滑坡易发程度等级数据、高分辨率卫星降水数据和 WRF 预报降水和已有的多种滑坡一降水一历时阈值算法建立中国地区滑坡灾害监测、预报评估系统，同时评估了几种常见降水一历时阈值算法对不同地区不同类型的滑坡灾害的适用情况。总体说来，这个滑坡灾害监测、预报系统效果良好，能较好地预报滑坡事件的发生。同时在这个基于经验统计的滑坡灾害监测、预报系统基础上，动态地嵌套了一个基于实际物理过程的动力滑坡模型 SLIDE，评估了这个动力滑坡预报模型原型的效能，发现由于这个模型原型结构还较为简单、对很多地下及地表水文过程考虑过于简化，因此比较适用于大雨、暴雨即时引发的滑坡类型，而对较长时间连续降雨导致的滑坡灾害的预报效能则还不理想。

最后，将以上洪涝、滑坡灾害监测系统整合起来，并将结果输出与地理信息系统相结合，以更好地实时发布监测、预报结果，并根据实际需求输出需要的变量等。

## 6.2 工作展望

在已有的研究基础上，发现现有数据、模型还存在一些缺陷，值得进一步改进和完善，还有以下大量的工作值得做：

现有的高分辨率卫星降水资料可以作为站点观测和雷达遥感的有益补充，但是整体精度距离雷达降水的精度还有较大差距。因此，从方法上，我们可以结合前文提到的 CL-CMV、ForTraCC 以及 Kalman Filter 甚至 Ensembled Kalman Filter 等方法来改进卫星遥感降水的质量；而从数据源上，上面提到的卫星降水产品都是国外的产品，所用的卫星也都是国外的卫星，没有用到我国自己的风云等卫星资料。如果能加入针对我国的风云、资源等卫星资料，想必精度还能得到一些提升。另外，整合并改进多种高分辨率卫星降水资料，并使用我国自己的台站观测资料和雷达反演降水实时订正卫星降水，为中国地区实时提供高质量的遥感定量降水估计，为洪涝、滑坡、泥石流研究和监测预报提供高质量的实时降水驱动场，还有很多工作可以做。

提高 WRF 模式的空间分辨率，使用数据同化方法改进预报效能，同时使用多模式、多物理参数化方案以及多初值的集合预报的方法来减小预报误差，以提高 WRF 模式降水预报的效能，并将此高分辨率的预报降水用于灾害预警研究及应用中。当然，如果能开发、改进更适合中国地区的物理参数化方案，准能得到更好的降水等变量预报场。

完善 CREST 水文模型中的物理学过程，尤其是热力学过程，使之能更好地计算实际蒸散发等水文变量，从而更好地计算地表水分平衡，进而更好地计算地表径流等关键水文量；同时更好地考虑河水的结冰及解冻等过程，从而可以更好地应用到高海拔、高纬度地区，尤其是冬季；改进地下水计算模块，从而可以更好地计算地下水的变动情况，从而可以整合应用到滑坡动力模型中去，以更好地反映地下水文过程对滑坡的影响；添加城市水文过程模块，以更好地预测城市内涝等。另外，还可以将水文模型合并或者嵌套到 WRF-Hydro 模块，从而更方便地运行较长预见期的洪涝灾害，同时能更好地利用 WRF 中已经开发得比较完善的陆面过程，为水文模型提供更完善的物理过程信息。

完善基于降水阈值方法的滑坡预报系统，针对不同地区特点及大量的滑坡事例总结分析其不同的阈值，从而更好地反映不同地区降水引发滑坡泥石流灾害的差异性；同时完善动力滑坡模型 SLIDE 的物理过程，尤其是地下水涨落对地底应力的影响、地表径流冲刷、切割作用的过程等对滑坡灾害的触发作用，另外加强与水文模型的嵌套整合，以更好地模拟预报地表水文循环、水分平衡以及地下水的变化，从而改进动力滑坡模型的预报效能，尤其是提高对长时间累积降水引发的滑坡的预报效能，使之不再限于降水引发的瞬变滑坡灾害。

完善系统输出灾害信息的解译工作，将结果与人口、经济、交通、基础设施等信息结合起来，使灾害预警信息更实用、更直观——灾害可能影响到多少人、影响哪些基础设置、可能造成多大经济损失等，以供决策者能更好地参考。

总之，卫星遥感降水的应用、改进、整合，高分辨率降水的预报，洪涝灾害的监测和预报，滑坡泥石流灾害的监测、预报，都是当前国际上的热点问题和难点问题，同时也是关系国计民生的实际问题，还需要做更多扎实的研究工作。

# 附录　灾害系统中的其他灾害预报和风能预报

在我们研制的洪涝、滑坡泥石流灾害预警系统中，用到了大量的卫星降水资料、站点观测降水、部分雷达降水还有气象数值模式预报的降水以及气象其他变量，还有CREST水文模型输出的土壤湿度、地表蒸散发等变量，因此，这个系统除了用于单纯的洪涝、滑坡泥石流灾害预测预警之外，还可以有其他更多的用途。

由于我们的系统中不但有卫星、雷达、站点和模式预测降水资料，还有水文模型输出的温度和蒸散发、土壤湿度等资料，因此不仅可以计算气象干旱指数SPI[1]、SPEI[2~6]等，还可以计算农业常用干旱指数PDSI[7~10]等，从而可以很好地监测和预测干旱灾害。干旱是我国比较严重的一种气象(气候)灾害，往往持续时间比较长，造成大量的农作物减产，造成巨大的经济损失[11,12]。对干旱灾害的监测和预警，其准确性直接取决于降水、温度、蒸散发以及土壤湿度等资料的精度，这在前面已有详细的描述，因此，此处不再讨论。在这个灾害系统中是可以在灾害的解译及信息发布中可以较容易地加入干旱监测预警的模块。

而如果将WRF模式中输出的风场信息和上述干旱信息进一步地结合，还可以进行沙尘天气预报以及山火预警等。而如果将天气系统和稳定度预报结合起来，我们还可以做空气污染指数预报等。总之，将系统中已有的各种资源和信息整合起来，我们可以做很多灾害的监测和预警；或者说，这个系统也可以整合到已有的各种灾害监测预警系统中去，从而减少资源浪费，避免重复建设。

## WRF模式风速预报研究

随着科技的日益发展，人们生活水平的提高，人类对能源的需求也越来越多，但是由于目前人类采用的能源主要来源于煤、石油、天然气等不可再生资源，在未来的发展中受限于这些资源的储量，并且对这些能源的使用可能导致环境的恶化，因此寻求清洁的可再生能源日益受到人们的重视。风电作为环保清洁的可再生资源，逐渐受到各个国家的重视。1990年以来，世界各国竞相发展使用风电技术，而我国近年来也开始大力推广风电技术。到 2010 年，我国风电总装机容量达到 44781 MW，居世界首位[13]。

虽然风电有清洁环保以及可再生等优势，但是由于风力的间歇性、波动性以及不可控性，使风电的介入对电网的安全稳定以及调度带来影响，这个影响是多层面以及多时间尺度的，尤其是十几分钟到几小时再到几天的超短期以及短期尺度。因此建立有效的风速波动与风电功率预报系统是十分必要的[14~17]。风功率预报的核心就是对风速的预测。目前主要有数值天气预报模式的动力学方法[18]、人工神经神经网络等统计方法[19~22]。统计方法一般对临近和超短期预报效果较好，因此，我们选用 WRF 模式来进行风速的中短期预报[23]。而验证的例子，则选用我国东部海岸风电建设典型选址地江苏如东风电场。

图 A.1 是 WRF 的区域设置，采用三重双向嵌套，最外围分辨率为 0.5°×0.5°，最内层区域水平空间分辨率为 0.03°×0.03°（约 3 km）。研究时间段为 2009 年 7 月和 2010 年 1 月，初值和边界场为 GFS 全球实时预测结果，WRF 模式结果输出时间步长为 1 h。用于结果验证的观测数据有时间步长为 6 h 的站点观测数据和 NCEP 再分析数据[24]。

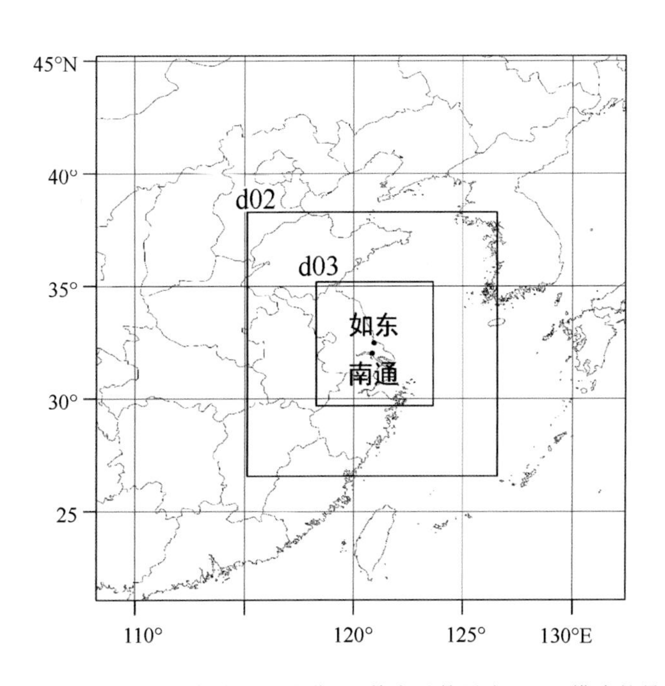


图 A.1　研究区域示意图以及如东站所在位置，其中最外层为 WRF 模式的最外围区域 d02 和 d03 分别为内部双向嵌套子区域[25]

图 A.2 是如东站 2009 年 7 月预报的风速序列和观测值的对比，其中 2009 年 7 月的台站观测值时间间隔是 6 h，而预报的时间间隔是 1 h，预报时效分别是 24 h、48 h、72 h。总体上，各个预报序列都能较好地预报风速的变化，在量值上是比较相近的，而且变化趋势也与观测基本吻合；24 h、48 h、72 h 三种不同预报时效的预报结果与观测值相关系数分别为 0.59、0.47、0.30，都超过了 99.9%的置信度检验。对比观测数据，预报的结果总体偏大，相对说来 24 h 的预报更接近观测值。

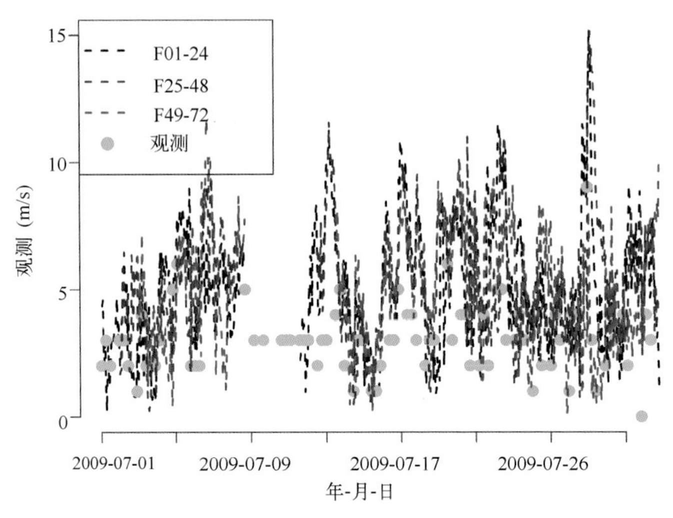


图 A.2　如东站 2009 年 7 月观测风速时间序列(点)和 WRF 预报风速时间序列(线)其中预报时间序列有提前 24 h、48 h、72 h 三种预见期[25]

图 A.3 是如东站 2010 年 1 月的观测和预报风速时间序列，相对夏季的预报，模式对于冬季的预报准确度要高一些，24 h 的预报量值稍微有些偏大，但是变化趋势等与观测吻合得很好，相关系数达到 0.61，而 48 和 72 h 预报，虽然预报风速仍然稍微有些偏大，但是预报风速的量值变化和实际风速的变化趋势也是非常一致的，相关系数也比较高，分别为 0.54 和 0.47，也都通过了 99.9%的置信度检验，相关系数比夏季(7 月)都要大一些。当然，相关系数虽然很高，但是明显预报风速相对观测风速值偏大，因此考虑做一个线性回归分析来做一个修正。通过线性回归修正以后 24 h 预报风速均方根误差可以从 3.51 m/s 缩小到 1.22 m/s。

图 A.4 是 WRF 模式预报 2009 年 7 月如东站风矢量的逐小时变化以及对应的月平均日变化图。从逐小时矢量图来看，风速和风向变化比较大，有的时候一天 24 h 内风速风向可以有很大变化，有时候也有好几天持续同样的风向，风速也没有太大变化。但总体说来，以南风为主，这是因为当地处于东亚季风区有关，夏季应当为夏季风。而从月平均逐小时风矢量来看，也确实 24 小时都是南风和偏南风。当然，主导风向也有一个明显的日变化，即，从 0600UTC 也即是当

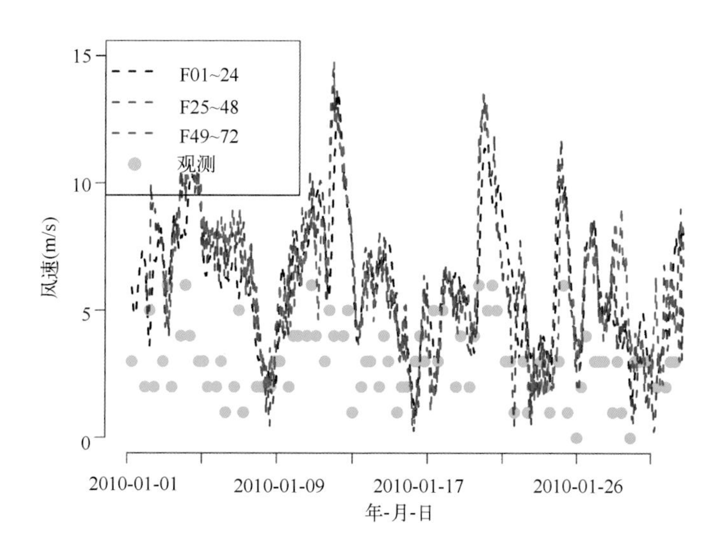


图 A.3　如东站 2010 年 1 月观测风速时间序列(点)和 WRF 预报风速时间序列(线)
其中预报时间序列有提前 24 h、48 h、72 h 三种预见期[25]

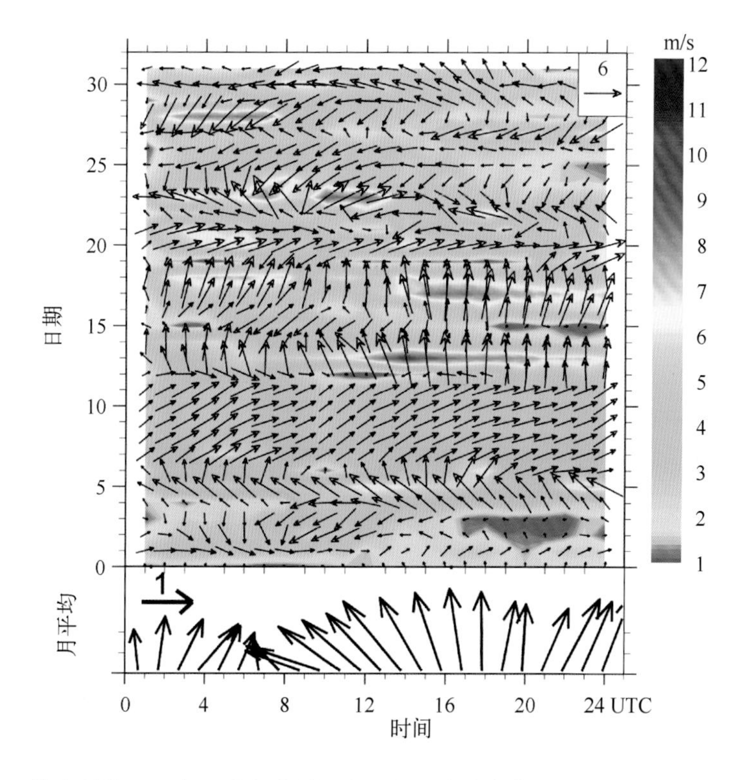


图 A.4　模式预报 2009 年 7 月如东站风矢量的逐小时变化以及对应的月平均日变化图
其中填色图为风速，矢量为风速和风向[25]

地时间14时开始，风向从西南风突然转为东南风，而且风速也有明显变大的趋势；而从1800UTC也即当地时间凌晨02时开始，风向又逐渐转为西南风，而且风速也渐渐地减小。这也与当地海陆交替的位置有关，地处海陆交接的地方，从当地时间中午开始，陆地逐渐升温，地面空气受热上升，形成热低压，而海面温度相对较低气压相对较高的空气补充过来，在地面形成从海洋向陆地吹来的东风；而夜晚正好相反，陆地降温快，海洋由于热容量较大降温慢，也形成温度差从而导致气压差，地面为从陆地吹向海洋的西风。而风速大小的变化则是由温差变化决定的，午后太阳照射使得温差较大，因此风速也相对夜晚和清晨要大一些。WRF模式后报风速日变化和当地实际日变化一致。

从NCEP1月月平均风速来看(图A.5)，如东东面海上平均风速比如东西面陆地上大很多，几乎是2倍以上，这片区域陆地上基本距离海岸越远，风速越小，而如东地处海陆交界处，平均风速较大，适合建造风电场。WRF后报的月平均风速基本能再现出再分析资料中这种风速大小的空间分布形态，而且风速大小量级也基本相当，尤其是海面上，回报风速空间分布形态和再分析资料基本一致；陆地上WRF基本回报出了再分析资料中离海岸越远风速越小的空间分布形态，但是风速值比再分析资料风速值大一些。而再分析风速和WRF回报风速的时间相关系数的空间分布也证实了上面的结论，海面上相关系数基本上达到了0.9或以上，陆地上相关系数则要小一些，但绝大部分地区相关系数也都达到了0.75以上。只有在福建、浙江等部分地区(主要是山区)相关系数比较低，不到0.4。当然由于再分析资料的分辨率较低，可能本身也有较大误差，尤其是对山区，因此，也不能说WRF对山区的后报效能就会差太多，要有更详细的分析对比和说服力更强的结论，需要更高分辨率的观测资料。

通过以上的研究可以发现，简单地配置的三重双向嵌套WRF模式能较好地预报如东及其周边甚至大部分沿海地区以及较为内陆地区的提前1小时到72小时的风速风向，能合理地预报风速风向的日变化，也能较好地预报对应的风速的变化趋势等。当然，风电场一般要求更详细的预报。例如在实际的应用中，所要求的预报风速高度应该是实际风电机所在的高度，而不是10 m表面风；实际风电场的尺度更小，对模式分辨率会要求更高。同时，我们还可以结合统计的方法，来进一步提高风速预报的效能，尤其是风速临近预报的效能。另外，将灾害预测系统信息整合到风电预报系统中来，从而为风电场以及风电输电线路的安全保障提供预警，也是值得关注和研究的。

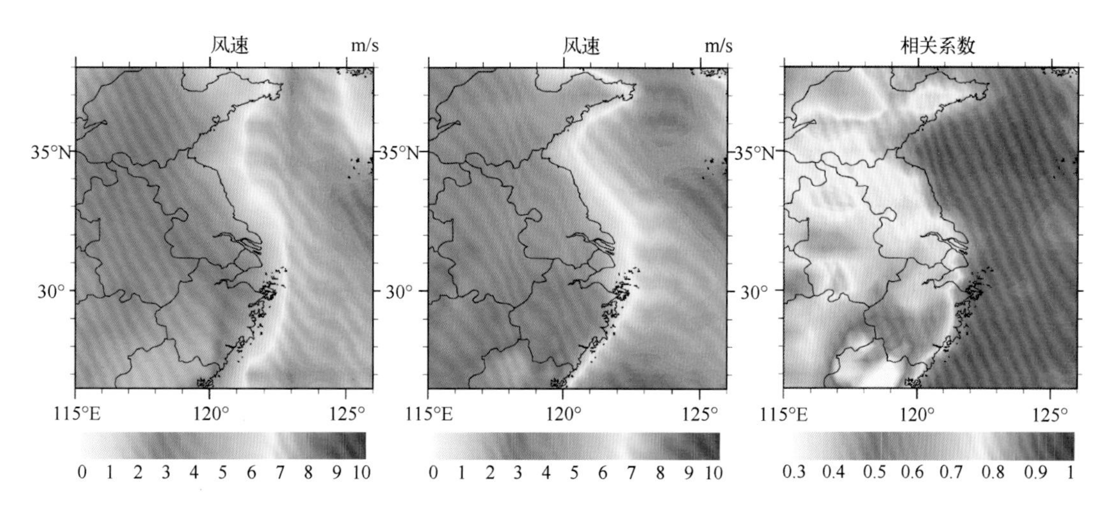


图 A.5　2010 年 1 月 NCEP 再分析月平均风速(a)、WRF 模式后报风速(b)和两者的时间相关系数空间分布(c)[25]

## 参考文献


[1] Mckee T B, Doesken N J, Kleist J, *et al*. The relationship of drought frequency and duration to time scales[C]//*Proceedings of the 8th Conference on Applied Climatology*, 1993, **17**: 179-183.

[2] Vicente-Serrano S M, Beguería S, López-Moreno J I. A multiscalar drought index sensitive to global warming: the standardized precipitation evapotranspiration index[J]. *Journal of Climate*, 2010, **23**(7): 1696-1718.

[3] Beguería S, Vicente-Serrano S. SPEI: calculation of the standardised precipitation-evapotranspiration index. R package version 1.4[M]. 2013.

[4] Stagge J H, Tallaksen L M, Xu C, *et al*. Standardized precipitation-evapotranspiration index (SPEI): Sensitivity to potential evapotranspiration model and parameters. *Proceedings of FRIEND-Water*, 2014.

[5] Beguería S, Vicente-Serrano S M, Reig F, *et al*. Standardized precipitation evapotranspiration index (SPEI) revisited: parameter fitting, evapotranspiration models, tools, datasets and drought monitoring [J]. *International Journal of Climatology*, 2014, **34**(10): 3001- 3023.

[6] Vicente-Serrano S M, Beguería S, Lorenzo-Lacruz J, *et al*. Performance of drought indices for ecological, agricultural, and hydrological applications[J]. *Earth Interactions*, 2012, **16**(10): 1-27.

[7] Palmer W C. *Meteorological drought*[M]. 30. US Department of Commerce, Weather Bureau Washington, DC, USA, 1965.

[8] Stockton C W, Meko D M. A long-term history of drought occurrence in western United States as inferred from tree rings[J]. *Weatherwise*, 1975, **28**(6): 244-249.

[9] Soulé P T. Spatial patterns of multiple drought types in the contiguous United States: A seasonal comparison[J]. *Climate Research*, 1990, **1**(1): 13-21.

[10] Wells N, Goddard S, Hayes M J. A self-calibrating Palmer drought severity index[J]. *Journal of Climate*, 2004, **17**(12): 2335-2351.

[11] 黄荣辉. 我国气候灾害的特征, 成因和预测研究进展[J]. 中国科学院院刊, 1999, **14**(3): 188-192.

[12] 黄荣辉, 周连童. 我国重大气候灾害特征, 形成机理和预测研究 [J]. 自然灾害学报, 2002, **11**(1): 1-9.

[13] 谷兴凯, 范高锋, 王晓蓉, 等. 风电功率预测技术综述 [J]. 电网技术, 2007, **31**(2): 335- 338.

[14] Focken U, Lange M, Heineman N D, *et al*. Previento regional wind power prediction with risk control [R]. 2002.

[15] Costa A, Crespo A, Navarro J, *et al*. A review on the young history of the wind power short-term prediction[J]. *Renewable and Sustainable Energy Reviews*, 2008, **12**(6): 1725- 1744.

[16] Lei M, Shiyan L, Chuanwen J, *et al*. A review on the forecasting of wind speed and generated power[J]. *Renewable and Sustainable Energy Reviews*, 2009, **13**(4): 915-920.

[17] Ramirez-Rosado I J, Fernandez-Jimenez L A, Monteiro C, *et al*. Comparison of two new short-term wind-power forecasting systems[J]. *Renewable Energy*, 2009, **34**(7): 1848-1854.

[18] 孙川永, 陶树旺, 罗勇, 等. 高分辨率中尺度数值模式在风电场风速预报中的应用 [J]. 太阳能学报, 2009, **30**(8): 1097-1099.

[19] Pinson P, Siebert N, Kariniotakis G. Forecasting of regional wind generation by a dynamic fuzzy-neural networks based upscaling approach[C]//EWEC 2003 (*European Wind energy and conference*). 2003, 5.

[20] Jursa R, Rohrig K. Short-term wind power forecasting using evolutionary algorithms for the automated specification of artificial intelligence models[J]. *International Journal of Forecasting*, 2008, **24**(4): 694-709.

[21] Sideratos G, Hatziatgyriou N D. An advanced statistical method for wind power forecasting[J]. *IEEE Transactions on Power Systems*, 2007, **22**(1): 258-265.

[22] 戚双斌, 王维庆, 张新燕. 基于支持向量机的风速与风功率预测方法研究 [J]. 华东电力, 2009, **37**(9): 1600-1603.

[23] Skamarock W C, Klemp J B, Dudhia J, *et al*. A description of the advanced research WRF version 3 [R]. NCAR Technical Note, NCAR/TIV－475＋STR. 2008.

[24] Kalnay E, Kanamitsu M, Kistler R, *et al*. The NCEP/NCAR 40-year reanalysis project[J]. *Bulletin of the American meteorological Society*, 1996, **77**(3): 437-471.

[25] 汪君. WRF 模式对江苏如东地区风速预报的检验分析 [J]. 气候与环境研究, 2013, **18**(2): 145-155.